规模化猪场经营管理宝典
规模化猪场行政监督必读

规模化猪场建设与管理

唐耀平　凌玉奇　王辉正　禹　菡　编著

中国农业大学出版社
·北京·

图书在版编目(CIP)数据

规模化猪场建设与管理/唐耀平等著. —北京:中国农业大学出版社,2012.3
ISBN 978-7-5655-0512-6

Ⅰ.①规… Ⅱ.①唐…②凌…③王…④禹… Ⅲ.①养猪场—经营管理
Ⅳ.①S828

中国版本图书馆 CIP 数据核字(2012)第 037915 号

书　　名	规模化猪场建设与管理
作　　者	唐耀平　凌玉奇　王辉正　禹　菡　编著

责任编辑	张　玉	**责任校对**	王晓凤　陈　莹
封面设计	郑　川		
出版发行	中国农业大学出版社		
社　　址	北京市海淀区圆明园西路 2 号	**邮政编码**	100193
电　　话	发行部 010-62818525,8625	读者服务部	010-62732336
	编辑部 010-62732617,2618	出　版　部	010-62733440
网　　址	http://www.cau.edu.cn/caup	**e-mail**	cbsszs@cau.edu.cn
经　　销	新华书店		
印　　刷	北京时代华都印刷有限公司		
版　　次	2012 年 3 月第 1 版　　2012 年 3 月第 1 次印刷		
规　　格	787×980　16 开本　17.5 印张　320 千字		
定　　价	27.00 元		

图书如有质量问题本社发行部负责调换

序

中国有一句谚语:"粮猪安天下"。人们日常肉制品饮食结构中,猪肉位居榜首。"两天不吃肉,肚里没油水",温家宝总理在 2011 年两周内三问猪肉价格,民间和政府对这个产业的重视程度不言而喻。

受疫病和养殖亏损影响,散养户大量退出行业,生猪存栏数从 2010 年年初开始持续下降,导致猪肉市场供需失衡,加之猪饲料价格上涨和劳动力成本增加,猪肉价格短期内持续上涨,影响了群众生活,带动了物价上涨,猪肉价格高涨已经影响到城市中低收入者的生活,人们再度回到了 2007 年的感觉,猪肉再次从一个经济问题变为了民生问题。

为保护生产者和消费者利益,促进生猪生产持续健康发展,国务院再次恢复生猪规模生产投资额度,并确定了"加大生猪生产扶持力度,加强生猪公共防疫体系建设,强化信贷和保险支持,妥善安排低收入群体和家庭经济困难学生生活,加强生猪等菜篮子商品生产、流通、消费领域的统计、监测和分析"等五项政策措施。

在这个养猪业蓬勃发展的春天里,如何抓住机遇,在养猪行业迅速崛起,获取最大的回报;如何打破养猪业投资"高兴而来、败兴而去"的怪圈,避免重蹈覆辙,这是目前规模化猪场从业者以及有意乘机而进的社会游资管理者思考最多的问题。只有有效地经营管理,才是降低生产成本、提高生猪附加值的根本途径,企业才能经受住猪价低谷的考验;只有管理规范的规模猪场数量多了,养猪业才能走出大起大落的局面,整个行业才能真正健康发展;也只有养猪业健康发展了,猪才可能不再成为 CPI 拉动的罪魁祸首,政府才能释怀。

除保种等特殊猪场外,经济效益的追求是规模猪场经营的根本目的。要想猪场赚钱,务必明确以下经营原则:猪场科学合理的选址和建设是成功养猪的前提,科学饲养生猪、强化内部管理和搞好市场营销是降低成本、增加猪场盈利的基础,做好动物防疫、确保生猪产品质量安全是养猪成功和猪场效益的根本保障,摸清养猪行业的规律并按市场经济规律确定猪场类型、饲养品种和不同时期的养殖规模则是高效益猪场不可或缺的手段。

配合政府的扶持政策,针对养猪业存在的问题,四名分别来自政府职能部门、养猪经济合作组织和猪场的资深专家,总结多年来畜牧兽医行政监管和猪场内部管理的经验,以"如何养猪才赚钱"为主线,编写了此书。此书编排合理,内容全面,观点新颖，通俗易懂，紧贴实际，可操作性强，是一本不可多得的规模猪场务实图书。作为我国首部规模猪场实务全书，本书可供猪场管理人员和畜牧兽医行政监管人员使用，也可供高等院校畜牧兽医专业师生参考。

中国农业科学院 胡艳

2011 年 11 月 8 日于北京

前　言

作为湖南省养猪第一大市，邵阳市高度重视生产方式的调整，涌现了一大批规模化猪场。但随着规模的扩大，一系列问题接踵而至：一是猪场建筑布局和设计缺陷严重，导致猪场生产条件先天不足。2008 年南方特大冰灾使大批新建猪场塌陷，猪场建设缺陷进一步显现，养猪界对此问题进一步警醒。二是疫病防治难度明显增加。重大动物疫病频频发生，扑杀数量一次突破一次；常规动物疫病的隐性损失越来越大，成为养猪利润的重要制约因素。三是经营管理问题日益突出。一方面，缺乏市场预测能力，囿于传统的坐销模式，产销不能实现有效对接，产品交易价格没有优势。另一方面，猪场聘用员工人数越来越多，劳资双方矛盾显现，员工管理难度加大，效率低下、工作不到位等以前只有国有猪场存在的问题逐渐在当前各种猪场中呈现，生产成本居高不下。四是生猪产品质量安全问题成为社会焦点。瘦肉精的违法使用、药物的滥用和残留等问题愈演愈烈，普通猪肉、无公害猪肉、绿色猪肉及有机猪肉的划分使普通猪场的生产经营之路越走越窄。五是环境污染引起社会高度关注。猪场污染明显超过周边环境承载能力，猪场成为当前主要污染源。猪场污染赔偿、监管部门处罚及整改的费用迅速上升。环境污染成为制约规模猪场发展的重要因素，猪场内外的环境保护提上重要日程。六是不懂得如何抓住国家生猪扶植政策，不知道申报的方式和途径，失去了大好时机。七是畜牧行政主管部门工作人员对经营、管理、环保等知之甚少，甚至畜牧、饲料、兽医、兽药等紧密相关部门的工作人员互相不甚了解其他部门的工作要求，很难对猪场进行综合性的指导。针对这些突出问题，自 2009 年起，邵阳市及所属县市区按规模分级对全市所有规模猪场进行培训，培训内容涵盖猪场设计与建设、饲料与饲养、疫病防治与质量安全、经营管理与市场营销、环境保护与人事管理等规模猪场经营管理中所遇到的各方面问题。采用正反对照、法律责任和案例分析等有效讲解方式，深入浅出，通俗易懂，有效提高了猪场经营管理者的经营管理能力和依法从业意识，避免了规模化猪场走弯路，提升了规模化猪场的综合竞争力，保持了规模化猪场良好的发展势头。由于紧扣实际、可操作性强，培训深受猪场从业者欢迎，讲稿被誉为“规模化猪场经营管理宝典”。在对规模化猪场从业者培训的同时，邵阳市也抓紧了对相关职能部门工作人员特别是监督执法人员的培训和考核，造就了一批通才，改变了监管人员对相关部门的要求不了解的状况，提高了监管人员的素质，提升了执法人员的威信，进一步强化了对规模猪场的业务指导和行政监督，讲稿被誉为“规模化猪场监督执法必读”。

应广大猪场从业者和畜牧部门同行的要求，我们对两种培训讲稿进行了整合，在进一步充实提高的基础上，付梓出版，以更大范围地服务我国迅猛发展的规模化养猪业。希望通过本书与各种生猪发展扶植政策的配合，有效改进规模化猪场的经营管理，提高猪肉产品质量安全水平，提升我国养猪业的综合竞争力，推进我国从养猪大国向养猪强国转变的进程。

全书共分9章，第一章讲述规模化猪场的选址、设计与建设，第二章讲述生猪的饲养管理，第三章讲述规模化猪场的环境控制，第四章讲述饲料、兽药、饮水等投入品管理，第五章讲述规模化猪场的疫病防治，第六章讲述规模化猪场的经营管理，第七章讲述国家畜牧、兽医、环保、劳动等职能部门对规模化猪场的行政监督，第八章讲述规模化猪场的主要法律责任，第九章分析规模化猪场的各类违法案例。为便于读者查阅，本书还收集了相对陌生的规模化猪场建设环境保护法规作为附录。

本书为规模化猪场经营管理人员和国家职能部门监管执法人员培训教材，也可供其他规模畜禽养殖场经营管理人员和国家职能部门监管执法人员使用，并可供高等院校畜牧兽医类专业师生参考。

作为系统完整的规模化猪场实务全书，读者的高标准、严要求与我们现实水平的差距肯定是存在的，敬请批评指正。

著　者

2011年9月30日

目　录

第一章　规模化猪场的设计

第一节　规模化猪场建设中的突出问题

规模化猪场的建设是决定其养殖效益的先天条件，十分重要。近年来，随着规模化猪场的迅猛发展，建设中的问题凸显，使一些投资巨大的猪场建成后不好使用或根本无法使用，严重挫伤了生产者的积极性，造成了极大的损失和浪费，令人十分痛心。规模化猪场建设的缺陷存在于选址、布局、设计、材料等各方面，突出表现在以下几个方面。

一、盲目设计

(1)凭主观臆断设计。不经过正式设计单位进行设计，仅凭自我感觉，自作主张乱设计。

(2)请风水先生设计。不少地方甚至出现在设计规范的规模化猪场基础上，增加东西朝向的猪舍，只为风水先生指出这样才能聚财。

(3)盲目采用外地设计图纸。不加分析照搬外地猪场建筑结构模式，由于气候、工艺的区别，建成后发现实际上无法使用。

(4)请非专业的建筑设计部门设计。由于建筑设计部门不了解养猪场建设的特殊要求，往往参照工业或民用建筑进行设计，导致实用性下降。

二、选址不当

(1)过分强调交通方便。将猪场选址于省道甚至国道旁边，由于过分靠近主要交通要道，病原微生物污染严重，生猪疫病防控十分困难。加之噪声大，灰尘多，生猪应激严重，猪场生产效益难以提升。

(2)单纯强调生物安全。将猪场选址于极端偏僻处，结果猪场防疫条件是好了，生猪生长环境也改善了，但带来了物流成本居高不下的问题。

(3)忽视化学污染。将猪场选址于工业区内或靠近化工厂下游(下风口)，导致生猪应激严重甚至急慢性中毒。

(4)忽视通风换气。将猪场选址于低洼地带，导致猪群常年生活在高温高湿或寒冷潮湿的环境中，生产性能受损。

三、布局不合理

(1)没有按照以分娩舍为中心、保育舍靠近分娩舍、幼猪舍靠近保育舍、肥猪舍挨着幼猪舍、妊娠舍靠近分娩舍的方式布局,造成转群距离拉长,管理不便,疫病防控难度加大。

(2)生产区或生活区建在下风处。导致防疫压力增加,猪群应激严重;工作人员生活环境不佳,精神不爽,工作效率低。

(3)猪舍过密。为了降低土地占用成本,高密度地建设猪舍,造成环境污染严重,病原微生物滋生及相互感染加剧。

(4)公猪舍和后备母猪舍相隔很远。母猪没能接受公猪气味等有效的性刺激,导致发情性能受损。

四、猪舍不科学

(一)统用设计不科学

(1)猪舍太矮,不利于空气流通,有害气体会导致猪患病,夏季猪舍温度高,不利于降温。

(2) 猪舍窗户太小或缺乏防蚊蝇设施,导致通风换气不良,蚊蝇滋扰严重。

(3)饲槽设计不合理,出现死角,导致饲料发霉、浪费。

(4)舍内污水沟坡度不够,污水滞留于猪舍,不建污水处理池,环境污染严重。

(二)公猪舍、配种舍不科学

(1)栏舍地面坡度和防滑拉纹不适合。猪栏地面太光滑且坡度太大,猪只无法站立,特别是在猪拉尿弄湿地面,或断奶母猪混群打斗等情况下,猪腿将受伤无疑,严重者甚至残废淘汰。又或地面过于毛糙,高低不平,积水严重,卫生状况太差,母猪生殖道炎症等疾病很难控制。

(2)猪场的配种舍没有限位栏,配种只好在小群栏内进行。这样,同一栏内既有发情待配母猪也有空怀母猪。配种操作十分不便,有时刚输完精输精管就被其他猪扯下来了,只好重新再来一次。既浪费了精液,又增加了工作时间。此外,还有猪爬猪的现象,对刚配种的母猪负面影响很大。

(3)公猪栏的围栏上留有公猪踏脚的地方。公猪时有爬上栏杆,养成自淫的坏习惯。

(4)猪舍外没有设置运动场。导致公、母猪运动不足,体质不强,没能更加有效地刺激母猪发情,增加了断奶母猪合群的打斗。

(三)怀孕舍不科学

(1)设计饲养密度过大,通风换气不良。导致夏季猪舍散热困难,种猪热应激严重,甚至出现死亡。

(2)限位栏地面设计为全水泥地面。猪栏地面往往水淋淋、脏兮兮,导致猪场母猪生殖道炎症、皮肤病等严重。

(3)限位栏的规格不合理。要么过窄,大体型猪睡不下,或躺下后相互挨着,在夏天时不利于散热;要么过宽,小体型猪(后备猪)易调头翻栏。要么过长,猪来回走动,弄脏栏位;要么过短,猪活动空间太小,应激增加。要么过矮,导致猪易翻栏。

(4)漏缝板缝过大或过小。导致怀孕母猪脚趾损伤、趾甲脱落溃烂,失去种用价值而提前淘汰;或者猪粪漏不下而板结。

(四)其他猪舍不科学

(1)分娩舍产床过高,母猪上床难;过低,湿度大。

(2)保育舍在高床底部四周没有安装活动围栏,无法破解保育猪下床难题,常出现保育猪下床时钻入床底的事件。

(3)分娩舍和保育舍没有采取措施防猪咬电热板、红外线灯线,导致电热板、红外灯等连接线很快被猪咬得所剩无几。

(4)生长、育肥舍舍内粪尿沟没有加盖铸铁漏缝板,个别较小体型的猪只掉下粪水沟,被卡住憋死。

(五)防疫设施不全

(1)缺乏隔离设施。追求满负荷生产,不愿闲置每一间猪舍。没有建设配套隔离场,猪场内也没有设计隔离舍。调入种猪或仔猪继续饲养时,无法实施隔离观察,被迫合群饲养。一旦调入猪只染疫,往往导致疫病扩散,甚至全场发病,损失惨重。这方面的教训不胜枚举,但却一直未得到改善。平时,猪场总有个别猪只发病,由于缺乏隔离条件,无法对病猪和同群猪实施隔离治疗,往往导致疗程增长、损失增大、药费增加的后果。在此,笔者大声疾呼:再也别存侥幸之心,残酷的结果、血的教训,当使我们警醒了。

(2)消毒设施设计不合理。一是车辆消毒池未做到与门同宽,长度不够或深度不当,人员沿池边进入,部分车辆消毒不到位或身陷池中。二是人员消毒通道没有设消毒池,也没有喷雾消毒设备,甚至无紫外灯,难以发挥应有的消毒效能。三是在车辆消毒池和人员消毒通道留有通道,导致工作人员由此出入,人员消毒通道成为外来人员行走的专用通道。

(3)没有修建从生产区直抵场外的售猪专用通道。缺少这个通道,病原微生物便可借生猪销售之机入侵猪场。

(4)缺乏病死猪无害化处理设施。没有专用掩埋点或焚化炉等无害化处理设备设施,无法对病死猪进行有效的无害化处理。

(5)缺乏往饮水中添加药物的设备设施。导致无法通过饮水添加药物防治生猪疾病,使生猪疾病防治少了一个行之有效的渠道,发病生猪特别是腹泻生猪和食欲废绝生猪的救治成功率大为降低。

第二节 规模化猪场选址与布局

规模化猪场的地址选择和规划布局应遵循环境友好和资源节约两个基本原则,并按一定的程序进行有序的操作,首先是确定猪场的产品组成,然后是确定投资规模的大小,再是选择生产工艺与粪污处理方式。结合这四个方面的需要,有目的地去选择,并综合考虑地势、地形、土质、水源、交通、电力、气候、常年主风向等因素。

一、场址选择

场址选择要考虑以下几个因素。

(一)生态环境

猪场周围的生态环境是决定猪场今后盈利与否的关键,周围环境要有利于动物防疫和粪污处理、环境的保护与利用,植被覆盖良好,无极端土壤。

猪场周围环境应符合《中华人民共和国畜牧法》的要求,符合当地政府的土地和环保规划要求。应选择在当地政府规划的适养区建场,不应在禁养区和限养区内建场。选址要求:在周边集镇或居民区的下风向;远离村庄、居民区,周围1 000 m内应无人居住,3 000 m内无化工厂、肉联厂、屠宰场等污染源;远离交通要道,距公路主干道至少1 000 m以上,与其他养殖场间隔距离要在2 000 m以上;禁止在生活饮用水源区、风景名胜区、自然保护区建场。

(二)地域与地形地势

1. 地域

猪场应建在依山傍水、四周有天然隔离屏障(如河流、湖泊、山川等)、土壤通透性好、地下水位低、无洪涝威胁、历次洪水淹没线以上的地方。还要考虑通风要好,切忌将猪场建到常年障气笼罩的山窝子里,以免污浊空气长期累积,以致场区常年空气恶劣。

2. 地形地势

地形要求开阔整齐,地势较高、干燥、平坦、背风向阳、有缓坡,其坡度不能超过

25%，否则会增大平整土地的费用，增加投资额度，同时也会给今后猪场管理带来诸多不便；最好建在南坡，南方猪舍朝向以南北向偏东 8°～15°为宜。

3. 场地面积

用作猪场的场地面积大小是确定场址的重要环节。要综合考虑生产、管理和生活区的实际需要与今后扩建、加工、屠宰、粪便处理、牧草种植与发展的需要，要留有充分余地。根据各地兴办规模化猪场的成功经验，猪场生产区面积一般可按繁殖母猪每头 45～50 m^2、上市商品育肥猪每头 3～4 m^2 计。如出栏 1 000 头，总用地面积按不少于 5 亩的标准匡算。

（三）水电交通

1. 水源、水质

规模化猪场必须有充足水源，水质应符合生活饮用水水质标准，且取用方便，便于卫生防护、净化和消毒。比较理想的水源是地下水。据计算，平均每头种猪的日耗水量 50 kg。一般用水量可按年出栏 1 万头，每天 100～120 t 的用水标准设计。

2. 电力供应

在猪场选址时，应选择距电源近的地方，要能满足猪场对电力的需要，规模化猪场的用电量一般可按年出栏 1 万头匹配 50 kVA 容量变压器的标准进行匡算。同时，要自备发电设备，以防停电。

3. 交通

猪场饲料、产品、粪污、废弃物等运输量很大，所以选址时除考虑能尽可能有利于饲料的就近供应，产品的就近销售及粪污和废弃物的就地利用和处理的条件外，还必须考虑交通运输方便，但应避开交通主要干道，防止主要交通干道所带来的不利影响。大型规模化猪场必须设置两条通道，即净道和污道，净道主运饲料等投入品，污道主运肉猪和粪便，以避免交叉感染。

（四）猪场类型

猪场类型有原种猪场、资源场、种猪扩繁场、商品场，还有专门的仔猪繁育场和专门的育肥场。不同的猪场，其生产工艺、栏舍面积、栏舍类型、占地面积是不同的。选址时，要充分考虑到不同猪场类型的特殊要求。

（五）投入资金

现代化规模养猪，技术含量高，投入资金大。因设备、工艺、建筑类型、猪的品种等的不同，投资差异很大，一般以年出栏 1 万头（商品猪自繁自养）规模计算，需投入 1 200 万～1 700 万元。因此，在选址与规划布局时，必须进行资金匡算，考虑投资能力是否能够承受得了，并能保证有一定的流动资金。盲目投资过大，导致资金链断裂，猪场生产经营出现恶性循环，最终破产倒闭，这方面的教训和例子不胜枚举。因此，一定要根据自身的实力，脚踏实地，有多少泥巴筑多大的灶。

(六)选址的具体方法

在具体选择时，最好能预选 2～3 个场址。然后，依据场址选择应考虑的因素及其重要程度进行总体评价。认真比较和筛选后，确定一个最佳场址。

二、猪场总体规划

(一)总体规划的一般原则

猪场总体规划布局就是对猪场的生产模式、规模大小、产品类型、生产工艺、栏舍类型、栏舍摆布、各种栏舍的配套和尺寸、设备选择、建筑材料选择等作出最优的组合和全方位考量。猪场的总体规划布局是否合理，直接关系到能否组织正常生产，提高劳动生产率，降低生产成本和提高经济效益。

(二)猪场的总体布局

猪场的总体布局应结合猪场的近期和远景规划，场内的主要地形、地貌、水源、风向等自然条件，符合有利生产、方便生活、土地利用经济，建筑物间联系方便，布局整齐紧凑，人流、物流自成系统，尽量缩短供应距离等原则。并根据所选择的经营模式、养殖模式、饲养工艺、设备、资金实力、管理者的管理水平及场址的宽裕程度进行综合考虑。

猪场一般应分为生产、管理和废弃物处理三个功能区。三个功能区在布局上应既相对独立，又相互联系；生产区内净道、污道分开。

生产区各类猪舍排列有序，如在坡地建场，应按照风向与地势，自上而下，按公猪舍、母猪舍、哺乳母猪舍、仔猪舍、育肥猪舍的顺序排列。育肥猪舍应靠近场区大门，以便于出栏。废弃物处理区设在生产区的最下风向低处。有条件的最好采用多点式设计模式，把繁殖区、仔猪保育区、育肥区分开，独立设计。

现代规模化猪场布局可分为两种模式：分散式和集中式。

1. 分散式布局

就是分散在多个地方布局建设，如图 1-1 所示。

分散式布局的设计特点是：

(1)较适合于规模较大的猪场(如年出栏 3 万头以上)，也适合于南方丘陵地区，可有效分散猪群密度，降低疫病风险，减少植被破坏和平整土地费用。

(2)有利于提高猪的健康水平和生产水平。

(3)三区距离可相差几百米到几千米不等。

(4)对设备、管理的依赖性较强。

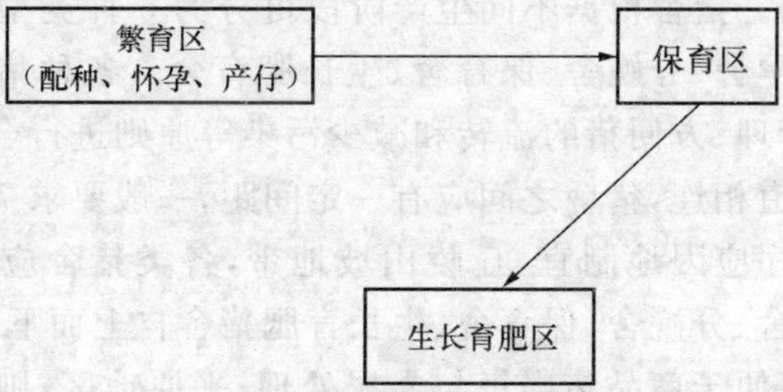

图 1-1　规模化猪场分散式布局示意图

2. 集中式布局

就是集中在一个地方布局建设。

此种布局设计适合土地比较平坦、面积不很宽裕的地方，符合我国国情，是目前国内规模化猪场的基本模式，其优点是：①功能区划分明确，既相对独立，又紧密联系，操作方便。②一进一出，物流流向明确，绝无倒流，非常有利于防疫。③粪污处理采用有机肥加工和沼气发酵加净化池三者相结合的办法，可较好地解决猪场的污染问题。④设立防疫沟（河）或绿化隔离带，有利于猪场防疫。

集中式布局的不足之处是：①由于土地资源制约，三区布局略显紧张。②不能完全按生产节律（周）单独建造猪舍。

（三）各功能区设计要求

1. 生产区

（1）生产区猪舍的布局。生产区是猪场的主体部分，应与生活区、废弃物处理区严格隔离。生产区设有独立围墙，所有人员进出必须经过淋浴、更衣换鞋、消毒；所有进入的车辆、工具，必须经过消毒。因此，生产区入口应设立男女浴室和消毒池。

布局猪舍时，首先应根据场地的地形、地势和主风向等自然条件来考虑猪舍的朝向，朝向应尽量坐北朝南，冬季可以增大太阳照射，提高猪舍温度，夏季则可以防止太阳过度照射。而且猪舍坐南朝北，正好与我国的大部分地区风向特点（夏季以东南风为主，冬季以西北风为主）相吻合，夏季有利于通风以降低猪舍温度，冬季则可以避开西北风的正面袭击，有利于猪舍的保暖。

猪场的生产区包括各种猪舍、洗澡更衣室、消毒室、消毒池、药房、隔离猪舍、兽医室、赶猪道、装猪台、称猪台。生产区是全场的核心，繁殖猪舍应位于上风向，育肥舍位于下风向。育肥舍设在场的一端，有独立的装猪台和赶猪道，相互连接，以便装猪出场。

(2)猪舍的排列。猪舍根据不同生产阶段可分为5种类型，即公猪与后备(空怀)母猪配种舍、怀孕舍、分娩舍、保育舍、生长肥育舍。各种猪舍的排列应根据生产流程、方便饲养管理、方便猪的流转和减少污染等原则进行合理布局。各类猪舍之间均应有中央通道相连，猪舍之间应有一定间距，一般要求7～12 m。

猪舍的排列次序应因地制宜，丘陵山坡地带，各类猪舍应按公猪舍、后备(空怀)配种猪舍、怀孕舍、分娩舍、保育舍、生长育肥猪舍自上而下、自上风向向下风向排列，此种排列顺序便于商品猪出售与粪尿处理；平原地区，则应按上述顺序从上风向向下风向排列，以利于有害气体顺季风方向排出，避免有害气体蓄积对环境造成污染。

猪舍的排列次序如图1-2所示。

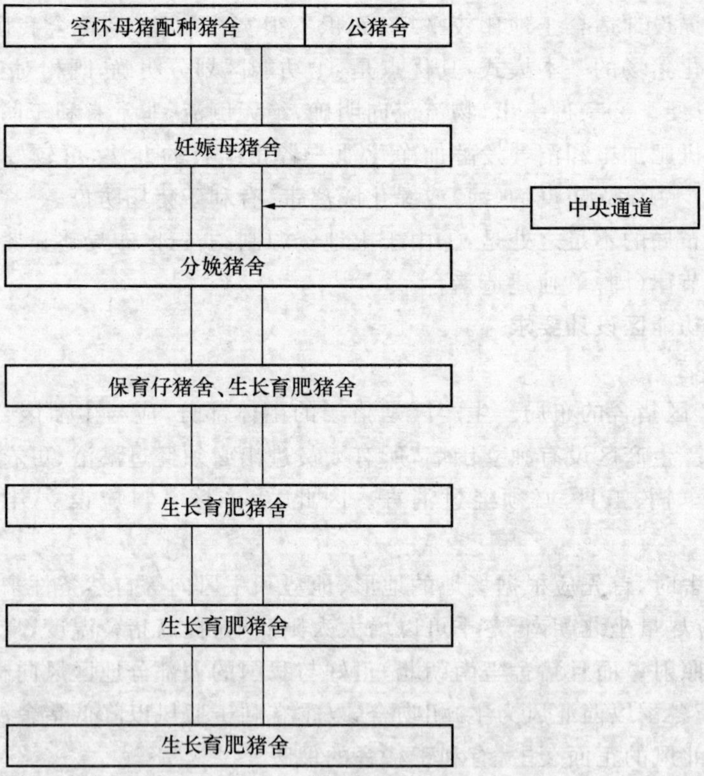

图1-2 猪舍的排列次序示意图

(3)猪舍的形式。猪舍的形式可分为全敞开式、半敞开式和封闭式3种。

①全敞开式。全敞开式的猪舍，实际上是个结构简单、四周通风的猪棚，由支

柱和屋顶组成，棚内按一定尺寸分隔成若干个猪栏。全敞开猪舍与舍外同冷热，受自然气候支配，现在很少采用。

②半敞开式。半敞开式猪舍上有屋顶下有屋墙。东西两头垛墙完整，砌至屋顶；南北两面墙则多开窗户，或北侧的墙是完整的，南侧为高约 1 m 的半截墙，上方为通风口。通风口有两种防寒方案：北方多安装玻璃窗或覆盖塑料布，南方则多装铁丝网，挂防风帘。

猪舍顶部覆盖单层或双层塑料棚顶可提高保温效果，试验表明覆盖单层塑料棚顶半敞开式猪舍可比无塑料布覆盖的猪舍提高平均温度 13.5℃。

③封闭式。封闭式猪舍不设窗户，平时门扉紧闭。舍内设有机械通风系统和供暖、降温设施，可以自动控制舍内小气候，保证全年均衡生产，提高生产率。

上述三种猪舍，可按生猪的不同类型合理选用，一般公猪舍与后备（空怀）配种猪舍以全敞式或半敞式的形式为好；妊娠母猪舍可选用有窗封闭式；分娩猪舍和保育仔猪舍以有窗封闭式，并备有夏季防暑、冬季保温设备为宜；生长育肥猪舍应选用有窗封闭式。

2. 生活区

包括办公室、职工宿舍、食堂、文化娱乐室、运动场等。小型猪场一般不另设生活区。

3. 废弃物处理区

废弃物处理区主要包括污水、粪便处理区和病死猪处理区。整个废弃物处理区应位于猪场的下风向。粪便采用人工清粪，污水通过专用管道输入集污池，然后通过沼气发酵或者生态处理模式，降低污水浓度后排出。

4. 饲料加工区

饲料加工区包括原料仓库、饲料加工调制间、饲料成品仓库，各库之间相对独立。成品仓库与生产区相连，与外部绝对隔离（包括车辆、包装袋、工具等），这样做有利于猪场的防疫安全。

5. 路、沟、管道的布局

场区道路分布于场内各建筑物之间，是场内外的人员进出、饲料和其他物料、生猪及废弃物运输的通道。为保证猪群健康，防止场内外的交叉感染，保持场区环境卫生，应根据生产工艺流程要求和猪舍布局分设净道、污道和赶猪道。净道一般位于场中部靠每栋猪舍管理间一端，供饲养人员出入和运输饲料；污道一般连通各栋猪舍的另一端，是清扫废弃物、运出病死猪的专用道。净道进口和场区大门相通。污道出口与粪尿污水处理场相通，净道和污道互不交叉，道路出入口各自分开。净道主干道一般为中低级路面，宽 3.5～5.5 m；赶猪道（两边带矮围墙）一般净宽 0.6 m。场区各条道路不能设置固定障碍物，以备万一发生火情，消防车能顺利驶入。场区的粪沟、污水沟和雨水沟分离。污道主道采用暗沟，以防臭气四处飘散。

6. 配套设施

对三个功能区作整体布局时，要考虑猪舍整体的协调性和各功能区的相互联系。整个猪场必须与外界完全隔绝，设计美观、操作方便；猪场的道路应设置南北主干道，东西两侧设置边道。水塔的位置应尽量安排在猪场的地势最高处，为了防疫和隔离噪声的需要，猪场道路两旁、猪舍和猪舍之间及场区外围应有绿化带，以形成一个良好的生态环境；同时要紧紧围绕生物安全的要求进行布局，生产区应布置在生活区的上风向或侧风向处；废弃物处理区（污水粪便处理设施和病死猪处理区）应安排在生产区的下风向或侧风处；人流、物流、动物流应采取单一流向，防止环境污染和疫病传播；要设置好隔离消毒设施，如双重隔离带、防鸟网、消毒池、更衣室、消毒室、男女浴室等。

三、猪舍总体规划

猪舍总体规划时，首先应确定采用的生产工艺、产品类型、采用的设备，然后确定各类猪栏数量，计算各类猪舍栋数，最后完成各类猪舍的布局安排。

（一）计算各类猪栏的数量

规模养猪通用以周为节律，以饲养单元为单位，实行全进全出的生产制度。全出后进行彻底清洗消毒，考虑到实际生产过程中的不平衡性及管理上的方便，各猪舍还应增加一定数量的机动栏，通常为1周的量。现以600头基础母猪、年出栏1万头活大猪的养猪生产线为例，计算如下。

1. 公猪栏

在规模养猪生产中，推行全人工授精技术，一般只需饲养3头公猪即可，考虑到公猪的年更新率为30%，每年应更新淘汰1头公猪，因此需要设置4～5个公猪栏。

2. 母猪栏

母猪带有流动性。在生产线的配种舍、怀孕舍、产仔舍之间循环流动，所以每栋猪舍内母猪栏的数量取决于母猪在各舍内的占栏时间。

(1)母猪在配种舍的占栏时间。母猪断奶后转入配种舍，一般经4～5天发情配种，平均为7天左右，配种后再经过一个发情周期如不再发情即转入怀孕舍，母猪在配种舍内的时间应等于从断奶到配种的天数，再加上一个发情周期的天数，即7＋21＝28天(4周)。

①母猪在怀孕舍的占栏时间。怀孕母猪在预产期前 7 天进入产仔舍。故在怀孕舍的时间为 114 天减去一个发情周期，再减去 7 天，即为 114－21－7＝86 天(12 周左右)。

②母猪在产仔舍的占栏时间。母猪在产仔舍内的占栏时间等于哺乳时间加上 14 天(提前 1 周进入，加上 1 周空栏消毒)，如 28 天断奶，则母猪在产仔舍内的占栏时间应为 42 天(6 周)。

(2)怀孕母猪舍栏数量计算。

怀孕母猪定位栏数：24×12＝288(栏)

每周分娩 24 胎，4 周的怀孕确认期至分娩前 1 周，共需滞留 12 周。

淘汰母猪定位栏数：4×3＝12(栏)

按每周淘汰 4 头，每头滞留 3 周计算。

怀孕母猪舍栏数＝288＋12＝300(栏)

(3)配种舍母猪栏数量计算(包括配种母猪及早期怀孕母猪)。

配种舍母猪栏数＝24×7.5＝180(栏)

断奶至重新配种 2 周，怀孕确认需 4 周，分娩率按 80%计算，则(2＋4)÷80%＝7.5(周)。

共需母猪定位栏＝怀孕母猪舍栏数＋配种舍母猪栏数＝480(栏)

产仔舍母猪产床数 24×6＝144(栏)

每周产仔 24 胎；提前 1 周进入；1 周空栏消毒。

3. 保育舍仔猪栏

仔猪断奶后进入保育舍。在保育舍的时间为 5 周左右，断奶时相邻两窝仔猪合并成一栏转入保育舍，所以保育舍猪栏的数量应减半。每一栏的面积可容纳两窝仔猪，所以保育舍仔猪栏的数量为：(5＋1)×24÷2＝72(栏)。

4. 生长舍猪栏

进入生长舍的猪体重已在 20 kg 以上，此时需要公母分群饲养，每栏饲养头数应为 15～20 头(即 2 窝仔猪的头数)。中猪在生长舍内的时间约为 9 周，因此生长舍的猪栏数量为：(9＋1)×24÷2＝120(栏)。

5. 育成舍猪栏

从生长舍到育成舍时，为了减少重新组群的应激反应，应尽量做到整栏移动，猪只在育成舍的时间约为 8 周，因此育成舍的猪栏数量为：(8＋1)×24÷2＝108(栏)。

(二) 计算各类猪舍所需建筑面积

计算出各类猪舍的建筑尺寸和需要的栋数求得各类猪栏的数量后，即可参考的各类猪栏所需面积，求出各类猪舍所需建筑面积。各类猪栏所需面积见表1-1，万头生产线猪舍内空尺寸及其内猪栏的规格和数量见表1-2。

表1-1 每头猪需栏面积参数表 m^2

猪群类别	每头猪占栏面积	猪群类别	每头猪占栏面积
空怀、妊娠母猪	1.8～2.5	培育仔猪	0.3～0.4
哺乳母猪	3.7～4.2	育成猪	0.5～0.7
后备母猪	1.0～1.5	育肥猪	0.7～1.0
种公猪	5.5～7.5		

(三)进行各类猪舍布局

表1-2 万头生产线猪舍内空尺寸及各栋猪舍内猪栏的规格和数量

序号	舍别	内空长×宽(m)	内空面积(m^2)	猪舍内猪栏 名称	规格(m)	数量(个)	栏数合计(个)
1	配种舍	76.8×7.2	552.96	公猪栏	3.0×2.4×1.2	30	30
				母猪栏	2.1×0.6×1.0	120	480
2	怀孕舍	76.8×7.2	552.96	母猪栏	2.1×0.6×1.0	360	
3	产仔舍	75.6×7.2	544.32	分娩栏	2.2×1.8×1.0	72	144
4	产仔保育舍	75.6×7.2	544.32	分娩栏	2.2×1.8×1.0	72	
		73.2×9.0	658.8	保育栏	3.0×1.9×0.75	64	64
5	生长舍	75.6×5.7	430.92	生长栏	4.5×2.0×0.8	108	132
6	育肥舍	75.6×5.7	430.92	育肥栏	4.5×2.0×0.8	24	
7	育肥舍	75.6×5.7	430.92	育肥栏	4.5×3.6×0.9	120+6	126

完成上述计算后就可按生产工艺流程，将各类猪舍在生产区内作出平面布局安排。

猪舍的规格、数量、形状力求实用、经济，在整体上兼顾整齐、美观。在生产实践中生产工艺不同、采用设备不同、饲养管理水平不同、产品不同、治污方式不同等，都会影响到猪舍的规格发生变化。但是，万变不离其宗，只要熟练掌握猪的生理生长规律，都可以设计出科学合理的猪舍。同时猪舍的布局设计随着科学的发展在不断改进和创新，因此在设计建造猪舍过程中，切忌迷信权威或过分依赖设备厂家的设计。一定要因地制宜，一切实用的、经济的、有利于提高效率和生产水平的设计都是科学合理的。

第三节　猪舍设计与建筑

一、猪舍设计的基本原则

猪舍是猪只生活的地方，如猪舍环境不良，猪不能适应并超过了一定的限度时，其正常生长就要受到影响。因此，在修建猪舍时，首先应考虑猪生长发育的要求，同时也应力求做到先进、合理、经济、适用，就地取材，并能适应不同猪群的特定需要。

猪舍种类繁多，形式多样，其设计与建筑必须遵循以下基本原则：

1. 符合猪的生理学特性要求

猪舍设计应符合猪的生物学特性要求，温度应保持在 10～25℃，相对湿度应保持在 45％～75％。为了保持猪群健康，提高猪群的生产性能，猪舍建筑设计还应保证舍内空气清新、光照充足。特别是种公猪更需充足的阳光，以激发其旺盛的繁殖性能。

2. 适应当地的气候及地理条件

各地的自然气候及地理条件不同，对猪舍的建筑要求也各有差异。长江以南地区，气温较高，猪舍设计中应将防暑降温作为重点。长江以北地区，高燥寒冷，猪舍设计中应将防寒保暖和通风换气作为重点。

3. 便于实行科学饲养管理

在建筑猪舍时应充分考虑到符合养猪生产工艺流程，符合各类猪舍的特定要求，便于操作，利于日常操作和实现机械化。

4. 安全、卫生、舒适

猪舍设计要求结构牢固、安全、卫生、适用，冬暖夏凉、透光通风，干燥，便于清扫，要突出环保意识，注重生物安全。具有良好的生态环境，从设计上保障将 70％～80％污水的发生量消除在养殖的源头，实现粪污的减量化，以求达到事半功倍的效果。

5. 经济适用

应综合考虑当地的土地成本、人力成本、水电成本、饲料成本、建筑成本、污染治理成本等关系长远的成本因素以及自身的经济实力，确定最适宜的生产工艺和饲养模式，在此基础上，确定猪舍最佳的设计方案，保证建筑造价在能够承受的范围之内。同时，所采用的新材料、新工艺、新技术、新设备要配套，确保运行成本低。

6. 尽可能形成独立的封闭系统

猪场作为独立的生产单位，要尽可能减少与外界人、物及鼠、猫等动物的接触，形成独立的封闭系统，以利于猪场的防疫特别是猪病的净化。

二、猪舍建筑形式的选择

（一）单层猪舍与多层猪舍的选择

我国的猪舍种类和建筑形式多种多样，有单层猪舍也有多层猪舍。多层猪舍具有节省占地面积的优点，但其缺点也很多：一是土建及设备投资和运转费用远远高于单层式猪舍；二是多层猪舍的承重墙、构造柱等结构设置使猪舍内猪栏、喂料、排粪系统难以合理布置，难以在各层楼板上保持一定的地面坡度；设置排水沟、漏缝地板以及保持粪沟的一定深度和坡度，也都有一定难度；三是各层猪舍通风系统的进气口和排气口位置受到限制，通风换气困难；四是不便管理，即使是采用升降机运送猪群和饲料等物品，各层防疫和日常管理也远不如单层猪舍来得方便。因此，不推荐使用多层猪舍，仍以选用单层猪舍为主。

（二）单层猪舍的分类及选择

1. 按建筑结构区分

规模化猪场的单层猪舍按建筑结构的不同，可分为砖木结构猪舍和复合板轻型钢组装式猪舍两大类。应因地制宜，视当地建材供应、工程造价、地质情况、施工工期等选用。

复合板轻型钢组装式猪舍，是一种新型的猪舍建筑结构。早在20世纪60～70年代，就已在欧美等发达国家普遍推广应用，我国起步较慢，最近10年间才得到较快发展。这种猪舍结构是以预制的轻型钢做屋架，用彩色钢板加复合保温材料板做屋面及侧墙，在现场组装而成。它与传统的砖瓦猪舍相比，具有节省土地资源、施工简便快捷、保温隔热性能好、不受气候变化影响和地区适应性广等诸多优点。同时，由于材料采用轻型钢，建筑的整体重量轻，对地基的承载能力要求比砖瓦结构的猪舍低，猪舍基础投资可以减少约20%。而且这种新型材料使用寿命长，正常情况下10年内免维修，可节约维修费。

2. 按对环境的控制方式不同区分

可分为敞开式猪舍、有窗式猪舍和密闭式猪舍三大类。密闭式猪舍不设窗，完全靠人工采光照明、机械通风换气、人工采暖降温来调节舍内小气候环境，对电能的依赖和消耗比较大，对建筑物的密闭程度要求也比较严格，建设投资和运行成本很高。在我国除特殊需要外，一般不推荐使用密闭式猪舍。敞开式和有窗式猪舍，主要在建筑形式和舍内环境控制方法上有所差别。敞开式猪舍的一边或两边侧墙完全或部分是敞开的，在敞开部分用各种可调节升降或开关的保温膜、保温卷帘或保温滑板等遮盖住，用改变敞开部分开口大小的方法来调节舍内环境，一般不装配机械通风系统，主要靠自然风，炎热季节可洒水降温。这种类型的猪舍适用于配种舍、怀孕舍、生长育肥舍。有窗式猪舍在猪舍侧墙安装活动窗，在温暖季节靠开窗调节舍内环境，寒冷季节关闭大部分窗户，形成半封闭的状态以利猪舍保温。这种猪舍一般还配备机械通风或人工采暖降温设备，比敞开式猪舍调节舍内环境的能力强，适用于产仔舍和保育舍。间距最低不少于每栋猪舍高度的 2 倍。

3. 按猪栏的排列方式区分

可分为单列式、双列式和多列式。

单列式猪舍的猪栏排成一列，宽度一般为 8～10 m，开间 3.6～4 m，屋檐（檐水）高度为 3.0～3.2 m，猪舍长度 40～70 m。靠北墙设走廊，利于采光、通风、保温、防潮，构造简单，维修方便，但劳动效率与生产水平较低。

双列式猪舍猪栏排成两列，中间设一通道，分为有窗或无窗封闭式。保温良好，管理方便，能有效地控制舍内小环境、提高劳动率和生产水平，土地利用率高，也便于实行机械化。无窗封闭式采光差，结构较为复杂，投资也多。现代化的规模化猪场多采用双列式猪舍。双列式猪舍深度一般为 10 m，长度 50～70 m，屋檐（檐水）高度 3 m。

双列式猪舍按有无窗户及封闭程度可分为有窗封闭式、全封闭式两种。有窗封闭式猪舍在猪舍前后墙体上设有可以随时开关的窗户和用人工控制的供暖、降温、通风、换气等设备。由于具有保温性能好，管理方便，圈舍利用率高等特点，近几年发展起来的规模化猪场多采用有窗封闭式猪舍饲养哺乳母猪、断奶仔猪和生长育肥猪。无窗封闭式猪舍与有窗封闭式猪舍之间的差别是没有窗户，墙体两侧装置几个百叶通风孔，门平时紧闭。猪舍内安装有一套自动控制的供暖、降温、通风、排污等设备，为猪群生长提供了一个优良的生产环境，现代化规模养猪场以及国外的规模化猪场多采用这类猪舍。因其结构复杂，材料要求特殊，投资大，能耗高，一般很少采用。

多列式猪舍的猪栏排成三列或四列，主要优点是猪栏集中，运输线短，工作效率高，散热面积小，且容量较大而利于冬季保温，但构造复杂，跨度大，采光不足，阴暗潮湿，建筑材料要求高，不推荐建设。

三、猪舍建筑的具体设计

（一）通用设计

猪舍建筑的通用设计是指对带有共性的猪舍基础、墙体、地面、屋顶、门窗、通风换气装置和隔栏等部分的设计。

1. 猪舍基础设计

所谓“基础”是指猪舍的地下部分，由于“基础”承受很大的负荷，要求有足够的强度和稳定性，以防止因沉降过大或产生不均匀沉降而引起猪舍裂缝和倾斜。基础的埋置深度应根据猪舍的总荷载、地基的承载力、土层的冻胀程度及地下水情况而定。沙砾、碎石、岩性土层以及有足够厚度，且不受地下水冲刷的沙质土壤是良好的天然地基。黏土、黄土含水多时压缩性很大，冬季膨胀性也大，如不能保持干燥，不适于做天然地基。富含植物有机质的土层做填土也不宜用。基础受潮会引起墙壁及舍内潮湿，应注意基础的防潮防水。为防止地下水通过毛细管作用浸湿墙体，在基础墙的顶部应设防潮层。一般基础要比墙宽 10～15 cm。

2. 猪舍平面设计

猪舍建筑上一般选用单层矩形平面，猪栏在舍内与猪舍长轴平行排列，种猪舍猪栏多为两列，中间用一条饲喂走道隔开，两侧靠纵墙各留一条供猪进出猪栏的通道，而对于生长和育肥猪舍则只设中央一条通道，饲喂和赶猪共用，以最大限度利用猪舍面积。各类猪舍两端及中间分别留有横向通道，便于管理、操作，并保持猪栏内的环境条件一致。分娩哺乳舍或断奶仔猪培育舍一般采用多个单间，全进全出制管理，猪栏也是沿每个单间猪舍的长轴排列。

3. 猪舍开间的设计

按我国通用的建筑模数设计猪舍开间和跨度尺寸，可使用标准构件，便于施工，节约材料。猪圈面积大小因猪的体形而异。从国外引入猪种、公猪、哺乳母猪，因个体大，猪圈面积也应大些，每间 15～20 m^2。本地猪可略小些。砖混结构猪舍开间多控制在 3～4 m，如开间小于 3 m，则需配的梁、柱过密，造成浪费；如开间大于 4 m，所配用的梁、柱又过于粗大，既不经济又不美观，同时还会给饲养人员造成空间压抑感。

猪舍纵向总长度应根据生产工艺和场区总平面布置要求，按开间的整数倍数确定，一般控制在 45～75 m 较合适。采用机械设备时，猪舍长度还要考虑与设备配套，猪舍过短利用效率低，猪舍过长则不便于饲养管理。

4. 猪舍跨度的设计

猪舍跨度同开间一样，通常按建筑模数选用 9～12 m 跨度。跨度过小，会相对增加单位面积投资成本，但跨度过大又降低自然通风和采光效果。自然通风的猪舍跨度以不超过 12 m 为好，机械通风的猪舍跨度可加大到 18 m 以上，但跨度过大同样会增加大梁、柱等构件的造价。

5. 猪舍净高的设计

猪在舍内的活动空间是舍内地面以上 1 m 高的范围内，这一区域的温湿度和空气质量对猪群的影响最大。而饲养人员的活动空间是舍内地面以上2 m高范围内。因此，建议北方猪舍的舍内净高以2.4～2.8 m为宜，南方猪舍的舍内净高以2.8～3.6 m为宜，空间过大不利于冬季采暖保温，过小不利于夏季防暑降温。

6. 猪舍门、窗的设计

门是供人和猪出入的地方，供人、猪、手推车出入的外门一般高2.0～2.4 m，宽1.2～1.5 m，门外设坡道，便于猪只和手推车出入，外门的设置应避开冬季主导风向。规模化猪场东西墙可设三道门，门的宽度与舍内道路同宽，高2 m。窗户主要用于采光和通风换气，窗户的大小、数量、形状、位置应根据当地气候条件合理设计。一般猪舍，尤其是封闭式猪舍都应开窗，窗户距地面高1.1～1.3 m，窗顶距屋檐0.4 m，两窗间隔为其宽度的2倍。窗的数量和大小根据当地气候和采光面积与猪舍地面面积之比来确定。采光面积与猪舍地面面积之比，种猪舍一般为1∶(8～10)，育肥猪舍1∶(15～20)。规模很大的猪场猪舍南北墙设移动窗和地窗，移动窗宽1.5 m，高2 m；地窗宽0.5 m，高0.2 m，以保证舍内有充足的阳光，良好的通风。

半敞式卷帘系统加上防鸟网的设计特别适合南方气候炎热地区使用。通过控制通风口大小，可以随意调节舍内温度和通风量，有着良好的通风换气和采光功能。加之操作极其方便，一栋猪舍只要1～2个减速器就可控制整栋猪舍的窗户，可以手动也可以电动，因而工程造价很低，可大力推广。冬季，半敞式卷帘系统使用涂塑布也可达到较好的保温隔热效果。

7. 猪舍通风换气的设计

猪舍的通风换气非常重要，特别是在产仔舍、保育舍等关键环节。一般多采用自然或半机械化通风(如卷帘式通风系统、湿帘通风系统、屋顶通风系统等)，若单个使用都不能解决冬天通风与保暖的矛盾。如果充分利用自然通风与上述几种通风系统有机结合，将能更好地解决通风换气的问题。

8. 猪舍温度调控的设计

猪场常采用湿帘通风或水冷风机降温。湿帘通风降温系统是一个投资相对较少、效果相对较好的通风降温设备，特别在炎热的夏天，对怀孕舍、保育舍、育肥舍等热应激敏感的猪群采用湿帘通风降温，效果非常显著，可使舍内温度在很短的时间内下降5℃左右，可以很好避免热应激对猪群造成的巨大影响。水冷风机降温投资少，安装容易，能耗不太高，也常被采用。

猪场多采用局部加温设备，如红外线局部加温、仔猪保温箱、电热板等。水暖局部加温正成为规模化猪场广泛采用的加热方法。基本做法：建造大中型沼气池，利用粪污发酵产生沼气，由沼气发电机发电、锅炉加温、照明等，夏天是沼气产生最多的季节，通过沼气发电，电能用于通风降温；冬天沼气量产生较少，可以通过沼气锅炉加温用于产仔舍和保育舍的局部保温。既减少了粪污处理的成本和压力，又节约了能源的成本支出，而且投资不大，运行费用不高，实现了循环生态模式。

(二)建筑材料的选择

在选择猪舍建筑材料时，应考虑保温和隔热两方面的要求。保温，就是在寒冷的冬季将猪舍内的各种热源所散发的热量尽量地保留下来形成一个温暖的环境；隔热，就是在炎热的夏季通过猪舍及其他的附属设施隔绝外界的热量传入舍内，保持猪舍凉爽的环境。

猪舍保温隔热能力的大小主要取决于所用建筑材料的导热性能和厚度。材料的导热性越小，厚度越厚，其热阻越大；材料的导热性越大，厚度越薄，其热阻越小。热阻就是保温隔热能力的大小，即某种材料热传导能力的大小。热阻越大的材料，传热越慢，相应的保温隔热性能越好；反之，热阻越小的材料，传热越快，相应的保温隔热性能越差。各种建筑材料的热阻是不同的，厚度相同时，密度大的材料热阻小，疏松多孔的轻质材料热阻大，这主要是因为轻质材料空隙多，有大量的不流通的空气，因此具有良好的保温性能。但是，多孔材料虽然有良好的保温性能，却也同时具有很强的吸水能力，这就要求选择猪舍的建筑材料时应综合考虑材料的保温性能和其他性能。

1. 猪舍屋面材料

如前所述，猪舍屋面的形式有单坡、双坡、拱形等多种。屋面结构要求简单、轻便、防水、耐火，能承重，严密不透气、保温隔热性能好，坚固耐用，排水便利。多采用瓦、预制板、泥灰、石棉瓦等材料修建屋顶。瓦、预制板、石棉瓦等修造的屋顶坚固耐用。对于产仔舍和保育舍，还要做舍内吊顶，要求吊顶材料保温、隔热、不透水、不透气、防潮、耐火，外表面光滑、平整，便于清扫。

2. 猪舍墙体材料

猪舍墙体要求结构简单、保温隔热、坚固、防火、防潮、耐水、抗冻。内墙面要求平整、光滑。猪舍的墙体多为红砖墙或水泥砖墙，红砖墙的毛细管作用较强，吸水力也强，可以保温和防潮，水泥砖墙比红砖墙稍差点。墙体的高度按猪舍的总体设计确定，母猪舍的间墙一般高度为 0.8～1 m，公猪舍隔墙高度为 1.4～1.6 m。

砖墙材料一般离地 1～1.2 m，用实砖或距地面 1 m 高做成水泥墙裙，使之能耐受经常性的水洗消毒。外墙墙脚及与地面交接处要求平整结实、防水，便于清扫消毒。

3. 猪舍地面材料

地面是猪只活动、采食、躺卧和排粪尿的地方。地面对猪舍的保温性能及猪的生产性能的发挥有很大影响。猪舍地面要求保温、坚实、不透水、平整、不滑、便于清扫和清洗消毒。地面应以走道为基线同排水沟保持2%～3%的斜度，以利于保持地面干燥。地面材料有砖嵌水泥、高压水泥砖、水泥条柱、膨胀网等。水泥、立砖地面虽然造价便宜，但保温性能差。目前猪舍多采用水泥地面和漏缝地板，为克服水泥地面传热快的缺点，可在地表下层用孔隙较大的材料（如炉灰渣、膨胀珍珠岩、空心砖等）增强地面的保温性。

(1)水泥、立砖地面。水泥地面坚实耐用、平整，易于清洗消毒，建造水泥地面的首要的条件是把基础处理好。立砖地面要挑选平面整齐、抗压性强的砖，立直挤严。两种地面相比较，立砖地面有较好的弹性和保温性，但不易彻底消毒。

(2)漏缝地板。漏缝地板种类较多，有块状、条状和网格状等。使用的材料有水泥、金属、塑料、复合材料和陶瓷等。

①水泥漏缝地板。水泥漏缝地板的规格很多，但要根据猪栏的规格来定。水泥漏缝地板制作时最好用金属模具。水泥、沙、石等原材料的配制要合理，并要用振动器捣实，表面要平整光滑，内无蜂窝状疏松空隙，避免粪尿积存。漏缝地板内要有钢筋"龙骨"，确保地板有足够的承压强度。水泥漏缝地板在生长育肥舍应用较多，其制造工艺简单、造价较低，而且多以自制为主。

②金属漏缝地板。金属漏缝地板根据加工工艺的不同分为钢筋焊接网板、钢筋编织网板和铸铁块状地板等。钢筋焊接网板和编织网板，钢筋直径以4～5 mm为好，也可用6.5 mm的，表面镀锌或镀塑更好，缝宽18 mm。焊接与编织网板适用于产仔栏和保育栏，铸铁地板则适用于生长育肥猪栏。金属漏缝地板安装方便，清洁干燥，但造价较高。

③塑料漏缝地板。塑料漏缝地板，是以工程塑料模压而成，条宽25 mm，缝宽10～20 mm。它可小块拼装组合，使用方便。该地板因其保温性能好，导热系数低而被广泛应用于哺乳仔猪休息区和保育栏。

④复合材料漏缝地板。复合材料漏缝地板是具有强度高、保温性能好、导热系数低、防滑、耐磨损等特点，可适合不同日龄猪、不同类型猪舍应用。

4. 猪舍间板

胶合板（PVC）板、钢管（镀锌管）、水泥板等都可在猪舍中用作间板。坚实的间板可以减少猪活动范围内的穿堂风。青年猪一般不会对胶合板造成损坏。猪需要通过可视的猪舍间板与邻舍的猪进行接触交流，配种舍尤其如此。猪舍间板的空隙度也可以影响猪舍内空气的流动。实心板会产生许多不流动的污浊空气。

（三）排粪沟、排尿沟、雨水沟、沉淀池的设计

现代规模化猪场的排污管网系统的设计非常重要，就像城市的下水道一样，设

计合理，运行就顺畅，设计不合理，防疫、卫生、粪污治理等一系列问题就会层出不穷。因此一般要求在建筑物建造以前就要规划完成。排污管网系统应按其地形、坡度、污染治理模式、各类猪舍的功能等不同情况进行综合考虑。采用不同的管网设计和布置。

1. 规模化猪场排污管网系统的设计原则

①有利于猪场防疫、清洁、卫生，不留积垢，有利于粪便减量化；②能切实做到“三分离”，即雨污分离、干湿分离、人猪分离；③有利于饲养人员喂料和清粪，减轻劳动强度；④运行顺畅、不易阻塞、易于疏通、维修方便；⑤与粪污治理模式相配套。

2. 怀孕舍的沟网设计

怀孕舍一般为双列式，也有三列式通间设计。三条走廊，两条排污沟分布在南北两侧。限位栏从后部 0.6 m 处，以 3%～5%的角度开始倾斜；栏外设 0.5 m 宽的斜坡，再在道路中间设一条 0.25 m 宽的沟。

这样设计有以下好处：一是可以节约建筑面积，路宽加沟由原来的 145 cm 减少到 125 cm，两侧共减少了 40 cm 宽度的建筑面积；二是有利于干湿分离，50 cm 的搁置区，可使尿液随时流入沟中，粪便则留在斜坡中，待搁置干燥后，再人工清出；三是有利于操作，50 cm 的平台使赶猪、清粪、查情等劳动操作变得更为轻松、顺手。

在使用自动投料器的猪场，母猪朝向改为尾对尾，同时由于沟设在中间走道使南北二道路的宽度减少到 0.6～0.8 m，更加节约建筑面积。

怀孕舍排粪尿的总沟一般设在一侧，两条排污沟在猪舍的一端穿过山墙汇集到总沟。如果猪舍过长（超过 80 m），总沟也可设在中间，两条排污沟从两端汇集到中间，使粪尿流入总沟。

3. 产仔舍的沟网设计

产仔舍的沟网设计严格以周为一个单元，独立设计，互不干扰。一般为双列式，三条走廊，两条排污沟在南北两侧。所不同的是产床的长度有的选用 2.1 m，有的选用 2.4 m，产仔舍的后部有的直接设沟，有的设一条 0.3～0.5 m 宽的斜坡，再设置排污沟。两条排污沟在产房的一端汇集，通过南面的山墙流入支沟，再由支沟汇集到一侧的总沟。

产仔舍的门有的开在南面一侧，宽度与道路相同，南面设一支沟，再设一条道路。有的在道路上搭雨篷。这种设计有利于冬天保温。也有的把门设在东西两侧，两条排污沟直接通到总沟，在南面不设支沟和道路，这种设计不利冬季保温。

4. 保育舍的沟网设计

保育舍的沟网设计一般采用双列式，不同的是有的两侧靠墙，只设中间一条走廊;有的不靠墙,设三条走廊,两条明沟。前者排污清粪困难,不利于保育舍内的环境和卫生,舍内湿度过高。后者能较好地解决排污清粪问题,舍内能保持清洁干燥,但由于增加了建筑面积,造价较高。

5. 生长育肥舍的沟网设计

生产育肥舍是猪场粪污的"主产区",要占整个猪场粪污的60%以上。对此应予高度重视。

生长育肥舍的排污设计有多种方式,各具特点,但也都有缺点。

(1)暗沟式。在猪舍南北两侧靠近墙壁处各设一条宽0.6～1.2 m的暗沟,上盖水泥漏缝地板。其优点是节约建筑面积,粪尿基本可以分离。缺点是猪的清洁度大打折扣,人工清粪为主,猪舍潮湿,空气质量差,冲洗水量大。规模化猪场已摒弃不用。

(2)明沟式。结构与上述基本相同,但沟较浅,猪栏之间的隔墙一部分实心,一部分用可以活动的金属栅栏门,到清理猪粪时,把金属栅栏门关住猪只,靠近墙一边留出一条通道,极大方便了清粪的速度。尿液通过明沟流入总沟。这种设计有利于干湿分离,可以大幅度减少污水的产生量,比较实用,也符合我国国情。

(3)局部漏缝式。在猪栏靠近墙脚处设一漏缝板(铸铁或水泥),在墙脚处开一等宽的出粪孔,干粪从此孔推出,尿液及污水通过漏缝板流入墙外的支沟。也有不设漏缝地板的,通过增加地面的坡度,尿液从推粪孔直接流出。

这种设计非常利于干湿分离,也利于防疫和提高工作效率,但在冬季不利于保温,易受贼风侵袭。

(4)全漏缝式或半漏缝式。这是一种比较理想的饲养模式,不仅夏季通风降温好,而且很大程度上降低了人工清粪的劳动强度,节约了大量冲洗用水,真正实现了人猪分离和猪粪的干湿分离。猪粪通过漏缝地板自动下漏,再通过人工或刮粪板刮出。尿液通过漏缝地板再通过下设的污水沟流到污水收集系统,猪只与人、工具不进行直接的接触,清粪工作在舍外进行,非常有利于猪场的防疫。其缺点一是造价稍高,二是冬季必须注意保温,特别在晚上,一定要将地窗盖密。目前常用可摇式挡板挡住地窗。

(四)消毒池的设计

在猪场大门口设宽与大门相等、长4 m、深0.2 m的消毒池。池内加0.1 m深的消毒液。每栋猪舍门口设有消毒池,放入有足够浓度的高效低毒消毒液。进出车辆必须经过消毒池,人员进出必须经过消毒室,更衣换鞋。大型规模化猪场,凡进出生产区必须经过淋浴。

第四节　规模化猪场布局与猪舍设计典型案例

一、规模化猪场布局案例

以正恩猪场为例，说明规模化猪场的布局方案，如图 1-3 所示。

二、规模化猪场猪舍设计案例

1. 后备舍

正恩猪场后备舍的设计图如图 1-4 所示。

2. 公猪舍

正恩猪场公猪舍的设计图如图 1-5 所示。

3. 配种舍

正恩猪场配种舍的设计图如图 1-6、图 1-7 所示。

4. 怀孕舍

正恩猪场怀孕舍的设计图如图 1-8 所示。

5. 分娩舍

正恩猪场分娩舍的设计图如图 1-9 所示。

6. 保育舍

正恩猪场保育舍的设计图如图 1-10 所示。

7. 育肥舍

正恩猪场育肥舍的设计图如图 1-11 所示。

8. 生长舍

正恩猪场生长舍的设计图如图 1-12 所示。

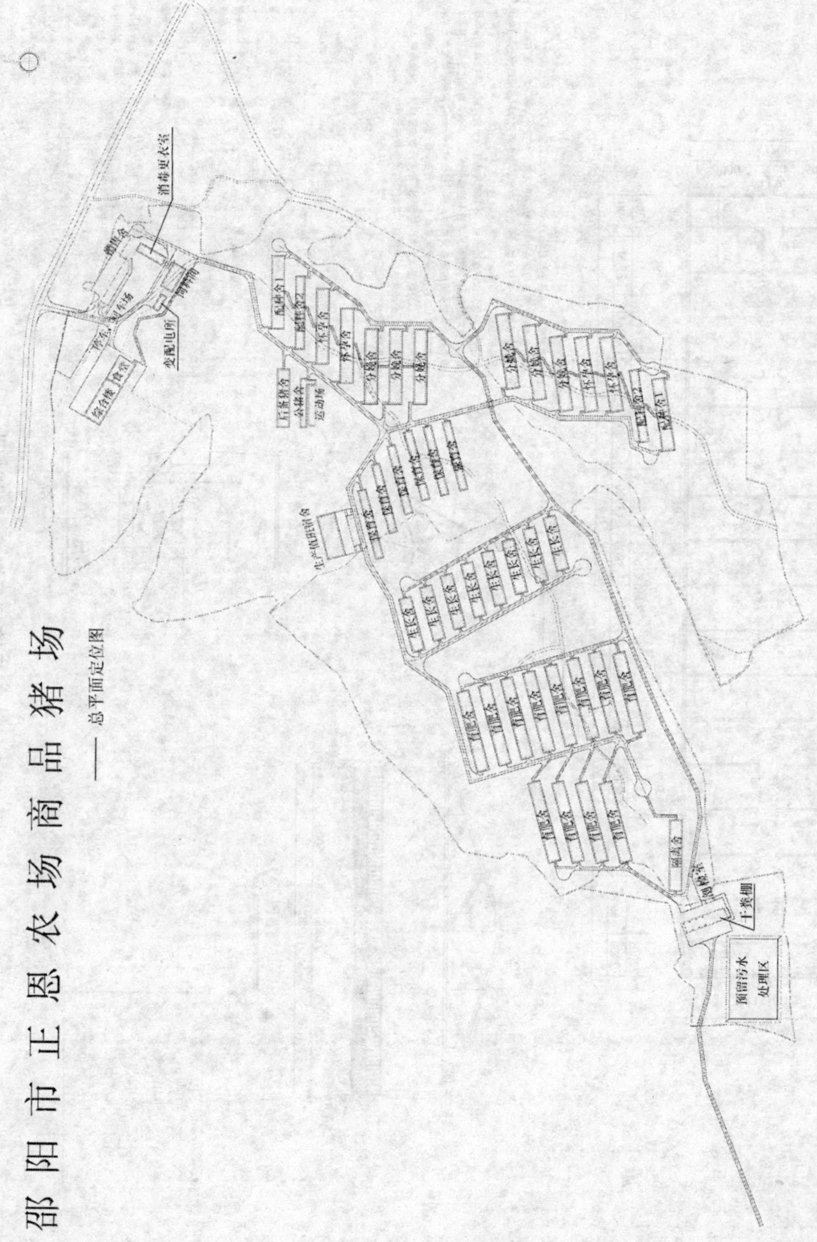

图 1-3　正恩猪场的布局图

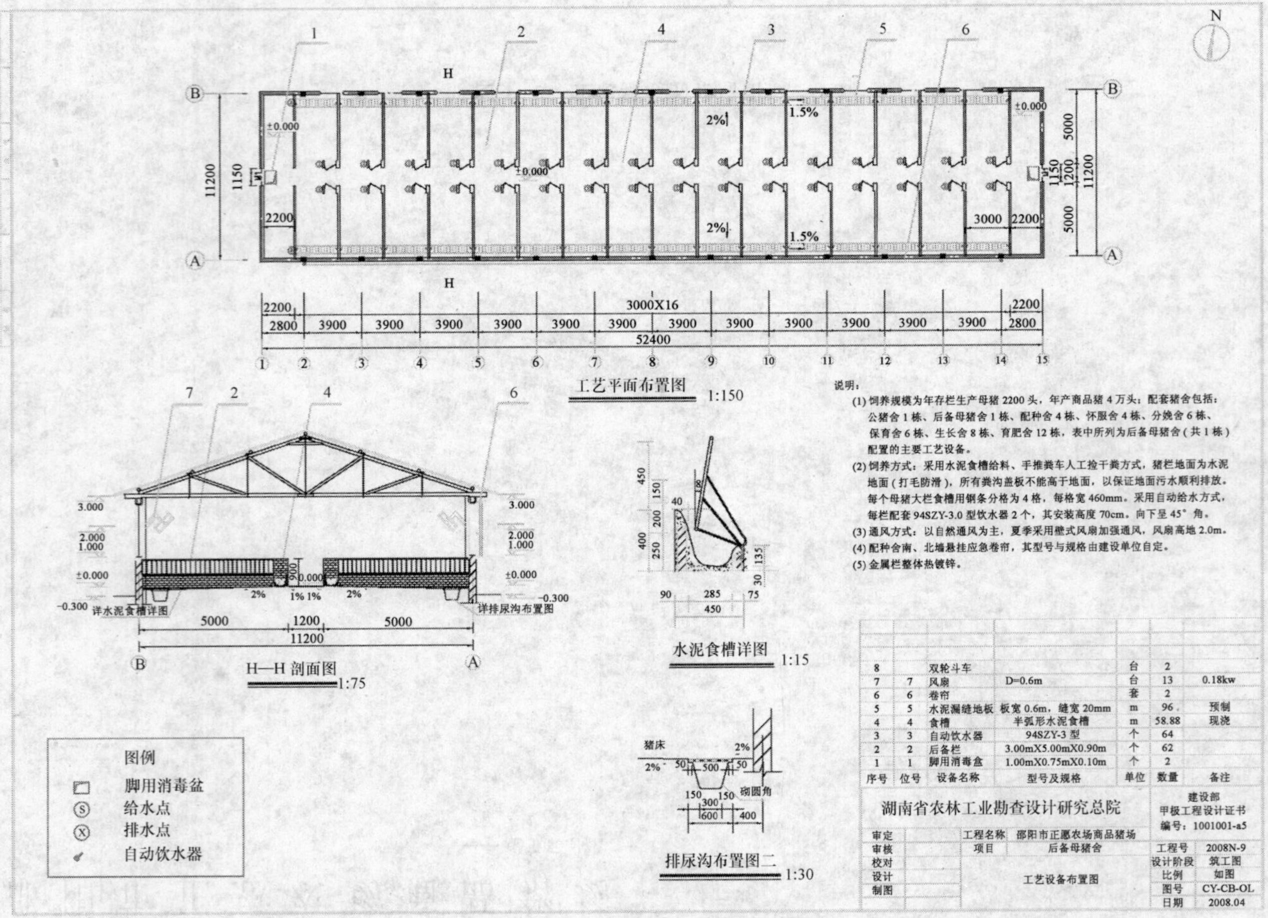

图 1-4　正恩猪场后备舍的设计图

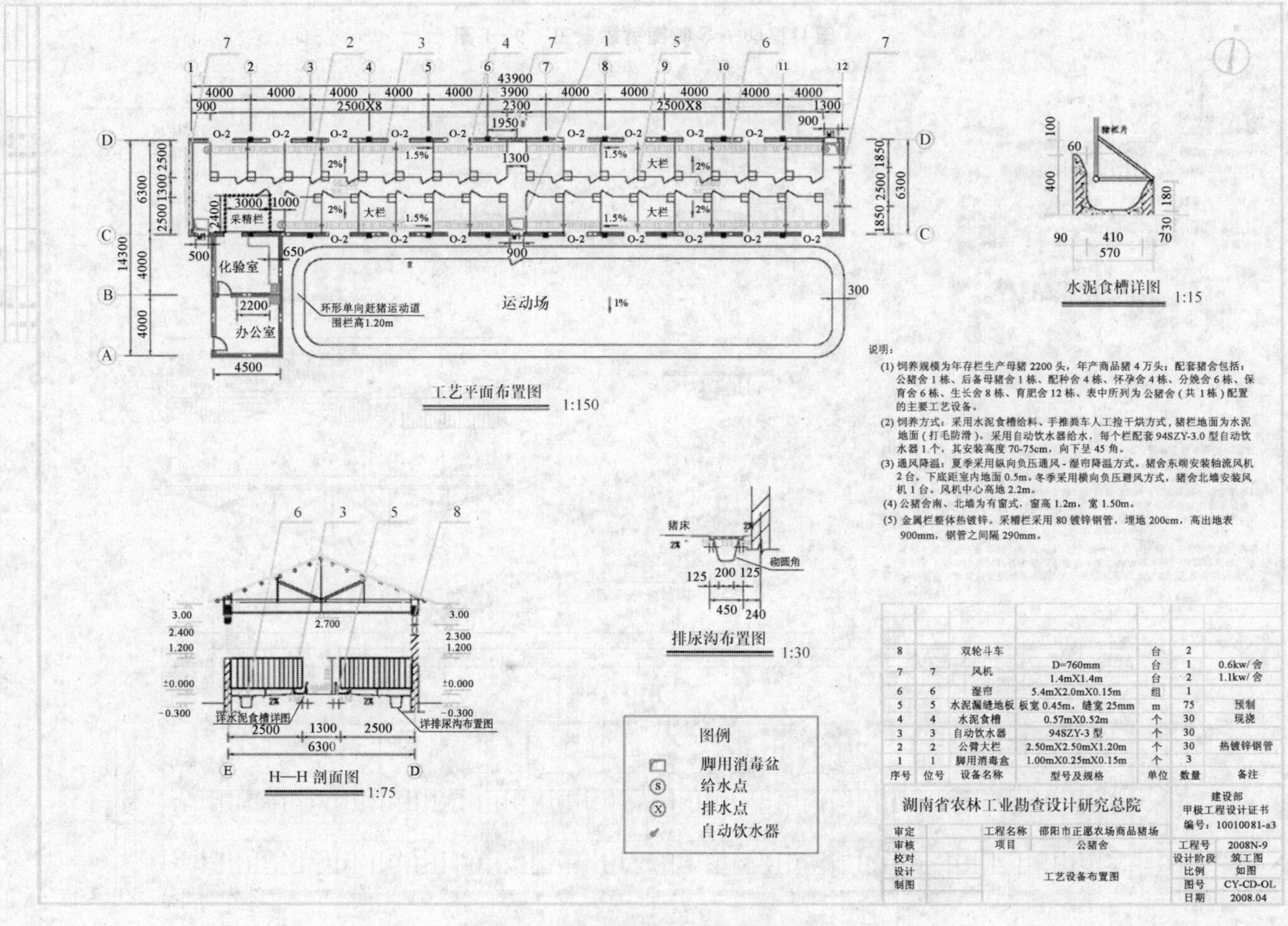

图 1-5　正恩猪场公猪舍的设计图

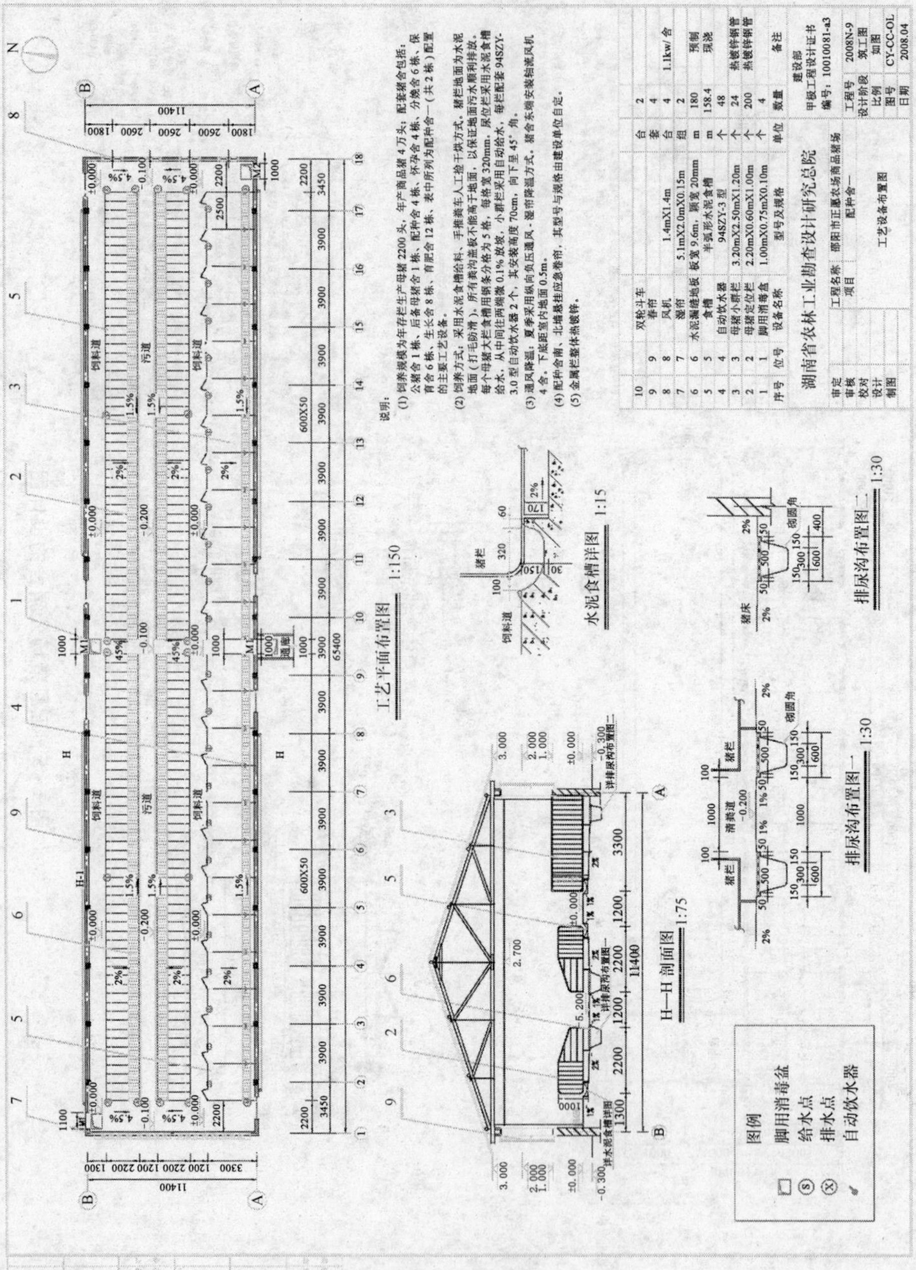

图 1-6　正恩猪场配种舍一的设计图

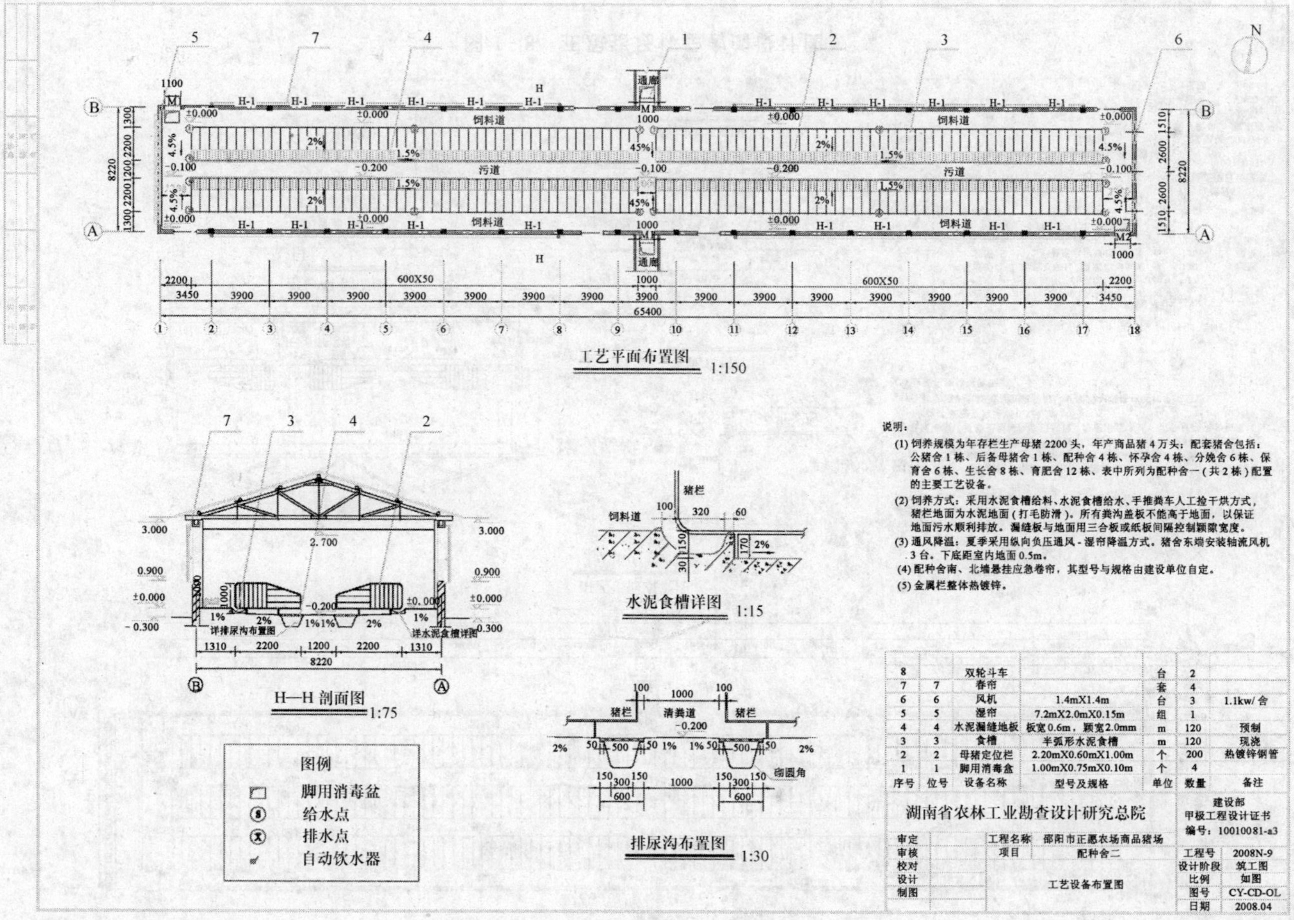

图 1-7　正恩猪场配种舍二的设计图

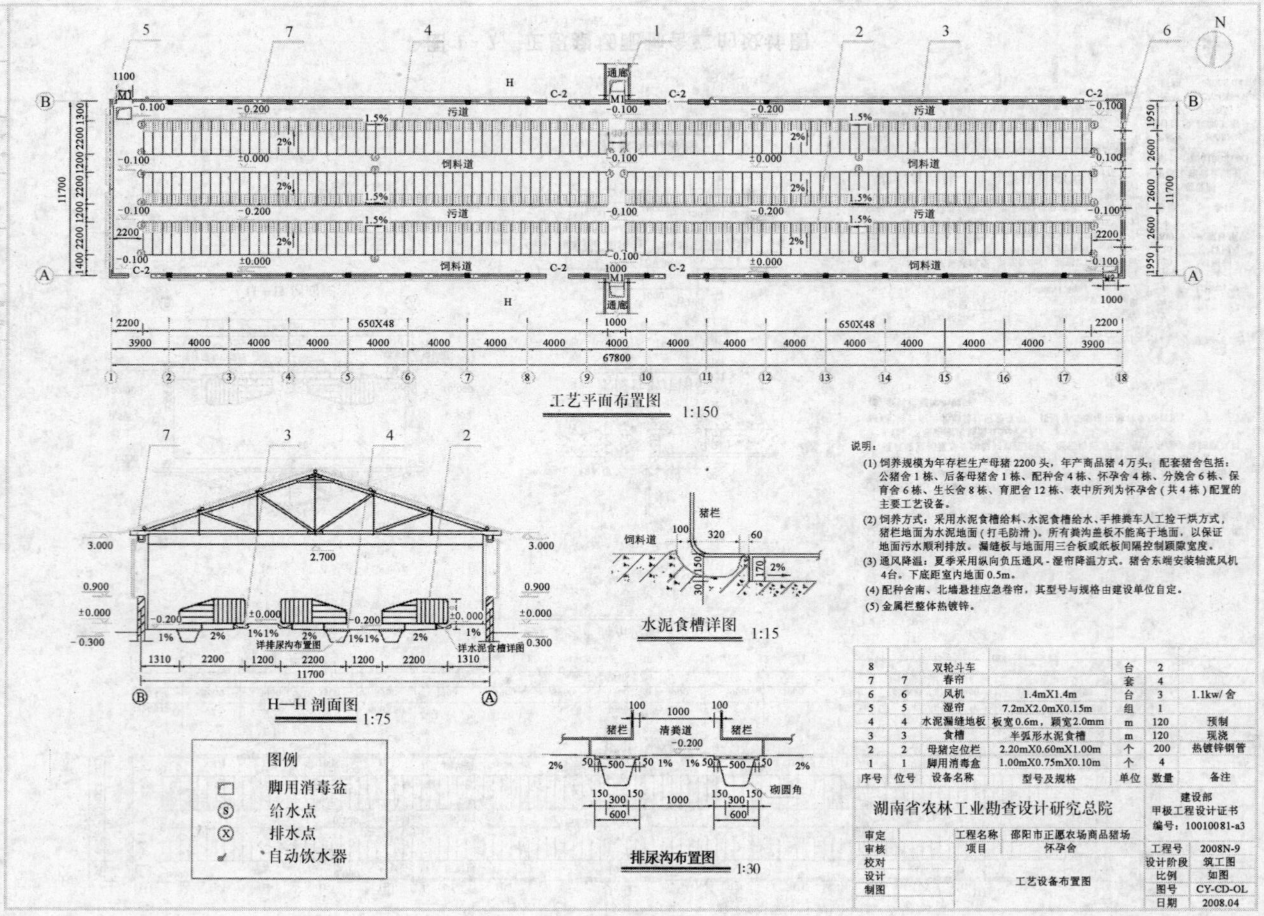

图 1-8 正恩猪场怀孕舍的设计图

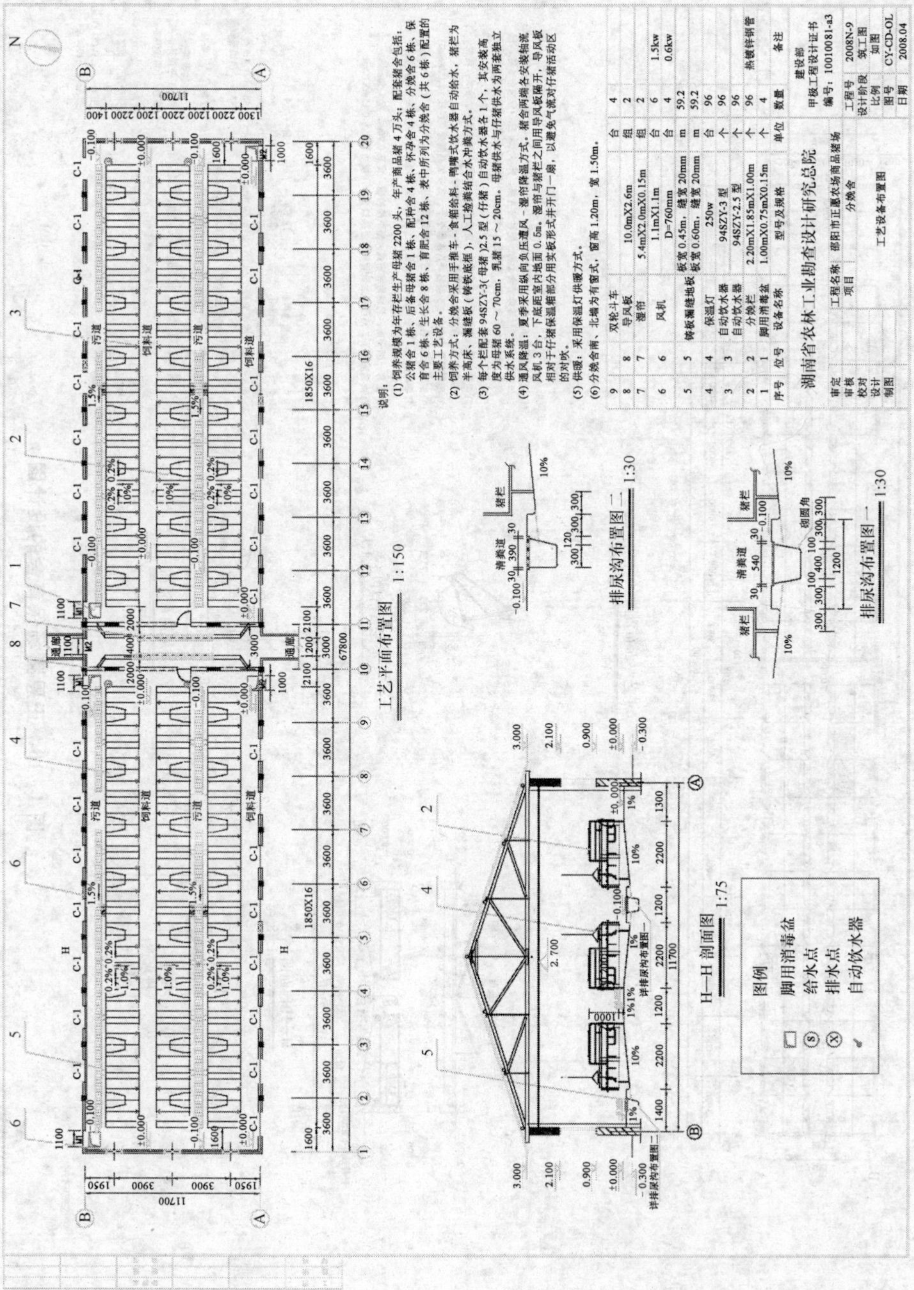

图 1-9　正恩猪场分娩舍的设计图

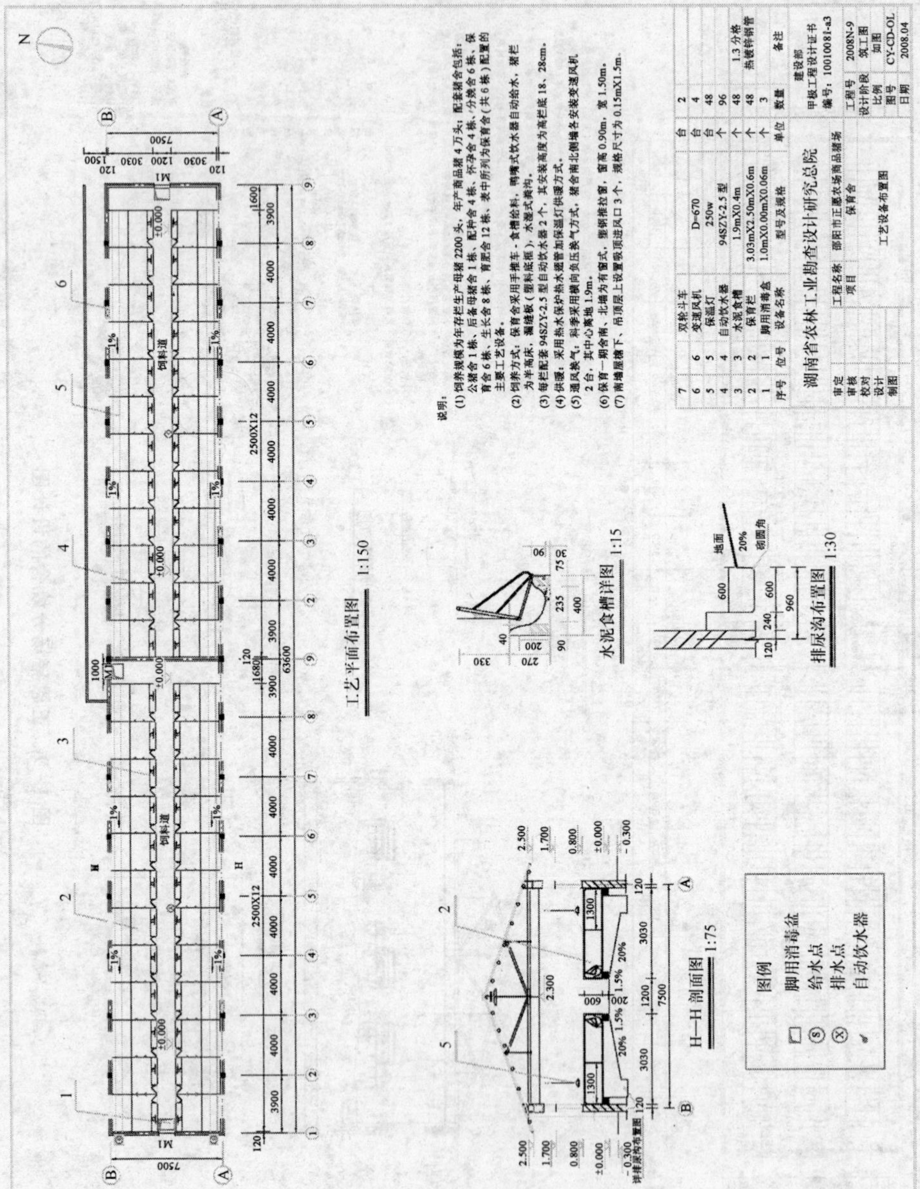

图 1-10 正恩猪场保育舍的设计图

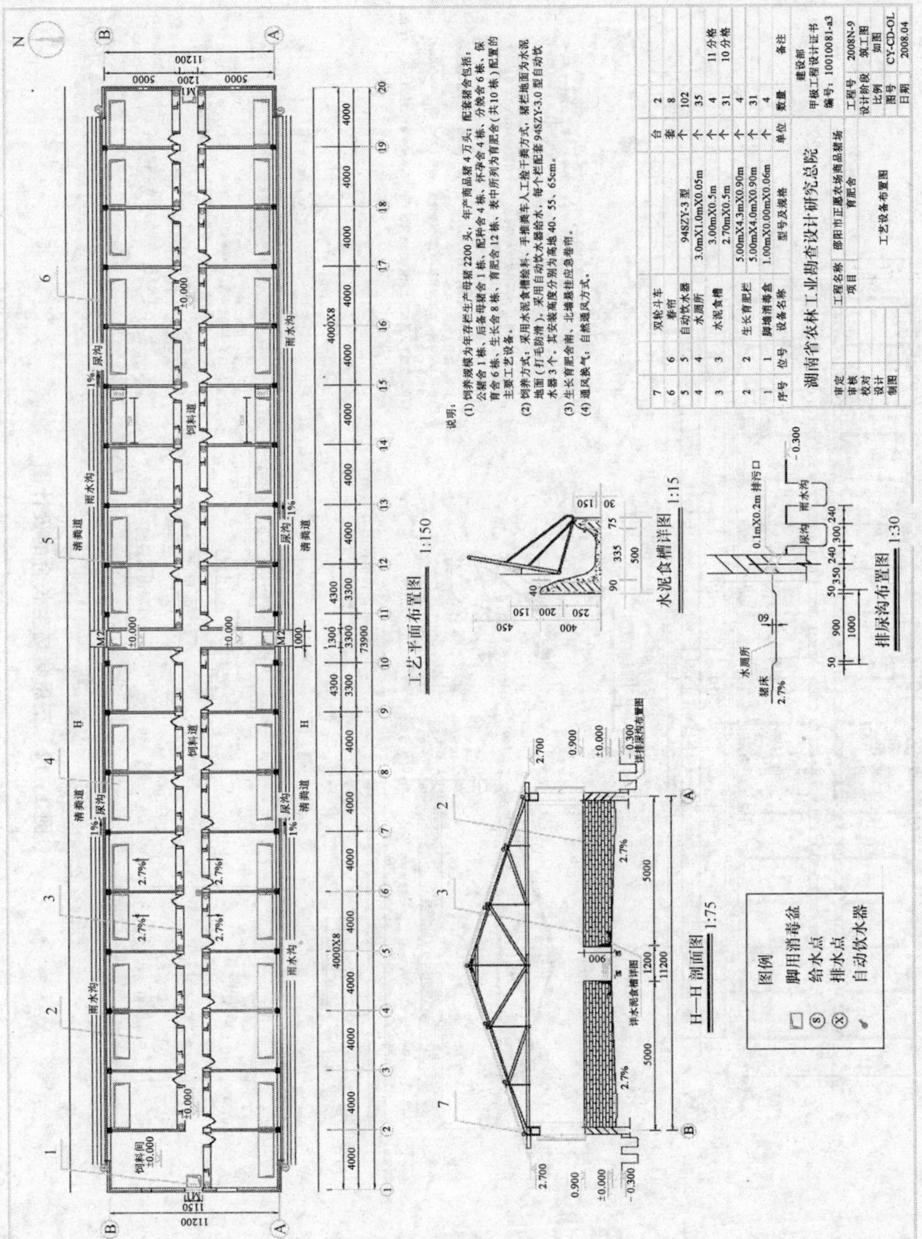

图 1-11　正恩猪场育肥舍的设计图

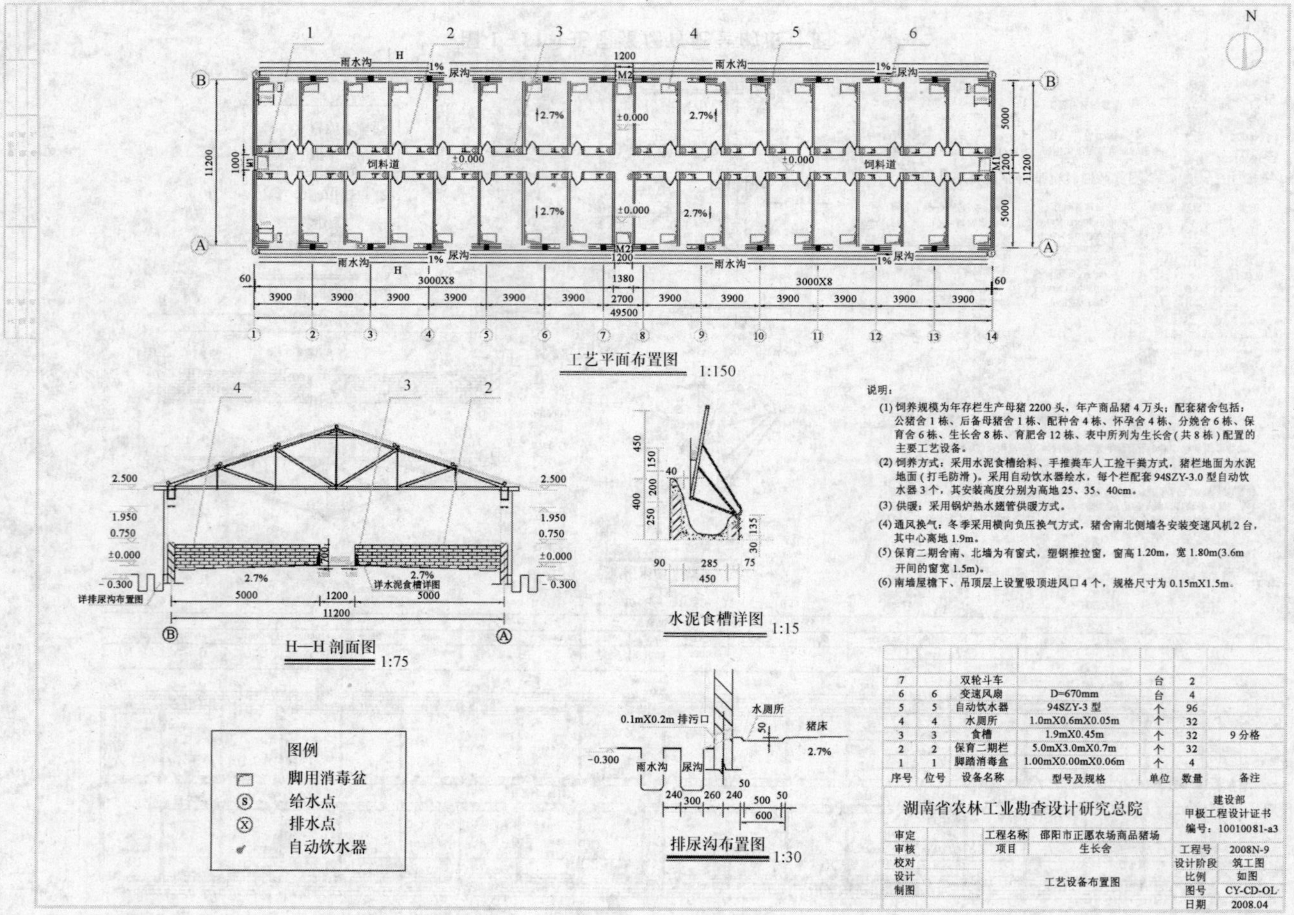

图 1-12　正恩猪场生长舍的设计图

第二章　生猪的饲养管理

第一节　种猪饲养管理

一、种猪淘汰与更新

(一)种猪淘汰

种猪是基础,养好种猪是养猪生产的关键环节。规模化猪场把种猪视为生产和哺育仔猪的机器,饲料是原料,产品就是活仔猪。要实现养猪高效益,必须要有高质量的种猪群,掌握科学的选配技术,这样才能持续、均衡地生产出质量优、数量多的活仔猪。因此,要及时淘汰不合格的种猪,更换成性能更佳、体型更好、适合市场需求的种猪。

1. 种公猪淘汰原则

种公猪的使用年限一般控制在 2 年左右,种公猪年淘汰率在 50%左右。①凡性欲低下、经调教及药物处理仍无改善的后备公猪应及时淘汰。②凡睾丸器质性病变(肿大、萎缩)的公猪应及时淘汰。③精液品质差、配种受胎率低、与配母猪产仔少的公猪应予淘汰。④患过细小病毒病、乙型脑炎、伪狂犬病等疾病的公猪应予淘汰。⑤肢蹄疾病严重、影响配种使用的公猪应予淘汰。⑥因病长期不能配种的公猪应淘汰。⑦3 周岁以上的老年公猪一般应予淘汰。

2. 种母猪淘汰原则

①后备母猪长期不发情,经药物处理后无效者淘汰。②后备母猪虽有发情,但正常公猪连配两期未能受孕者淘汰(屡配不孕或连续 2 次以上返情,经药物处理无效者)。③青年母猪第一、二胎活产仔猪窝均 7 头以下的淘汰。④经产母猪累计三胎活产仔猪窝均 7 头以下的淘汰。⑤出现肢体疾病、久治未愈、严重影响生产者淘汰。⑥母性特别差,哺乳能力弱,易压死仔猪,或具有咬、吃仔猪恶癖者应淘汰。⑦患过细小病毒病、乙脑、伪狂犬病等繁殖障碍疾病,患乳房炎、子宫炎、阴道炎等经治疗无效的种母猪应予淘汰。⑧连续两次流产的母猪可考虑淘汰,遗传性、习惯性流产的母猪宜及早淘汰。⑨经产母猪 7 胎次以上且累计胎均活产仔数低于 9 头的淘汰。

(二)种猪更新

1. 制订科学合理的引种计划

结合本场实际情况制订科学的引种计划。计划包括品种(大白、长白、杜洛克、皮特兰)、种猪级别(原种、祖代、父母代)、数量。如果是新建种猪场,选购种母猪头数要比最大母猪容量多15%,因为种猪在生产过程中由于各种原因会造成淘汰,如果不多引种15%会造成产房等设施不能满负荷生产,降低设施利用率。一般猪场采用本交时,公、母猪的比例为1∶(20～25),但往往引进公猪时相对要大于此比例,以免个别公猪不能用,耽误母猪配种,增加母猪的无效饲养日。采用人工授精时,公、母比例为1∶(100～500)。体重大、中、小搭配,各占一定比例。建议选择能够提供健康无病、性能优良种猪且服务一流、信誉佳的大型种猪公司。

2. 引种前准备

引种场应设有隔离舍,要求至少距离生产区300 m以上的距离,在种猪到场前的30天(至少7天)应对隔离舍彻底清洗、消毒。消毒不能马虎,可对消毒效果进行监测,一定要选择质量较好的消毒剂进行多次严格消毒。引种场一定要有装猪台,运输人员不用进场院即可把猪卸入场内,这样既方便,又可防止疫病导入。

3. 挑选种猪要点

(1)挑选种公猪的要点。①体型外貌符合本品种雄性特征。②外生殖器官发育良好,中等下垂,左右对称,大小匀称,轮廓明显,没有单睾、隐睾或赫尔尼亚症,包皮适中,包皮无积尿。③四肢强健有力,步伐开阔,行走自如,无内外八字形,无卧系、蹄裂现象。④有效乳头6对以上,排列均匀整齐,且位置和发育良好,无瞎乳头或内翻乳头。⑤三代系谱清楚,性能指标优良,EBV值大(EBV指数至少要在100以上),说明该猪综合性能较好。如果体重较大,一定选择活泼好动、口有白沫、性欲表现良好的,最好是购买曾经采过精液、检查过精液品质的优秀公猪。⑥与配的母猪产仔数多,后代活力强、生长快、体形好、无遗传缺陷的同胞、半同胞或其后代。

(2)挑选种母猪的要点。①体型外貌符合本品种特征(毛色、头型、耳型等),无凸凹背,体质结实。②外阴发育良好,应选择外阴较大且松弛下垂的个体,阴户不能过小或上翘,且无异形。③有效乳头6对以上,分布均匀对称,发育正常,无瞎奶头、翻转奶头和其他畸形奶头。④身体匀称,眼睛亮而有神,腹宽大而不下垂,骨骼结实,四肢要求结构合理、强健有力、蹄系结实。⑤个体各项性能指标在平均数以上,育种值或选择指数较高,且先代和同胞的性能优良。⑥该品种的母猪产仔较多、泌乳力强、带仔能力强、母性好、性情温顺,忌暴烈。⑦所生仔猪生长快、发育好、均匀整齐、无遗传缺陷的母猪的同胞、半同胞或其后代。

4. 挑选种猪的几个误区

挑选种猪存在一些误区，往往导致引种失败，造成经济损失，甚至引进疫病，造成全军覆没。现将引种误区总结如下：

(1)忽视疫病风险评估和检疫监管。健康状况是引种时应该首先考虑的重要问题，这是确定能否引种的前提。引种要把好三关：一是供种场的供种资格审查关。应查验饲养场的种畜禽生产经营许可证和动物防疫条件合格证。二是猪群的健康检查关。应充分了解供种场所在地区是否为无疫区，所处的环境位置是否有利于防疫。注意供种场的动物疫病综合防制措施、制度是否完善，执行是否严格。查验猪场特别是拟调运猪群的养殖档案、畜禽标识及相关信息，充分了解该场的免疫程序及其他具体措施，清楚供种场猪群特别是拟调运猪群的健康状况，杜绝引进猪细小病毒病、伪狂犬病、猪支原体性肺炎、猪传染性萎缩性鼻炎等疫病。必要时，抽血进行口蹄疫、猪瘟、高致病性猪蓝耳病、猪圆环病毒病、布鲁氏菌病等疫病监测，确保引进的种猪符合种用动物健康标准。三是检疫关。省内引进种猪的，应取得供种场当地动物卫生监督机构的检疫证明方可引进。省内调运精液、胚胎的，其供体动物须符合种用动物健康标准，并取得供种场当地动物卫生监督机构的检疫证明方可调运。跨省、自治区、直辖市引进种用生猪及其精液、胚胎的，应当向输入地省、自治区、直辖市动物卫生监督机构申请办理审批手续，并取得供种场当地动物卫生监督机构的检疫证明方可引进。

(2)过分强调体型。许多养殖户在选种时过分强调体型。只要是后臀大的种猪，不管它的健康状况、生产性能，如产仔数、料肉比、日增重、瘦肉率等各种指标如何，就盲目引进，这将埋下隐患。在此，要特别强调勿以衡量商品猪的眼光去衡量种猪。经验告诉我们，后臀大的种猪，多多少少都未去除氟烷基因，易产生 PSE 肉，且较难饲养，必须有良好的饲料和饲养条件。如果饲料和饲养条件跟不上，引进这类猪就难以取得满意效果，甚至带来不可低估的经济损失。后臀大的种猪除了具有瘦肉率高的优势外，大多有很大局限性，如泌乳力差、产仔较少、难产率高、增重慢等。所以选择种猪时，公猪要侧重瘦肉率、胴体品质、肢蹄健康度、生长速度、饲料报酬、性欲是否旺盛等；母猪应侧重于相关的母性特征，如产仔数、泌乳力、母性等。

(3)偏好体重大的。在引进种猪时，偏好选择体重大的种猪，这是一个误区。殊不知引进种猪并非体重越大越好，一般在 45～80 kg 较为理想。而且，要做到全年均衡产仔，必须把体重距离拉开，以便分批配种。体重太小，种猪的生长发育未完全，难以确定性成熟时体型到底好不好，也有一些缺陷尚未表露出来，尤其是公猪，最少也要买 60 kg 以上的。体重太大，不利于后备种猪的调教驯化，长途运输易出麻烦，稍有拥挤、挤压就会造成肢蹄损伤、脱肛甚至死亡。

(4)多头引种。认为种源多、血源广有利于本场的猪群生产性能的改善，殊不知从多家引种易把不同疫病引进本场。因为各个种猪场的细菌、病毒环境差异较大，而且某些疾病多呈隐性感染，一旦不同种猪场的猪混群后暴发疫病概率就会大大提高，因此在引种时尽量从同一家种猪场引进。

5. 种猪运输时应注意的事项

(1)运载工具的选择和消毒。一般购买种猪都是汽车运输，应避免使用运输商品猪的外来车辆装运种猪，最好用本场专用或供种猪场专用的车辆，检查车况是否良好，千万别带病上路。在运载种猪前 24 小时开始，应使用高效的消毒剂对车辆和用具进行两次以上的严格消毒，消毒前要彻底冲洗车辆和用具。空置一天后再装猪，在装猪前再用刺激性较小的消毒剂(如双链季铵盐、络合碘等)彻底消毒一次，并开具运载工具消毒证明。

(2)减少应激和损伤。在运输过程中，应想方设法减少种猪应激和损伤。特别注意保护好猪的肢蹄，并避免在运输途中死亡和感染疫病。要求供种场提前 2～3 小时对准备运输的种猪停止饲喂饲料，否则休息两小时再装车启运，以免造成种猪脱肛现象。赶猪上车时不能赶得太急，装猪结束后应固定好车门，防止路途中丢失种猪。长途运输的车辆，车厢最好铺上垫料，冬天可铺上稻草、麦秸、锯末，夏天铺上细沙，以降低种猪肢蹄损伤的可能性；所装载猪只的数量不要过多、超载，装得太密会引起拥挤、挤压而导致损伤、休克，甚至死亡。运载种猪的车厢面积应为猪只纵向表面积的 1.5 倍，若拉种猪较多，最好能将车厢隔成若干个隔栏，以每栏 6～10 头为宜，且种猪能自如站立、活动，但也不要过于宽松。隔栏最好用光滑的水管制成，避免刮伤种猪。装车时尽可能同类别猪只混于一栏，且体重不宜相差太大，以免强欺弱、大欺小。达到性成熟的公猪应单独隔开，并喷洒有较浓气味的消毒药水(如复合酚)，以免公猪间相互打架。

(3)定时检查和处理。长途运输每辆车应由两名驾驶员交替开车，不要疲劳驾驶，尽可能走高速路或路况较好的路，起步要稳，尽量避免急刹车。过 3～4 小时用长木棍把每一头猪赶起来，检查一下猪群情况，遇有异常猪只需及时处理。如出现呼吸急促、体温升高等异常情况，要采取有效的措施，不得延误，必要时可注射抗生素和镇痛退热针剂，并用温度较低的清水冲洗猪耳降温。途中应注意选择没有停放其他运载动物车辆的地点就餐。随车应准备一些必要的工具和药品，如绳子、铁丝、钳子、抗生素、镇痛退热药、镇静剂、矿物质、多种维生素，并保证充足的饮水。如行程超过 4 天，最好带上一些颗粒饲料。另外，还可事先配制一些电解质溶液，用时加上奶粉，供种猪路上饮用。装车前需办齐一切手续，包括货款、检疫证明、车辆消毒证明、种猪合格证、免疫卡、免疫程序、系谱、发票等都要带齐，以备查验。

(4)防止受寒和中暑。冬季要注意防寒，夏季要重视防暑，一般猪场都会选择在气候较适宜的春秋季引种。但在夏、冬季引种也有一些有利的方面，因为季节对种猪的价格有所影响，在冬季 12 月至次年 2 月份或夏季 6 月下旬至 8 月份这段时间种猪价格最优惠，种猪可选余地大，往往能选购到质优价廉的种猪。夏季应尽量避免在炎热的酷暑装运种猪，特别要避免在炎热的中午装猪，可在早晨和傍晚装运。途中应注意经常供给饮水，防止种猪中暑，并定时寻找可靠水源为种猪淋水降温，一般日淋水 3～6 次。冬季应上午 11 时至下午 2 时之间装猪。运猪车辆应备有汽车帆布，若遇到烈日直射和暴风雨时，应将帆布遮于车顶上面，防止烈日直射和暴风雨袭击种猪，车厢两侧的篷布应挂起，以便通风散热；冬季帆布应挂在车厢前上方以便挡风保暖，以防猪只感冒。

6. 种猪到场后的隔离观察

新引进的种猪，应在所在地动物卫生监督机构的监督下，先在隔离场或猪场内的隔离舍进行隔离观察。隔离期为 45 天。经隔离观察合格的方可混群饲养；不合格的，按照有关规定进行处理。种猪隔离观察期间要把好四关：

(1)卸车入栏关。种猪到达目的地后，立即对装猪台、车辆、猪体及卸车周围地面进行消毒，然后将种猪卸下，按大小、公母进行分群饲养，要求密度不高于 1 头/1.5 m^2，种公猪若体重达到 50 kg 以上，则应单栏饲喂，以免咬架而受损；有损伤、脱肛等情况的种猪应立即隔开单栏饲养，并及时治疗处理。

(2)饮水喂料关。种猪分栏入位后，首先仅给予饮水，每次少量供给，待饮完 10～20 分钟再饮，防止暴饮，水中可加少量抗生素和维生素，休息 6～12 小时后再供给少量饲料。第二天开始可逐渐增加饲喂量，3～5 天达到正常饲喂量。

(3)减少应激关。种猪到场后的前两周，由于疲劳加上环境变化，机体对疫病的抵抗力会降低，饲养管理上应注意尽量减少应激，可在饲料中添加适量抗生素(可用泰妙菌素 50 mg/kg＋金霉素 150 mg/kg)和多种维生素，连喂 2 周，使种猪尽快恢复正常状态。

(4)调教免疫关。种猪到场后，要作好猪群调教，训练定点排粪尿。根据供种场疫苗注射情况及本场猪群健康状况，确定是否补注疫苗。

隔离观察合格的新调种猪在配种前应进行一次全面驱虫，可使用通灭、伊维菌素等广谱驱虫剂按体重(1 mL/33 kg)皮下注射进行驱虫，使其能充分发挥生长潜能。

二、后备母猪及空怀母猪管理

加强后备母猪和空怀母猪的管理目的在于提高母猪的受胎率及窝产仔数。要做到适时配种,后备母猪配种的最适体重为 120 kg,年龄 8 个月龄,此时其性器官已成熟,可以配种,但仍处于生长期,是体成熟阶段。后备母猪培养的好坏直接关系到母猪的繁殖性能的体现和使用年限。

(一)促进发情

(1)补饲催情。母猪膘情以脊背保持不肥为最佳,其营养需要为每天 2~2.5 kg的全价料,仍以膘情来决定饲料的投放量。

(2)公猪诱情。对母猪进行公猪诱情,即直接让公猪与母猪接触,可使未发情母猪发情,同时也可观察已发情母猪的发情状况。或用公猪尿液浸泡麻袋等物,放于母猪栏内,可促使母猪发情。

(3)大栏刺激。将未发情母猪多头集中放入大栏中以刺激母猪发情。

(4)中药催情。对久不发情母猪采用上述措施无效时用此法。用中药催情散饲喂,连喂 3~5 天,一般都能达到效果。

如果经过上述方法处理,还不能达到发情、配种之目的,那么就要回过头来考虑母猪生殖系统的问题,一是生殖系统的感染,如子宫内膜炎等,须加紧治疗;二是母猪生殖系统的畸形等先天性疾病,此类母猪不能做种母猪,应迅速淘汰。

(二)发情鉴定与配种时机

通过观察母猪阴户变化、精神状态、对公猪反应及压背时有无静立反应等来综合判断母猪是否发情和发情时期,以便做到适时配种:断奶 3~6 天发情的母猪,出现静立反应后 12 小时配种;后备、返情、药物处理及断奶 7 天以上发情的母猪,出现静立反应后立即配种。

配种一般两次,即母猪出现静立反射时做第一次配种,间隔 8~12 小时进行第二次配种。两次配种可用同一品种的两头不同的公猪(非种猪场),也可用同一头公猪进行配种,或实行人工授精。

由于青年母猪的发情时间较长,即排出卵细胞的时间相对长一些,配种时间掌握在出现静立反应后 10~12 小时内配种为宜,而成年母猪一出现静立反射即可配种,所谓“老配早,少配晚,不老不少配中间”就是这个道理。

配种前,应用消毒液清洗消毒公母猪生殖器周围后方可进行配种。

三、妊娠母猪的饲养管理

母猪断奶后的管理目标是让其尽早发情配种,确保受胎、怀孕。加强怀孕期母猪的管理应达到以下四个目标:①降低返情、流产比率;②多产活仔;③仔猪初生重达1.3～1.5 kg以上;④确保母猪产前膘情适当,最大限度地减少难产的发生。

(一)饲养管理

(1)母猪断奶当天,按体格大小合栏混群,供应充足的饮水,并停饲一天。

(2)断奶第二天即可增加喂量,3～4 kg/天,起到短期优饲效果,增加母猪排卵数。

(3)为促进早日发情,可采取增喂青绿多汁饲料、公猪诱情、激素药物注射、营养催情等方式处理。

配种后21天,减少喂量,一般1.5～1.8 kg/天(春、秋气温适宜季节),在此阶段尽可能减少各种环境应激,以利于胚胎着床。

(4)在配种后21天、42天仔细观察猪群返情情况,以便及时挑出。

(5)怀孕21～84天,胎儿生长缓慢,此期间主要任务是调整母猪膘情,控制喂量,一般2～2.5 kg/天。

(6)怀孕85天至产前2天,是胎儿快速生长时期,应增加喂量,3～4 kg/天。

(7)第一胎母猪后期加料不可过多,以防胎儿过大造成难产。

(8)因怀孕期采食量与哺乳期采食量成反比,所以怀孕期的喂养应采取"低怀孕、高哺乳"的营养策略。

(9)产前1周,将重胎母猪喷雾消毒后转入产房。

(二)怀孕母猪易出现的问题

怀孕母猪易出现的问题有产仔数低、返情、流产、早产、死胎、木乃伊胎儿增多、弱仔增多、屡配不孕、不发情。产生的原因有下面几种:

(1)查情不准。配种时机掌握不当,可导致产仔数低、返情。

(2)疾病。无论怀孕母猪发生何种疾病,均会出现繁殖障碍性疾病,尤以蓝耳病、伪狂犬病、细小病毒病、乙脑等为甚。

(3)热应激。热应激几乎会导致所有的繁殖障碍病,如高温环境及猪病出现的高热。而冷应激一般只会引起发情时间滞后,或仔猪出生重降低。

(4)过肥。第一胎母猪易出现此类问题,会导致产仔数低,或屡配不孕。

(5)生殖道疾病。如子宫内膜炎、阴道炎等会致母猪屡配不孕。

(6)卵泡囊肿。使母猪处于持久发情状态,但屡配不孕,可用促黄体素处理。

(7)持久黄体。使母猪不发情,可用前列腺素类激素处理。

(8)瘦弱。母猪过于瘦弱会使发情时间延缓或不发情或产仔数太少,如营养不足,泌乳时间太久、母猪疾病等均会导致此结果的发生。其他环境的影响与公猪类似。

四、哺乳母猪的饲养管理

哺乳母猪的管理是全场的关键，主要任务是保证母猪正常生产，母仔平安，同时防止母猪产前、产中、产后、哺乳期间发生不应发生的伤害，努力提高仔猪的成活率和生长速度。

(一)进猪前的准备

现在规模化猪场普遍采用高床产仔栏，进猪前的准备主要指产房的准备。母猪进入产房前，产房要彻底清扫、高压冲洗和消毒，然后干燥5～7天才能进猪。

应检查产床是否平整，是否会对母猪造成伤害，如果存在问题应及时清除和修理；检查所有电源、插座、开关等是否安全；供水管道、水阀以及水嘴是否漏水、畅通，如果有问题及时更换或修理。

检查供暖和通风系统是否完好，保证良好的通风，避免贼风进入。

(二)母猪上床和饲喂

1. 母猪上床

母猪进入产房前对猪体彻底清洗和消毒，按预产期提前7天左右将母猪转入产房。上床时要慢慢驱赶，轻轻拍打让其前进，不可拿棍棒打、生拉硬拽。初产母猪由于环境不熟等原因而不愿前进时，可以让经产母猪带领前进或用饲料诱导其进入产房。一次赶猪不要太多，分多批次赶入产房，防止由于惊慌而相互拥挤造成机械刺激或流产。

2. 产房母猪的饲喂

母猪进入产房后继续按妊娠后期饲喂标准进行饲喂，每天喂两次。预产期前3天开始减料，每天减少10%～20%，一直到分娩。但是对于体况不良或乳房肿胀不明显的猪例外，每次可喂1.5 kg。母猪产前减料主要是防止产后因为腹压降低、便秘、不食而造成无乳，同时也可以防止因为母猪泌乳过多、乳汁过浓或仔猪过食而造成的仔猪营养性下痢和母猪乳房炎。

分娩后当天不喂饲料，对产后虚弱、不愿站起的猪，可以将它轻轻拍打起来或者把饲料和水洒到其嘴上，诱导它起来喝水、吃料，以保证其正常泌乳。产后次日开始喂料，产后第3天起逐渐加料，7天以后自由采食，每天饲喂3次，条件允许的话，夏季夜间再补喂一次，防止膘情损失，保证泌乳及断奶后正常发情。

(三)分娩

1. 分娩前的准备

保持产房室温在28℃左右，仔猪保温灯下的温度为31～34℃；保持相对湿度65%～75%；整间全部产完后，室温可保持在25℃。产床、保温灯、窗户、地板等干净干燥，撒生石灰等消毒，减少初生仔猪疾病；保持产房安静，不得大声喧哗，减少噪声；保证良好通风，无贼风，每天清理粪便，防止有害气体产生和蚊蝇滋生。对母猪腹部、乳房、阴户附近的污物及时清除，并用消毒液清洗；准备好产仔记录工具。

2. 分娩前的征状

母猪分娩前表现为阴户肿胀、尾根塌陷、乳房肿胀发亮，有时可以挤出少量乳汁；行动不安、起卧不定、食欲减退；频频排尿或排零碎粪。当最后一对乳头能挤出多量乳汁时，几小时内将产仔；当阴户流出黏液或胎粪时，即将产仔。

3. 接产

仔猪出生后，立即将其口腔、鼻腔内和身体上的黏液清理干净；将脐带内的血向仔猪腹部挤压，然后将脐带距离仔猪腹部 5 cm 处用手指（消毒后）钝性掐断，出血严重的还需用消过毒的细线进行结扎。将小猪放在保温灯下，待其毛干后再吃奶。如果仔猪出生重太低，则需要帮助其吃足初乳。对出现假死症状的仔猪要及时进行抢救。

母猪超过预产期 3 天还没有产仔症状时，就需要根据其具体情况实施引产。一般采用中药催产药剂或肌肉注射氯前列烯醇，24 小时左右能顺利产仔。

母猪的正常产仔间隔为 5～20 分钟，产程需要 2～5 小时，根据母猪的体况、胎次的不同会有一定的差别。如果间隔 20 分钟或更久没有仔猪出生，则需要子宫灌注中药制剂或实施人工助产。

出现难产的母猪一般表现为不断努责、频繁阵缩，但是没有仔猪出生。助产时首先剪短指甲、磨光，手和手臂要清洗并消毒，将母猪的阴户和臀部清洗干净并消毒，然后涂上润滑剂（如香皂、石蜡油等）再实施助产。

4. 产仔结束

一般产仔结束后半小时内胎衣开始产出。母猪排胎衣时不要用手去拉悬挂在母猪阴户上的胎衣，防止拉坏母猪子宫内膜，引起感染。若胎衣长时间没有排尽，可以注射催产素加快胎衣排出。胎衣排完后，将其和死胎、木乃伊胎儿等及时清理，作无害化处理。

（四）产后母猪的观察和护理

1. 产后母猪的观察

主要观察母猪的行为、测量母猪体温、检查母猪的排出物等。母猪产仔结束后一般会安静地躺下睡觉或哺乳，偶尔会颤抖几下，体温在 38.5～40℃之间，有的母猪阴户流出乳白色或淡黄色分泌物，即恶露。若母猪出现强烈努责或阵缩、起卧不定、阴户流出浓稠色深的脓性分泌物等现象，就有可能是产仔未完全、胎衣未排完或产后感染，这时需要对母猪进行相应的处理和治疗。

2. 产仔母猪的护理

母猪子宫炎是规模化猪场的常见病，如果处理不当，对生产危害极大。母猪子宫炎的发生与母猪生产过程有着很大的关系，如在生产中处理不当就易感染发病。为此可采取在生产过程中给母猪输液保健的办法，以减少产后疾病的发生，能取得较好的效果。

母猪生产过程，一般需要 3～4 小时（包括胎衣排完），有些母猪要六七小时，甚至更长的时间。在这漫长的分娩过程中，母猪子宫始终充血和疲软，极易感染病菌，如果不能及时采取措施，就会发生子宫炎、乳房炎等产后疾病。针对这种情况，推荐在母猪产仔过程中给母猪输液：在母猪产下第一头仔猪后 2 小时进行静脉滴注（耳缘静脉）1 000～1 500 mL 加有抗生素和一些保健药品的药液进行保健。

给母猪及时输液对产后恢复能起到很好的辅助作用。在没有实行母猪产程保健时，母猪产后子宫炎发生比较严重，占 15%～20%。到夏天子宫炎的发病率会更高，还经常发生乳房炎等产后疾病，特别是母猪产后的两三天采食量都很少。而进行产程保健后大部分母猪在产后第二天都能正常采食。这对产后母猪恢复起到了决定性的作用，同时，对仔猪的生长发育、减少下痢也起到了较好的作用。对母猪进行产程保健的同时可配合对母猪产后子宫的冲洗和投放药物预防。

保健液的配方及使用方法：

A. 10%葡萄糖液 500 mL＋维生素 C 20 mL＋维生素 B 1 210 mL；生理盐水 500 mL＋阿莫西林 2.5～3 g。

B. 10%葡萄糖液 500 mL＋维生素 C 20mL＋维生素 B 1 210 mL；含 2.5 g 甲硝唑注射液 500 mL＋0.5%左旋氧氟沙星注射液 200 mL。

配方 A、B 中所列的量为一头母猪的一次用量。输液时先输入 10%葡萄糖加维生素的溶液，再输入加有抗生素的盐水，夏天可再加 500 mL 葡萄糖生理盐水待输至剩下 50～100 mL 时再加入 1 mL 缩宫素。方法 A 和 B 可间隔半年轮换一次，夏天用方法 B 比较好。

通过对母猪的产程保健工作和产后的预防，母猪子宫炎、乳房炎及其产后疾病得到了很好的控制，发病率下降，母猪断奶后发情正常，配种率达 95%，就是炎热的夏天也达 93%以上。由于子宫炎等疾病控制得好，减少了断奶母猪的空妊时间；提高了分娩率，由以前的 78%上升到 85%；胎次也有所提高，由 2.14 胎/年增到 2.27 胎/年；活仔由 9.62 头/窝提高到 9.92 头/窝；哺乳仔猪成活率达 95%，比未实行产后保健前提高了 2%；死胎减少 0.3 头/窝；流产也减少了。

如果母猪出现体温升高，阴户排出浓稠深黄色分泌物，说明其产后子宫发生感染。

母猪产后要及时恢复它的采食状况,保证泌乳。对长时间没有食欲的母猪,需要适当的调理和治疗。若出现一些疾病,如乳房炎、产褥热、产后无乳或少乳等,也需及时进行对症治疗。

另外,产房母猪的疫苗注射要及时,并做好相应的记录。

五、种公猪的饲养管理

1. 后备公猪的初配体重及年龄

后备公猪首次配种的体重不能低于 130 kg,年龄不低于 9 月龄。一般一头公猪的使用年限为 2 年左右,公猪 1 岁龄以内仍处于生长发育阶段。

2. 公猪的使用频率

如为自然交配,青年公猪(1 岁龄以内)的使用频率最好 3～4 次/周,一天只能使用一次。使用一次后需让其休息 1～2 天;成年公猪的使用强度可以 4～5 次/周,每天早晚各使用 1 次,1 周内可让其休息 2～3 天。

3. 正常的环境条件

(1)温度。公猪怕高温,耐寒,适宜温度在 15～22℃。

(2)湿度。高湿度的环境对公猪不利,相对湿度应控制在 60%～75%为宜。

(3)新鲜空气。猪舍内由于粪尿的存在,会产生一些有害气体,如氨气、硫化氢、一氧化碳、甲烷、二氧化碳等。空气中有害气体的减少,可通过通风换气来进行,如打开窗让自然风进入,安装风扇排气,冬季白天温度较高时也可将门窗打开。

(4)光照。冬季晴天时阳光充足、夏季早晚温度不高,可让公猪于户外活动,以使公猪得到充足的阳光照射。

(5)运动。每天于室外温度及阳光适宜时,驱赶公猪运动 1～2 小时为宜。

(6)卫生。每天保持栏舍的清洁与干燥,及时清粪、冲洗、消毒、通风等利于舍内小环境的优化。

(7)密度。公猪单栏饲养,面积不少于 6 m^2/头。

4. 公猪的营养

公猪喂料量每天在 2～2.5 kg 即可。后备公猪可适当提高喂料量,因后备公猪一方面要配种,另一方面还要自身生长,所需营养相对多一些。

公猪膘情以其脊背平而不肥为宜。喂料量以此标准适度掌握,公猪过肥、过瘦都不利于其生产性能的正常发挥。

5. 公猪容易出现的问题

(1)营养不良。可能是饲料营养不全,或喂料不足,使其体质虚弱,导致射精量少,密度低,畸形精子增多,活力低等问题。

(2)疫病。无论哪种疾病,如蓝耳病、细小病毒病、乙脑、猪瘟等的发生,对公猪都会有不同程度的影响。

(3)肢蹄病。会使公猪配种过程中产生疼痛感,使配种行为失败,使之厌恶配种,致性欲低。高湿环境和过度使用易出现此类问题。

(4)热应激。公猪忌高热,高热应激会使公猪患繁殖障碍病。

(5)有害气体刺激。持续的有害气体的刺激,会使公猪性欲下降。

(6)使用不当。过度使用,会使公猪虚弱,导致射精量少,密度低,活力差;未达到相应的年龄或体重过早使用,会出现少精、死精、畸形精子,缩短其使用寿命。

(7)膘体过肥。喂量不当,运动量小,膘体过肥,会使公猪配种困难,更致其性欲下降;使用过少即公猪长期不与母猪接触,也会使公猪性欲下降。

由于上述原因,必然导致公猪排精量减少,畸形精子增多,精子活力降低,精子密度低、无精子,甚至性欲不强或无性欲。无论出现何种繁殖障碍,都必须具体情况具体分析,如有害气体、营养不良、过肥、过度使用等,只要采取有针对性的措施,就能恢复公猪健康,保持正常的生殖机能,性欲旺盛。

第二节　仔猪保育管理

仔猪保育管理通常是指仔猪出生至70日龄左右期间的饲养管理,仔猪的保育阶段是养猪生产中的最重要阶段之一。仔猪阶段的生长将决定其以后的生长、发育,甚至胴体品质,如果仔猪阶段生长受阻,即使后期进行补饲也不能获得好的效果,即具有无法弥补性。在规模化养猪生产中,仔猪阶段可分为两个阶段进行管理,即哺乳阶段和断奶后的保育阶段。在良好饲养条件下,仔猪的生长目标是21日龄体重6 kg,35日龄10.3 kg,70日龄达到30 kg,详见表2-1。

表2-1　仔猪的生产目标

周龄	活重(kg)	日增重(g)	周龄	活重(kg)	日增重(g)
3	6.0	271	7	16.4	486
4	7.9	271	8	20.3	557
5	10.3	343	9	24.8	643
6	13.0	386	10	30.0	743

一、仔猪生理特点

仔猪饲养的优劣与其断奶时的体重不仅关系到育肥期的生长速度，同时还影响其利用品质。充分了解仔猪的生长发育、消化代谢等生理特点，并以此为基础制定出合理的、可操作的仔猪（及其母猪）饲养管理规程，具有很大的实践意义。仔猪具有以下生理特点：

1. 生长发育快，物质代谢旺盛

仔猪出生时一般体重只有1～1.5 kg，10日龄体重可增加到出生时2倍以上，30日龄为5～6倍。仔猪的迅猛生长，是以物质代谢旺盛为基础的。因此，仔猪对营养物质的需要，不论在数量和质量方面的要求都高，培育仔猪时应及早补料。

2. 消化器官发育快，消化机能不完善

仔猪的消化器官在出生时虽已形成，但结构及机能尚不完善。初生仔猪消化器官容积小，哺乳期至60日龄时迅速发育和增大。其中胃增大50～60倍。小肠长度约增加5倍，容积增大50～60倍。大肠长度增加4～5倍，容积增大40～50倍。

初生仔猪乳糖酶活性高，在出生后2～3周龄分泌量达到高峰，以后逐渐下降，4～5周龄时降到最低。仔猪出生时即有唾液分泌，但唾液淀粉酶的活性低，以后逐渐增加，2～3周龄达到高峰，然后又有所下降，断奶后趋于稳定。仔猪出生时即有胃蛋白酶分泌，但是由于胃酸的分泌不足，抑制了活性的发挥，乳中的免疫球蛋白才可以顺利被仔猪吸收。仔猪15～20日龄时有少量胃酸分泌，以后随日龄逐渐增加，3月龄时才接近成年猪水平。其他与蛋白分解有关的酶只有凝乳酶在出生时较高，1～2周龄达到高峰，以后随日龄增加而下降。

由于仔猪消化器官生长发育迅速，胃液中又缺乏胃酸，不能杀死随饲料和饮水进入胃内的细菌。因此，在这个时期，仔猪易患胃肠疾病，导致腹泻。

3. 大脑皮层发育不完全，调节体温的能力差

猪是恒温动物，一般通过自身的调节而保持体温基本不变。初生仔猪由于大脑皮层发育不完全，调节体温和适应环境的能力很差。仔猪由于被毛稀疏，皮下脂肪少，限制了物理调节体温的作用。因此，对仔猪应做好防寒、保温工作。

4. 缺乏先天免疫力，容易得病

动物从母体获得免疫的途径有两个，一是通过胎盘屏障，二是通过初乳被动免疫获得。由于猪胚胎构造复杂，限制了母源抗体通过胎盘屏障传给胎儿，因此，仔猪出生后，缺乏先天免疫力，只有吃到初乳后，从初乳中得到母源抗体，获得被动免疫。所以，初生仔猪必须吃到初乳。

5. 体内含铁少，易患贫血

哺乳仔猪培育管理的任务，是减少仔猪死亡，获得最高的育成率，使仔猪正常迅速地生长发育，获得最大的断奶体重和断奶窝重，从而为断奶仔猪的培育打下良好的基础。

二、哺乳期仔猪护理

哺乳期仔猪的护理可分为前期与后期两个阶段，前期是指3日龄至3周龄，后期是指3周龄至断奶。

（一）前期（3日龄至3周龄）护理

仔猪前期护理要做好以下几点。

1. 早吃初乳

初乳是母猪产后3～5天内分泌的淡黄色乳汁，初乳对仔猪具有特殊的营养价值，初乳比常乳浓，不仅γ-球蛋白等蛋白质、维生素和矿物质元素含量丰富，而且还含有白细胞、酪蛋白、溶菌素和大量的免疫抗体，能使仔猪获得对疾病的免疫能力，能增强仔猪的抗病能力。猪初乳和常乳中的成分和免疫细胞计数见表2-2。试验证明，仔猪出生后10天左右体内才开始自身产生抗体，而且增长慢，至30日龄时这种免疫抗体还很少。因此，仔猪出生后应尽早吃到初乳，在出生后的3小时内吃上初乳效果最好。初乳中的抗体能100%被仔猪小肠壁直接吸收。开始吃初乳的时间越迟，则初乳中抗体被小肠壁直接吸收的效果就越下降，出生后9～12小时吃初乳，小肠壁对初乳中抗体直接吸收就会下降到5%～10%。

表2-2 猪初乳和常乳中的成分和免疫细胞计数 %

细胞类型	初乳			常乳
	产时	产后6小时	产后12小时	
水分	74.25	74.48	81.71	84.37
蛋白质	14.15	9.79	5.82	4.47
脂肪	4.83	10.83	6.70	4.46
乳糖	0.59	0.59	0.63	0.78
灰分	3.13	3.16	3.91	5.62
钙	0.08	0.07	0.10	0.23
磷	0.08	0.07	0.09	0.15
中性粒细胞		64		40.4
巨噬细胞		5.6		15.5
淋巴细胞		26.5		19.2
嗜酸性细胞		0.7		0.4

2. 固定乳头

(1)固定乳头的好处。

①有利母猪安静泌乳,提高泌乳量。养成仔猪固定乳头吃乳的习惯,并不再更换位置,不仅可以避免仔猪争夺乳头,而且有利于母猪泌乳,防止因某些乳头未被利用而萎缩。

②防止以强欺弱,使仔猪发育均匀。母猪的各个乳房互不相通,各乳房的乳管多少和泌乳量都不一样,一般前面的乳头泌乳量较多。因此,如任仔猪自选,在母猪每次有限的放乳持续时间内(15 分钟左右)往往强壮者占据前面乳头,而弱者不容易抢到有利位置,不仅会造成一窝仔猪大小发育不匀,甚至会使 1～2 日龄的较弱仔猪,因连续几次抢不上乳头,行动无力,最后导致弱死或被压死。

(2)影响仔猪固定乳头的因素。影响仔猪固定乳头的因素较多,主要有下面几个方面:

①初生重和体质。初生体重较小而体质强壮的仔猪较易固定乳头,体重中等和偏大的次之,而体重较小、体质较弱的最晚。实践证明,初生重比较均匀的仔猪,固定乳头较快,只要稍加辅助,在母猪产后第 3 次有规律放乳时就能基本固定。

②带仔数。带仔数越多,固定乳头所需时间越长。

③母猪乳量。母猪乳量多,仔猪争抢少,固定乳头快。

④10 日龄内仔猪死亡率。仔猪死亡率越高,空出乳头越多,造成争抢乳头机会就多,使固定乳头所需时间拉长。

⑤哺乳位置。一般仔猪固定前面的乳头所需时间较短,固定后面的乳头次之,固定中部位置的乳头所需时间最长。

(3)固定乳头的方法。

①权衡固定法。即按仔猪的强弱和母猪的胎次固定乳头。

对初产母猪,应采取固小不固大的办法,边产接产人员边固定,把弱而小的仔猪直接放在母乳前边的乳头上吃乳,稍加照顾。强壮仔猪定位在后面的乳头上。实践证明,这样固定仔猪乳头位置,不仅可减少弱小仔猪的死亡,使全窝仔猪发育较均匀,而且,由于强壮仔猪吸吮和按摩乳房有力,也可促使母猪后部位置的乳房乳腺得到良好的发育,这对提高其以后的泌乳量和带仔数有重要作用。

经产母猪可把强壮的仔猪固定在发育较差的乳头上,促使母猪乳腺得到均衡的发育。

②“抓两头、带中间”强制固定。“抓两头、带中间”强制固定,就是把一窝中最强的(好抢奶的)和最弱的仔猪控制住,重点看护后边吃乳的大而强壮的仔猪,限定

它们吸吮一定位置的乳头。其余的仔猪则可任其自由选择哺乳位置。

③标记法。仔猪哺乳位置初步确定后，每次母猪放乳时，都安排专人监护（尤其是产后第1～10次放乳）。为防止因护理人员的变动而更改哺乳位置，生产中常用不易褪色的染料（也可用紫药水），按哺乳顺序在仔猪身上不同部位打标记，并写在猪栏墙壁上。采用这种方法，如果能保证5～10次哺乳位置不变，就可固定下来，在仔猪初生重均匀的情况下，有时母猪产后经3～4次泌乳即可基本固定。

④母猪仰卧固定法。训练母猪向一侧躺卧，先固定母猪的下排乳头，尔后固定上排乳头。可使仔猪尽快识别属于自己的乳头，将乳头固定下来。

⑤惩罚性固定法。有极个别的仔猪争抢乳头恶癖难改，对这样的仔猪可采取惩罚性固定措施加以固定。方法是事先准备一个条框形木箱，最好是铁丝笼放在圈舍内的一侧，待母猪放乳时，把恶癖难改的仔猪迅速抓到笼子里，让其在一边观摩其他仔猪吃乳，待母猪放完乳时放回，这样一来错过几次吃乳的机会，在极端饥饿的状态下，在母猪再次放乳时，打开笼门，受惩仔猪迅速跑去见到后边的空位乳头咬住不放吃起乳来，以后稍加看管即可固定成功。

⑥"支架"或"隔板"法。母猪腹部过大，仔猪吸吮母猪的下排乳头很困难时，则可利用"T"形支架作为辅助来固定乳头。使用时，将支架下端支在地面上（用脚踩住），上端支于母猪两排乳头中间。这样，既可使母猪下排乳头翻出，利于仔猪吸吮乳头，又可腾出两手操作。

除支架外，也有采用"隔板"（就是将一块能将仔猪分开的隔板，放在母猪的中部，将仔猪分开）来固定乳头。此法优点在于将仔猪数及其活动范围相对缩小，防止哺乳时因找乳头位置乱窜而造成母仔相互干扰。

实践证明，按上述方法，对发育不均匀的仔猪能在2～3天完成固定乳头工作。固定好乳头以后，母猪放乳时，仔猪很安静。乳头固定的快慢，往往是衡量一个饲养员责任心和操作技术的标志之一。

3. 防寒保温

哺乳仔猪，由于调节体温的神经中枢机能不健全，被毛稀和体内热能贮备少。在寒冷季节常易被冻死，尤其是出生后7日龄内，要求有较高的环境温度，随着日龄的增长对温度的要求逐渐降低。仔猪适宜的环境温度见表2-3。

仔猪保温方法有如下几种：

①安装保温箱、灯进行保温。可根据条件、规模和实际需要，分别设立保温箱、保温室或保温猪舍等设施，并配上红外线灯等保温设备。

红外线灯距地面的高度：150～250 W红外线灯泡，在舍温6℃左右时，距地面40～50 cm，可使床温保持30℃左右。保温箱、室、舍供仔猪轮流使用，7～10天移出。

表 2-3　仔猪适宜的环境温度　　℃

日龄	环境温度	日龄	环境温度
1～3	30～32	16～27	22～24
4～7	28～30	28～35	20～22
8～15	25～27		

如用木栏和铁栏为隔墙，相邻两窝仔猪可共用一个灯泡。但应注意灯泡要有一定高度，过低易烤伤仔猪皮肤，并易引起火灾。

②垫料保温。仔猪的保温最主要的是提高地面温度。如系水泥地面，应在保温箱铺一层木板（等于提高地温 12℃），在其上面再铺上垫草效果较好。如不加铺木板，垫草厚度至少要在 30 cm 以上。只要使母猪、仔猪养成定时定点排便的习性，垫草不必经常更换。

③电热板保温。仔猪电热板具有安全性、抗腐蚀性、实用性、使用寿命长的优点。电热板是由超导纤维制成超薄电阻后与防水材料复合而成，可任意添加隔热板。也可以在保温板上钻孔透气。仔猪保温板能将电能 97%的效率转化为远红外射线，且有保健作用，可以促进细胞内线粒体代谢，提供更多的能量；促进核酸代谢，使它沿着正常的合成途径发挥功能；维持细胞的完整性、通透性；加强对物质和气体分子的转运能力；能提高红细胞变形能力，使细胞顺利流动，达到最末梢细小的微细血管网执行供氧和营养物质及带走二氧化碳和代谢废物的功能。可以降低血液黏度，改善微循环，使血液循环保持通畅和低阻力，保护血管壁弹性；可以消除代谢中产生的自由基，预防细胞衰老。能提高细胞兴奋性，保持电离子平衡；能使一些特殊细胞如肌细胞和神经内分泌细胞处于活跃状态。

4. 防压

哺乳仔猪在出生后 3～5 天内最易被母猪压死。据部分猪场统计，初生仔猪被母猪压死的占仔猪死亡数的 20%～50%。

现已采用高床产仔栏，将母猪限定在长 2.1～2.2 m、宽 0.6 m 的母猪栏内，母猪栏的左右两边为仔猪休息与活动场所，整个产床与地面相距 30 cm，这样较好地解决了母猪压死仔猪的问题，同时防止了仔猪与粪尿水接触，提高了舍内的清洁度，减少了仔猪黄白痢的发生。

5. 教槽与饮水

提早训练仔猪吃食、抓好补料和饮水是仔猪护理阶段的一个重要环节。仔猪初生时消化机能不健全，消化道容积很小，如胃重仅 8 g，母乳是仔猪的主要营养来源。以后随着日龄增长，母猪泌乳量逐渐减少，而仔猪长得却越来越快，3周龄时体重为初生重的4～5倍，母乳中的营养物质只能满足仔猪需要量的30%左右。至60日龄时胃重达到150 g，容积增大近20倍。体重由初生时不超过1.2 kg增加到20 kg左右，几乎增加了15倍。这样快的生长速度，显然只依靠母乳是远远不够的。因此，必须根据仔猪消化器官发育和仔猪快速增重的需要，及早配制适口性强、营养全面的教槽料，实行早开食、早补料，这对提高仔猪成活率，特别是对提高弱小的仔猪成活率非常有益。

如教槽过迟，仔猪会模仿大母猪舔食大猪饲料，这将给以后的饲养管理带来很多麻烦：一是大猪料营养含量不如仔猪料，大猪料的能量浓度和蛋白质含量过低，而粗纤维含量过高，仔猪不能很好地消化利用。待以后再给仔猪补料时，它已习惯吃大猪料，很难纠正过来，这对仔猪的生长发育十分不利。二是仔猪到处乱拱乱吃，易感染疾病。为此，必须及早地给仔猪开食，尽早训练仔猪吃料、饮水。另外仔猪吃料后，可刺激消化器官的发育，促进消化液的分泌，有利于消化机能的完善，为哺乳后期仔猪采食植物性饲料打下基础。

(1)教槽的时间与方法。①教槽时间：冬季从第7～10日龄开始，夏季从第5～7日龄开始。②教槽工具：一般采用教槽专用食槽，有铸铁、塑料材料的，以铸铁材料的为好。③教槽时机：掌握母猪的泌乳时间，在每次母猪快放奶前，才将料槽放入产床上，再放入教槽料。如此反复，可以快速达到教槽的目的。④教槽料：教槽料（俗称代乳料、人工乳）是一种为代替全乳而配制的饲料，其主要原料是乳业副产品。它是一种与母乳营养相近的全价饲料。教槽料类型有粉料、颗粒料和破碎料，多选择粉状料，采用湿拌料的方式饲喂。

(2)仔猪教槽的目的。一是教会仔猪吃料，使仔猪断奶后能适应饲料的喂养；二是补充后期母乳的不足，使仔猪能得到生长发育所需的营养。经2～3天的诱食训练，仔猪就能自行吃料。但采食量很少，经过10天左右就能正常吃料。

实践证明，提早训练仔猪吃食比迟开食的增重快，能获得较大的断奶窝重，拉稀的情况也会大量减少。仔猪教槽有专用的教槽食槽，市场上买得到。

在训练开食补料的同时，供给饮水十分重要，仔猪出生后3天就应补充供给清洁的饮水。高床产仔栏仔猪活动栏应装有仔猪自动饮水器，并在3日龄时就训练其饮水，以便建立良好的条件反射，达到开食与认水的目的。

(3)补料次数。补料次数应随日龄的增长逐步增加，仔猪生后一般在第15天左右开始进入旺食期，因此从第15天开始，补饲次数每天应不少于4次。

6. 补铁、补硒

铁和硒都是仔猪生长发育不可缺少的矿物质，但对初生仔猪来说，这两种元素，往往供不应求。初生仔猪体内贮备的铁含量只有 30～50 mg，而维持仔猪正常生长每天每头需铁 7～8 mg，每天从母乳中得到的铁不足 1 mg。因此，如不及时补铁，体内贮备的铁将在 1 周内耗尽，仔猪就会患贫血症。患病仔猪表现精神委靡不振，食欲减退，被毛蓬乱、无光泽，皮肤和可视黏膜苍白，下痢，生长停滞，病猪逐渐消瘦、衰弱，血液中血红蛋白含量减少，严重时可导致死亡。

补铁的方法很多，常用的方法是肌肉注射亚铁针剂如葡萄糖铁，仔猪 2 日龄时注射 1 mL，10 日龄时注射 2 mL。也可以注射右旋糖酐铁，3 日龄时每头注射 110～150 mg。这两种铁剂均能使哺乳仔猪增重提高 20%～30%，并降低白痢病发生。

硒也是仔猪常常缺乏的微量元素之一。我国大部分地区的土壤及饲料中缺硒。仔猪缺硒，容易发生缺硒性下痢、患肝坏死和白肌病。

补硒的方法也很多，一般在仔猪 3～5 日龄时，对缺硒仔猪肌肉注射 0.5 mL 的 0.1%亚硒酸钠生理盐水，断奶时再注射 3 mL，不仅可以补充硒，还可以预防下痢和发生白肌病。

7. 实行过哺与并窝

在生产实践中，常有个别母猪产后无奶或因故死亡，也有活产仔数超过母猪有效乳头数的情况，这就要为仔猪找个“奶妈”。将仔猪过寄给别的母猪代养，叫做“过哺”。另外，同时有两头母猪产活仔都不多，就可把两窝仔猪并作一窝，由一头乳好的母猪哺育，另一头母猪则相当于断奶，可使母猪提早再发情、再配种，这叫“并窝”。过哺和并窝能提高仔猪成活率和母猪利用率，增加经济收益。

过哺时应注意以下几点：一是两窝仔猪产期应当相近，最好不超过 2～4 天，体重与个头不能相差太大；二是过寄前一定要让仔猪吃到初乳；三是过寄时要看两窝仔猪的大小。若要从体重大的窝里往体重小的窝里过寄仔猪时，则挑小的过哺。若要从体重小的窝里往体重大的窝里过寄时，则要挑大的过去。总之，要力求缩小仔猪之间的差距。为了防止母猪追咬过寄过来的仔猪，过寄时，可利用猪嗅觉发达这一特性，将该母猪的胎衣或乳汁往过寄仔猪身上涂擦。也可将两窝仔猪混在一起，互相接触一段时间进行混味。将过寄仔猪往母猪腋下等部位摩擦，也能达到混味的目的，以干扰母猪的嗅觉，使其辨不出过寄的仔猪。过寄最好在夜间母猪较为安静时进行，容易成功。过寄完毕，必须加强看管，防止母猪认出过寄仔猪，发生咬仔现象。

8. 去犬齿及断尾

生产中窝产仔数较多或活产仔数超过有效乳头时，一定要用经过消毒的钳子，在不损伤齿龈的前提下剪掉仔猪犬齿，以防仔猪互相争咬时咬伤母猪乳头和仔猪双颊；同时，为防止以后的“相食症”发生，在去犬齿的同时，要用消毒后的钳子或用断喙器，在距尾根约 1 cm 处剪掉尾巴，并涂上浓碘酊，以减轻出血和防止感染。

（二）哺乳后期（3 周龄至断奶期）的护理

母猪泌乳量一般在产后第 20～30 天就可达到高峰，但许多试验表明，自产后第 20 天左右开始，乳量已不能满足仔猪生长的营养需要；产后第 28 天左右，乳量只能满足仔猪增长的营养需要 80%左右。为了保证仔猪的健康生长，从仔猪 3 周龄至断奶期间的护理，应达到以下要求。

1. 合理配制日粮

饲料要新鲜，适口性要好，营养平衡，易消化。每次投喂时可加少量切碎的菜叶，也可在熟马铃薯和甘薯中加混合饲料饲喂，但要注意薯类喂量要适当，否则吃多了会拉稀，影响采食量。20 日龄后可在饲料中加入 1%～2%的酸化剂（如甲酸钙、柠檬酸、富马酸等）以增加肠道酸度，提高胃蛋白酶活性，同时抑制有害菌繁殖，促进生长。还可加入适量复合酶以帮助消化。在有条件的猪场，乳猪料中可使用一定量的膨化大豆。

饮水条件较好的猪场，仔猪可采用生湿料；饮水条件较差时，应训练仔猪吃半热稠粥料，青饲料切碎。尤其是冬春季，用热的稠粥料喂仔猪，不仅可减轻饮水不足造成的危害，而且适口性好，易消化，可防止体热过多地消耗。

为增进仔猪食欲，便于投料，在投料时结合开展声响训练，建立采食条件反射，经验证明是一个有效的方法。

2. 增加补料次数和采食量

21～30 日龄仔猪每天的补料次数应在前段的基础上，上午和下午各增加 1 次，达到 6 次，在 30 日龄左右时，也可在仔猪每哺完一次乳就补料一次。同时由于仔猪的采食量，随着消化机能逐渐完善，日采食量会明显增加，30 日龄采食量几乎是开食时的 5～10 倍。平均日增重也相应逐日增加，30～60 日龄平均日增重会达到 30 日龄前的 3 倍左右。因此应根据采食情况，随时对饲喂量作出调整，但也不应盲目增量，投放的饲料要求尽可能一次吃光。

仔猪投料量的增加可参考表 2 - 4。

表 2 - 4 不同日龄的仔猪投料量

日龄	11～20	21～30	31～40	41～50	51～60	全期总量(kg)
投料量(g)	12	43	235	525	975	17.9

3. 采取科学的饲喂方法

(1)定时定量，少量多餐。据观察，30～40 日龄仔猪，每天的采食次数最多，且生长发育好的仔猪往往贪食，由于胃的容积小，食物排空快（一般 2 小时左右），因此，对其补饲次数要多。

在一天中，仔猪通常旺食时间为上午 7～10 时，下午 2～4 时；在夏季，傍晚为采食的“高峰时间”（采食量可占全天饲料一半以上），冬季为午后。

补饲时间可大致安排如下：上午 6～11 时，每隔 2 小时左右补料 1 次（在每次母猪放完乳进行），下午 2～5 时补料 3 次，白天共补料 6 次。晚上 9 时左右、凌晨 2 时左右各补料 1 次。每次补料不要一次投完，应分 3～4 次投给，要少给勤添。每餐不剩料，不仅符合仔猪争食习性，且更符合其爱吃新鲜饲料和胃容积小的特点，不影响下餐的采食量。

（2）限量饲喂。一般来说，限量（定时）饲喂的仔猪食欲比自由采食要好，且浪费饲料也少。因此采取限量饲喂的方法比较普遍。

（3）严格控制仔猪环境温度，减小昼夜温差。

（4）改善猪舍卫生条件，勤清洁，保持圈舍干燥、通风。

（5）作好疾病预防。①在饮水中或拌料时添加维生素 C 粉和抗生素药物如土霉素粉、氟哌酸、庆大霉素、卡那霉素等，预防疾病。②控制仔猪下痢。③作好仔猪和母猪的免疫处理。如仔猪进行猪瘟、口蹄疫、猪蓝耳病、链球菌病、副嗜血杆菌病等疾病的免疫接种；母猪猪瘟、口蹄疫、蓝耳病、细小病毒病、伪狂犬病、副嗜血杆菌病、日本乙型脑炎、染性胃肠炎等疾病的免疫接种等。

三、断奶期仔猪护理

断奶仔猪是指仔猪断奶后至转入育肥群之前这一阶段。断奶仔猪的管理极为重要。据统计，仔猪 7 日龄前的死亡数约占初生至断奶总死亡数的 65%，往往会因此而给猪场带来饲料、劳力、工本等的重大经济损失，其中单就饲料一项损失，就很可观。仔猪死亡的饲料损失见表 2-5。因此掌握初生仔猪的生理特点和生长规律，采取有效措施降低死亡率，是提高生产率、降低生产成本的关键。

表 2-5　仔猪死亡的饲料损失

死亡时期	初生	10 周	18 周	26 周	34 周
饲料损失(kg)	63	128	163	273	450

（一）早期断奶

仔猪断奶的传统习惯，我国多在 60 日龄时，国外是在 56 日龄，现在采取早期断奶，断奶日期大多提早到仔猪出生后 35 日龄，也有在仔猪出生后 28 日龄的，国外最新技术提倡12～14日龄断奶。早期断奶是一项先进而科学的养猪技术，国外早已推广应用，我国于1985年前后开始推广，现已逐步普及。

在条件成熟的猪场，可采用21日龄或28日龄断奶；条件较差的猪场可采用35日龄断奶。

目前，一般猪场都具备了35日龄以前断奶的技术条件，不宜采用35日龄以后断奶。对某些重大传染病污染的猪场，根据疾病净化的需要，宜采用较早断奶。

1. 仔猪早期断奶的优点

(1)可以提高母猪的年产仔窝数和育成仔猪数。试验证明，仔猪早期断奶，可使每头母猪每年产仔提高到2.2窝以上。以每窝产10头算，每头母猪年产仔猪可达22头以上。

(2)可以提高饲粮营养利用率。常规的仔猪哺乳，营养转化过程是：母猪吃料后产乳，仔猪再吃母猪乳，饲粮利用率约为20%。而现在让仔猪提早吃料，饲粮营养利用率可提高到50%～60%。同时缩短了母猪哺乳期，减少了母猪的饲料消耗。据测试，提早吃料每头仔猪可节约母猪用料12.8 kg，节减24.3%。

2. 断奶方法

断奶前几天，若母猪膘情好，应适当减少精料和青饲料的给量，并控制饮水，以利"回奶"，避免断奶后发生乳房炎。如果母猪膘情不好，则不必减少精料给量，可适当控制青饲料给量和饮水量即可，以免母猪过分消瘦，影响断奶后的发情和配种。断奶可采取以下几种方法：

(1)一次性断奶。适用于乳房回缩、泌乳量少的母猪。当仔猪达到断奶日龄时，即将母猪赶走，仔猪留在原圈，完成断奶。

(2)分批断奶。适用于乳旺的母猪。在预定的断奶日期的前1周，先把准备育肥的仔猪断奶，而发育落后的仔猪继续哺乳，养到断奶日期再将母猪赶走，实行断奶。

(3)逐渐断奶。同样适用于乳旺的母猪。在预定断奶日期的前4～6天起，开始控制哺乳次数。第1天哺乳5次左右，以后逐渐减少哺乳次数，并只在哺乳时将母猪赶回，平时与仔猪分开。或使母仔白天分开，夜晚再将母猪赶回，使母仔都有个适应过程，最后于断奶日期顺利断奶。

上述三种断奶方法各有利弊。一次断奶，简便易行，但母猪不安，一定要隔离、关好母猪。仔猪可能因环境条件和营养方式的突然变化引起消化不良或下痢，乳旺的母猪又易发生乳房炎，要特别注意管理。分批断奶法，对仔猪做到了区别对待；逐渐断奶法，母仔都有个适应过程。但后两种方法，做起来比较麻烦。应用时要根据具体情况进行选择。一经断奶，母仔即行分开，不能再让仔猪见到母猪的面、听到母猪的叫声、闻到母猪的气味,否则很难顺利断奶。

3. 早期断奶仔猪的饲养与管理

(1)饲养。早期断奶仔猪的饲养要注意如下几点:

①营养要求。断奶前后仔猪消化功能尚不健全,免疫力低,又受断奶应激的影响,在原料选择上应严格控制豆粕用量,较多使用能增强仔猪免疫力、易消化吸收的蛋白和能量原料,如血浆蛋白、血球蛋白、肠膜蛋白、优质鱼粉、乳制品和酵母细胞壁等原料。研究表明,使用这些原料,加之以高营养浓度、高能量的科学配方,可以有效抑制腹泻,在断奶期继续保持高生长速度,提高断奶和保育期成活率。

断奶后 7～15 天,仔猪虽度过了危险期,但消化能力仍有限,仍处于娇嫩脆弱时期,因此其饲粮成分应与哺乳期仔猪补料相同,应多补充容易消化的乳糖、膨化大豆和促进消化的肠膜蛋白,饲喂方法及饲喂时间不变,以利于断奶仔猪的正常生长,防止仔猪的消化机能紊乱和腹泻。

断奶 15 天后,可逐步减少昂贵的血制品和乳制品,到了 6～7 周龄以后,主动免疫力提高,消化功能增强,才可以投喂玉米 - 豆粕型日粮。

②日粮配制。断奶仔猪的饲粮必须是营养平衡、含高能量、高蛋白质、品质优良、容易消化、青料新鲜的配合日粮,其营养成分应符合 10～20 kg 体重阶段饲养标准要求。即每 1 kg 饲粮中,应含消化能 13.8 MJ,粗蛋白质 19%,赖氨酸 0.78%,钙 0.64%,磷 0.54%,食盐 0.23%,脂肪 4%～6%,必需氨基酸、微量元素、维生素等也应符合要求。

近年来的研究表明:在仔猪饲粮中添喂酶制剂、有机酸、调味剂、乳制品及植物油脂等,可使仔猪饲粮更加完善,增强补饲效果。

a. 酶制剂。猪的消化过程,在许多特殊的催化剂——消化酶类的参与和作用下,才能顺利地进行。仔猪 20 日龄前胃蛋白酶分泌很少,胃内盐酸浓度又低,因此消化力弱。一般而言,猪胃肠道中各种消化酶的催化作用会随着年龄增长而增长。但断奶后由于应激这种催化作用呈现下降趋势,需再经 1～2 周才能恢复到断奶前的水平。这是早期断奶仔猪断奶后消化不良、生长变差的原因之一。在饲粮中添加消化酶可以有效地解决这个问题,据测试,一般可提高饲料转换率 6%左右。

b. 有机酸。仔猪胃酸分泌不足,要到 8～10 周龄才能达到成年猪的水平。由于酸度不够,胃蛋白酶原只有部分被激活,导致饲料中的营养物质,特别是蛋白质消化率低。同时,由于 pH 偏高,对仔猪肠道有益菌群如乳酸菌的生长不利,从而导致有害菌如大肠杆菌和其他病原菌的生长、繁殖,往往引起下痢。向仔猪饲粮中添加有机酸,如添加 1%～3%的柠檬酸可有效地解决胃酸分泌不足的问题,若同时服用高铜、酶制剂,还能收到累加效果,比单独使用任何一种的效果都要好。

c. 奶香味调味剂。奶香味调味剂既能改变饲料中的不良气味和滋味，又迎合仔猪口味，可提高仔猪的采食量，有利于增重。

d. 乳清粉。乳清粉中主要含乳糖和乳清蛋白，甜度很高，很容易被仔猪消化，可提高胃的酸度，抑制有害菌生长，增强各种酶的催化作用。提高饲粮消化率和饲料转化率，促进仔猪生长。一般于 35 日龄前添加，适宜添加量为 15%～20%。

e. 油脂。添加油脂能补充能量，改善口味，减少加工粉尘，可以提高断奶后的增重和饲料转化率。一般多用植物油如玉米油、豆油等。

③饲喂方式。仔猪生长发育在断奶阶段面临着三个重要的转换过程：第一个转换过程是从以液态母乳为主转换到固体教槽料的断奶过程；第二个转换过程是从教槽料转换到基本上为豆粕－玉米型乳猪料的过程；第三个转换过程是从乳猪料转换到仔猪料的过程。这是猪只整个生命过程中至关重要的时期，此时期的日粮配比与饲喂方式直接影响到生猪一生的健康与生产性能的发挥，所以必须高度重视。应依据仔猪断奶前后的数周短暂时间内对营养的要求急剧变化和仔猪生理变化的阶段性规律，配制断奶及保育期仔猪料，实现以母乳为主向玉米－豆粕型日粮转换，逐步过渡。应注意做到以下三点：

a. "控料"投喂。对于早期断奶的仔猪，在刚断奶后的 7 天内，由于断奶的强烈刺激，营养来源突然改变成完全由饲料供给，一时难以适应，必须要有 3～4 天的"控料"期，日喂料量不超过规定量的 70%，以吃饱不剩料为宜。然后才能让其自由采食。这样做可以防止仔猪发生消化不良而导致拉稀。

b. 逐步转换。仔猪断奶后培育期间体重在 15 kg 以下时，仍应安排饲喂乳猪料，体重达到 15 kg 时再换喂仔猪料，由乳猪料换喂仔猪料，需要有个"饲料过渡"期，以避免突然改变饲料而降低食欲，引起消化不良和下痢。饲料过渡一般采用如下方法：第 1 天喂 100%乳猪料，第 2 天喂 80%乳猪料加 20%仔猪料，第 3 天用 65%乳猪料加 35%仔猪料，第 4 天喂 50%乳猪料加 50%仔猪料，直至第 7 天全部喂仔猪料。同时在饲喂次数上也要慢慢向每天 3～4 次过渡。

c. 少喂勤添。饲料应少喂勤添，并供给洁净充足的饮水，以提高饲料的利用率，保证饲料新鲜并减少浪费。

(2)管理。早期断奶仔猪的管理要注意如下几点：

①原圈留养、合理组群。哺乳仔猪断奶后，最理想的是不要改变圈舍环境，"赶母留仔"。因此，在有条件的规模化猪场，仔猪断奶后，仔猪仍留原圈饲养，直至养到转入育肥猪群止。采用这个方法，可避免重新组群、换圈等应激因素，影响仔猪的食欲和增重，可使仔猪生长快，断奶窝重高。但在多数情况下，不论是规模化猪场还是工厂化养猪场，仔猪断奶后都需要按体重大小、体质强弱，重新并窝、分群，

并窝时应尽可能将相近的仔猪分为一群，每群 20 头左右，个体之间体重相差不超过 2 kg，以利于减少并窝后仔猪的咬斗现象。

②认真调教“三角定位”。仔猪断奶转群后，要立即进行排泄、采食、卧睡“三角定位”调教，使其建立条件反射。具体做法是：利用仔猪嗅觉发达的特性和模仿行为，在仔猪早晨起来、饲喂前后、临睡之前，都将仔猪赶至圈内的排粪区排放粪尿，再人为地看管一段时间，待排完粪尿，再放开。头 2～3 天的粪尿不完全清除，在排粪区留一部分，让仔猪顺着粪尿味辨认排粪区，即自已能找到“厕所”了，养成定点排便的习惯。利用同样的道理也可固定仔猪趴卧、采食和饮水的地方。这样，既可保持圈舍卫生，减轻污染，有利于仔猪健康，又可减轻饲养人员的劳动强度。

③优化环境、促进生长。

一是创造适宜的环境温度。新生仔猪的组织器官和机能处于未成熟状态。体内含大量水分(80％以上)，脂肪含量极少(1％～2％)，皮下脂肪层薄且多为结缔组织，被毛稀少，抗寒力弱。特别在低温环境里，仔猪散发大量体热，往往发生低血糖病，严重时会大批死亡。冬春断奶仔猪要防寒保暖；夏季断奶，要防暑降温，四季都应保持适当舍温。

二是高床饲养。仔猪断奶后的保育舍应保持清洁、干燥并有良好的通风，高床饲养可以有效地满足这个要求，有利于减少仔猪腹泻与其他疾病，促进仔猪增重，提高仔猪育成率。保育猪高床现多采用半漏缝加半实地地暖设计。高床面积为 5.4 m^2(长 3 m×宽 1.8 m)，全围栏，围栏高度 690 mm。漏缝与实地板各一半，漏缝地板采用复合材料，实地面为地暖设计，加温器可以是燃煤锅炉或电加热器。高床实地部分两栏之间使用双面复合材料自动采食食槽，自动饮水器安装在靠窗户端。

三是勤观察、细管理。断奶后要多观察断奶仔猪的情况，如吃料快慢，粪便是否正常，精神状态如何等，发现问题，及时处理。

四是做好非种用仔猪的去势。肉用仔猪，一经去势则性情安静，食欲好，无发情干扰，增重快，肉脂无异味。因此，非种用仔猪一般都去势。实践证明，仔猪于哺乳期内 14～21 日龄、体重在 5～7 kg 去势较为适宜。

五是圈舍卫生。要保持圈舍干暖清洁，保证充足清洁的饮水，及时清除圈内粪尿，每天最少两次。尤其是发病仔猪的粪便，要随时清除，最好再用生石灰扫一扫。每周用消毒药液进行 1～2 次圈舍、过道、用具等的常规消毒。这是预防疾病、保证仔猪断奶后正常生长发育的重要措施。

(二)僵猪的出现与预防

生产中常有些仔猪，光吃不长或长得很慢，被毛蓬乱无光泽，形成两头尖尖、肚子不小的“刺猬猪”，俗称“小老猪”，即僵猪。僵猪的产生会影响猪群出栏率，因此必须采取相应措施，防止僵猪的产生。

1. 僵猪产生的原因

(1)妊娠母猪饲养管理不当，缺乏营养，胎儿生长发育受阻，形成“胎僵”。

(2)泌乳母猪饲养管理不佳，母猪没乳或缺乳，仔猪在哺乳期生长发育不良，造成“奶僵”。

(3)仔猪经常患病(如营养性贫血、下痢、白肌病、喘气病、体内外寄生虫病等)，严重影响仔猪的生长发育，从而形成“病僵”。

(4)仔猪开食晚，补料差，仔猪料质量低劣，仔猪生长发育缓慢成为“僵猪”。

(5)近亲繁殖或乱交滥配，仔猪生活率弱、发育差，成为“僵猪”。

2. 防止僵猪产生的措施

(1)加强母猪妊娠期和泌乳期的饲养管理，保证蛋白质、维生素、矿物质等营养和能量的供给，使仔猪在胚胎阶段和出生后生长迅速，发育良好。

(2)改善仔猪的养育和护理，创造适宜的温度环境条件。早开食，适时补料，并确保仔猪饲粮品质，满足仔猪迅速生长发育的营养需要。

(3)搞好仔猪圈舍卫生和消毒工作，使圈舍干暖、清洁、空气新鲜，并让其多运动。

(4)及时驱除仔猪体内外寄生虫和防止仔猪下痢等疾病的发生，对发病的仔猪，要早发现、早治疗，避免重复感染，缩短病程，“治小治了”。

(5)避免近亲繁殖和过早参加配种，以保证其后代有较强的生活力。

3. 解僵办法

应从改善饲养管理入手，如单独喂养、个别照顾，一般先对症进行治疗，该健胃的健胃，该驱虫的驱虫。然后调整饲粮，增加蛋白质饲料、维生素等营养，多给一些易消化、幼嫩多汁、适口性好的青饲料并添加一些微量元素，也可给一些抗菌抑菌药物，对缺乳的仔猪要及早过寄，以防形成“奶僵”。必要时，还可以采取饥饿措施，让僵猪停食 24 小时，仅供给饮水，以达到清理肠道、促进肠道蠕动、恢复食欲的目的。

此外还应常给僵猪洗浴、刷拭，晒晒太阳，并加强放牧运动。

第三节 猪的育成管理

一、生长育肥猪的生长规律

育肥猪俗称肉猪，在养猪业中，饲养肉猪的数量最多，占生猪存栏头数的

80%，肉猪生产的目的不能只是追求将猪养活养大，更重要的是，要谋求在育肥期内获得最快的增重速度、最高的饲料利用率和最优的胴体品质，降低养猪成本，提高养猪生产的经济效益。

育肥猪的生长发育阶段可分三个时期：从断奶至体重达到35 kg时，称为生长期，即小猪阶段；35～60 kg为发育期，即中猪阶段；60 kg至出栏为肥育期，即大猪阶段。小猪阶段是饲养效果好坏的关键时期，因为小猪易患病，不易饲养。而到中猪和大猪阶段，就比较容易饲养了。正像俗话讲的那样："难长70，易长100"。意思是说，35 kg以前是比较难养的，等达到50 kg以后就比较好养了。因此，小猪阶段是育肥猪饲养管理的重点。

生长育肥猪的生长规律有以下几个特点：

1. 体重增长速度的变化呈S形曲线

在生长不受限制的条件下，猪生长发育的早期，即6～8月龄前，增重较快。这一时期为加速生长期。生长到占成年体重的30%～40%（体重70～80 kg，有的品种90 kg，有的不到70 kg）时，其生长速率达到了"峰值"。此后（约10月龄后），每天的生长速率开始下降。

2. 前期长骨、肉，后期脂肪沉积

生长育肥猪体躯组织生长高峰出现的先后顺序依次为骨骼、肌肉、脂肪，即骨骼最先发育，也最早停止，其次为肌肉，而脂肪在较晚时才大量沉积。用民间的俗话来说，就是"小猪长骨，中猪长肉，肥猪长膘"。

3. 生长前期与后期增重成分不一样

生长育肥猪生长过程中，增重的成分前后是不一致的；前期增重以水分、蛋白质和灰分较多，中期渐减，后期更少，而脂肪则前期增加很少，中期渐多，后期达最高。

"峰值"是一个转折点，在这一点左右，生长成分产生了变化，由瘦肉组织的增长占优势转变为脂肪组织的增长占优势，水分、蛋白质、粗灰分含量下降，脂肪迅速增加；饲料利用率也开始下降。猪体化学成分变化见表2-6。

根据育肥猪的生长发育规律，在生产上应采取相应对策。

（1）要充分发挥在转折点之前的生长优势，在生长前期应采取积极措施加速生长，避免或减少各种原因引起的生长停滞或受阻，力求用最短的时间达到预定的目的，用最低的饲料消耗获得最佳的胴体品质。

（2）要根据生长发育规律，调整饲料营养成分，生长前期饲料中蛋白质、氨基酸的配比应相对高于生长后期，以利骨骼、肌肉的正常生长发育；在肥育后期则要适当限饲，以减少脂肪的沉积，获得良好的胴体品质。

表 2-6 猪体化学成分变化 %

体重(kg)	粗灰分	蛋白质	脂肪	水分
15	3.7	16.0	9.5	70.4
20	3.6	16.4	10.1	69.6
40	3.5	16.5	14.1	65.7
60	3.3	16.2	18.5	61.8
80	3.1	15.6	23.2	58.0
100	2.9	14.9	27.9	54.2
120	2.7	14.1	32.7	50.4

(3)要根据生长发育规律,来确定最合理的屠宰体重,降低生产成本。

据试验:猪长 1 kg 脂肪比长 1 kg 瘦肉要多消耗 2～3 倍饲料。若养得过大,后期体重的增加中脂肪占的比例将越来越大,是不经济的。一般猪的上市体重以大型瘦肉猪种 100～110 kg,培育品种与一般农村杂交猪种 90 kg,早熟地方脂肪型猪种 70～80 kg 为宜。

二、生长育肥猪的饲养管理

饲养生长育肥猪的要求是用最少的饲料和劳动力,在尽可能短的时间内生产出数量多、质量优、成本低的上市肥猪。

现在我国瘦肉型生长育肥猪,多采用直线育肥法,直线育肥法又叫一贯育肥法或"一条龙育肥法",采用这种育肥方法,通常将肉猪整个肥育期按体重分为两个阶段,即前期体重 25～60 kg,后期 60～90 kg 或以上;或分为 3 个阶段,即体重 20～35 kg、35～60 kg、60～90 kg 或以上。按照瘦型肉猪不同生长发育阶段对营养物质需要的特点,采用不同的营养水平饲喂。一般是从育肥开始到结束,始终采用较高的营养水平、前期采用自由采食的饲喂方式。但在育肥后期(体重 55 kg 或 60 kg后)采用适当限制喂量或降低饲粮能量浓度的方法,以减少脂肪沉积,提高胴体瘦肉率。这种育肥方法,猪日增重快,育肥期短,饲料转化率高和经济效益较好。

商品瘦肉型猪,在育肥后期采用限制饲喂的方式,猪的日粮喂量,每头每天比自由采食时的喂量一般要减少 15%或 20%。每天饲喂 2 次或 3 次。

第四节 猪的人工授精操作规程

猪人工授精技术是养猪生产中经济有效的技术措施之一。其最大的优点是减少猪群中所需公猪的总数，增加优良公猪的利用机会。由于猪的人工授精工作不仅需要高水平的管理，而且技术要求高，从采精、检验、稀释、分装、保存、运输及输精是一环扣一环，无论哪一环节出了问题，都会影响到最后的受胎效果。因此，在总结过去猪人工授精技术工作的基础上，制定一个统一的操作规程具有重大意义。

本操作规程适用于湖南省各级猪场和养猪专业户。适用的公猪为长白、汉普夏、杜洛克、约克夏、巴克夏等猪种和湖南地方猪品种，其他品种猪可参照执行。

一、公猪的选择

(1)品种。杜洛克猪、长白猪、大白猪(大约克夏猪)，以及培育品种(配套系)和优良地方品种。

(2)来源。取得省级畜牧行政主管部门颁发的种畜生产经营许可证或参加全国种猪联合育种的协作组的种猪场。

(3)外貌特征。生产发育正常，背腰、腹线平直，腿臀丰满，肢蹄健壮无倒前；睾丸发育正常，大小均匀对称，包皮无积尿，雄性特征明显。

(4)精液质量。①采精量 100 mL 以上。②精子成活率 70%以上。③精子密度中等以上。

二、采精准备

(一)采精台的制作

用一个直径为 20 cm，长 120 cm 的圆木，两端削成弧形，安装四条腿，在木头两面铺一层稻草或旧棉胎等有弹性的软物，外面包一层软胶皮或猪皮(亦可用铁支架焊接为半圆、四条腿能活动的采精台)。组装后采精台后高 60 cm，前高 50 cm。

(二)采精器具的消毒

(1)胶质器具经洗涤剂洗净晾干后，隔水煮沸 30 分钟以上。玻璃、搪瓷、金属等质器具经洗涤晾干后放入 160～200℃干燥箱消毒 30～60 分钟。

(2)集精。保温杯消毒，在采精前用 5%葡萄糖溶液或稀释液冲洗一次，然后在集精杯覆盖四层纱布。

(3)采精操作者、种公猪、采精台以及一切与精液直接接触的器材都应严格进行常规消毒处理。器材温度均应保持在 30℃左右。

三、采精

(1)采精应在室内进行。采精室应清洁无尘，安静无干扰，地面平坦不滑。

(2)采精员穿戴洁净工作衣帽，长胶鞋，胶手套。胶手套应先用 75%酒精消毒、晾干，30 分钟后使用。

(3)采精前，将公猪赶进采精预备室后，应用 40℃温水洗净包皮及其周围，再用 0.1%高锰酸钾溶液擦洗、抹干。

(4)采精方法主要用手握法。采精时，采精员站于采精台的右(左)后侧，当公猪爬上采精台后，采精员随即蹲下，待公猪阴茎伸出时，用手握紧其阴茎龟头，特别是要抓住螺旋部分，压力不宜太大，以控制其龟头不能转动或回缩为限，并带有松紧节奏，以刺激射精。当公猪充分兴奋，龟头频频弹动时，表示将要射精。公猪开始射精时多为精清，不宜收集，待射出较浓稠的乳白色精液时，应立即以右(左)手持集精杯，放在稍离开阴茎龟头处将射出的精液收集于集精杯内。当射完第一次精后，刺激公猪射第二次，继续接收。射完精后，待公猪退下采精台时采精员应顺势用左(右)手将阴茎送入包皮中。不得粗暴推下或抽打公猪。

四、精液检查

(一)精液量、色泽、气味、pH 值

公猪的射精量一般为 100～300 mL，正常精液的色泽为乳白色或灰白色，略有腥味，精液 pH 值为 6.8～7.2。

(二)精子浓度

精子浓度是指每毫升精液中含有精子数的多少。

检查精子浓度用血细胞计数器计算。其方法是用白细胞吸管吸取精液至刻度 0.5 处，再吸取 3%氯化钠溶液至刻度 101 处，捏住吸管的两端充分振荡后，将吸管前部的滤液吹弃 2～3 滴，然后滴 2 小滴于计算玻板上盖玻片边缘，使其自行渗入计算室内，待液体稳定后，在 400～600 倍的显微镜下计数。观察计数时应数 5 个有代表性的中方格(计 80 个小方格)内的精子数，对头部压在方格四边线上的精子，只计两条边上的。每头要做 2～3 遍，求其平均值。最后将精子总数乘以 10 000，就得每立方毫米精液中所含精子数，再将此数乘以 1 000，便得每毫升精液的精子数。

(三)精子活力

(1)精子活力是以直线前进运动的精子数占总精子数的比率来确定的。一般采取“十级制评分法”进行评定。

(2)精子活力测定方法。将精液滴在载玻片上，再盖上盖玻片，然后在 35℃左右显微镜下放大 150～200 倍，仔细观察精子活动情况。

(3)精子活力等级评定：

1.0 级指有 100%精子呈直线式前进运动。

0.9 级指有 90%精子呈直线式前进运动。

0.8 级指有 80%精子呈直线式前进运动。

0.7 级指有 70%精子呈直线式前进运动。

0.6 级指有 60%精子呈直线式前进运动。

0.5 级指有 50%精子呈直线式前进运动。

60%以下精子呈直线前进运动的精液，不能用于输精。合格的精子活力不低于 0.7 级。

五、精液稀释

(一)精液的稀释

精液稀释是往精液中加入适宜精子体外存活并保持精子受精能力的稀释保护液。只有经过稀释的精液，才适于保存、运输及输精等。所以，精液稀释处理是动物人工授精中的一个重要技术环节。精液稀释的目的，在于扩大精液的容量，延长精子的存活时间，增强受精能力，增加受配母畜头数，充分提高优良种公畜配种效率。

(二) 稀释液的主要成分

精液保存除了需要适宜的温度外，一份优良的稀释液必须具备提供精子最理想的生存环境，保护精子细胞膜的完整性，排除一切对精子不良影响的因素，提供精子可以吸收的营养物质，在不影响精子生活力和受精力的前提下抑制精子代谢，使之处于可逆的休眠状态。

1. 糖类

精液稀释液中加入的糖类，一般常用的有果糖、葡萄糖、乳糖和蔗糖等，这些糖类主要作用是提供精子营养，补充精子能量。

2. 缓冲物质

缓冲物质的作用是利于精子的存活，如磷酸二氢钾、磷酸二氢钠、碳酸氢钠等盐类。近年来还常用一些有机缓冲物质，如三羟基甲基甲烷及乙二胺四乙酸二钠(EDTA)等。

3. 蛋黄和奶类

稀释液内加入一定量的蛋黄和奶类(包括鲜全乳、脱脂乳或纯奶粉)。这些物质具有调节渗透压、降低精液中电解质浓度、保护精子膜等作用，有利于精子存活。同时对精子也具有防冷抗冻的作用，这是因为卵黄和奶类中所含的卵磷脂，其熔点比精子内的缩醛磷脂低，这样卵磷脂进入精子体内后，可以代替缩醛磷脂，在低温下不易冻结，从而保护精子的生存。此外，脂蛋白以及含磷脂的脂蛋白复合物也具有防止冷休克的作用。

4．抗冻害物质

一般采用甘油和二甲基亚砜等，这些物质常被加入精液稀释液内。精液在冷冻或解冻过程中，精子内外环境的水分必将经历液态和固态的转化过程，这种转化对精子的存活极为有害，而抗冻保护物质则有助于减轻或消除这种危害。

5．抗生素

在精液稀释液中必须加入一定量的抗生素，如青霉素、链霉素、卡那霉素、林肯霉素、多黏菌素、氯霉素等。在家畜人工授精过程中，各个环节即便在严格的操作下，有时精液也难免受到某些有害微生物的污染。在精液内加入抗生素的目的，就是达到保护精子的抗菌效果。在精液稀释液中加入抗生素，是抑制精液内细菌繁衍的一种常规方法。

6．添加剂

(1)酶类。如过氧化氢酶，它能分解精子代谢过程中产生的过氧化氢，消除其危害，有利于维持精子活率。加入 β－淀粉酶具有促进精子活能、提高受胎率的作用。

(2)激素类。添加催产素、前列腺素等，可促进母畜生殖道的蠕动，加快精子向受精部位运行，从而提高受胎率。

(3)维生素类。加入维生素 B_1、维生素 B_2、维生素 C 等，有利于精子存活。其他添加成分如乙酸、植物汁等，可降低精液稀释液的 pH 值，有助于精子常温下保存。

7．水

水质对精子的影响很大，稀释精液要求采用双蒸水。

(三)稀释液的种类

稀释液可直接购买商品，也可自行配制，可根据需要进行选择，不过，人工授精技术尚未熟练之前，最好购置成品稀释粉，减少因稀释粉的配制带来的不应有的问题。稀释剂通常呈粉状，溶解后，液态时 4℃保存不超过 48 小时。

(四)稀释液的配制

购买的或自配的稀释粉用双蒸水进行混合溶化，可用磁力搅拌器搅拌以促进溶解。溶解完后，若有杂质，用滤纸进行过滤，因精子有向异性，若有异物则容易凝聚死亡。调节稀释液的 pH 值为 6.8～7.4。稀释液配好后及时贴上标签，标明品名、配制时间和经手人等。然后，在水浴锅内进行预热，以备使用，也可配制好后先贮存，但要在 48 小时内使用完。

稀释粉要求提前 1 小时溶解，这样才有稳定的 pH 值，稀释后对精子的影响较小。因为稀释粉刚溶解于水时，各离子之间相互作用，尚未达平衡的稳定状态，pH值变化较大。

六、精液的分装、贮存、运输

1. 分装

精液稀释后，取样检查活力，合格者才能分装。分装时，可以经过漏斗直接缓慢倒入标准的精液瓶中，达到最上刻度线即可，标准商品精液瓶装量为 80 mL/瓶。分装完毕后，即将精液瓶密封，贴上标签。

2. 贮存

精液分装后，避光贮存，在 8～15℃条件下贮存。

3. 运输

用毛巾、棉花等包裹贮精容器，装入 8～15℃冰壶或泡沫箱等恒温器中运输，防止受热、震动和碰撞。

七、输精

(一)发情鉴定

1. 发情初期

母猪精神不安，食欲减少或不吃，叫鸣，外阴部微充血肿胀，四处游走，张望，喜爬其他猪，但不接受其他猪爬跨，特别在清晨表现更明显。持续时间 12～48 小时，多数为 24 小时。

2. 发情中期

母猪精神兴奋接受其他猪爬跨，食欲减少或停止。外阴部充血肿胀明显，阴道黏液光润透明。持续时间 6～36 小时。

3. 发情后期

母猪发情迟滞、喜卧，外阴部肿胀稍退，阴道黏膜充血稍减，由深红色变浅红色，阴道黏液变黏稠。持续时间 12～24 小时。

4. 休情期

母猪精神状态安定，食欲恢复正常。

(二)输精时机

母猪输精时机以发情后期为好，当按压母猪腰尻部，母猪表现很安定，两耳竖立或出现“静立反应”，此时是输精最佳时机。如用公猪试情，一般在母猪愿意接受公猪爬跨后的 4～8 小时之内输精为宜。

(三)输精准备

1. 母猪的保定

为使受配母猪在输精时能安静、不乱动,可让公母猪隔栏相望,引诱和激发母猪的性欲。另外根据仿生学原理,给母猪制定了一条大约 15 cm 宽的腰带。输精时将腰带系在母猪的背部,使母猪有本交时公猪爬跨搂抱的真实感觉。同时还用左手轻轻按摩母猪的阴蒂,这样母猪就会安静地接受输精,从而获得较好的输精效果。

2. 母猪外阴部的清洁

过去母猪配种或输精时,相当多的猪场都习惯用清水或高锰酸钾水清洗母猪的阴户。但研究表明,母猪在发情时,子宫会产生收缩,使生殖道内产生负压,从而可能将液体吸入生殖道内。因此,用水清洗母猪阴户可能引起母猪子宫感染,而如果吸入高锰酸钾溶液会杀死输入的精子,所以用液体清洗母猪阴户弊多利少。

如果母猪外阴确实需要清洗,建议将抹布沾湿(也可用高锰酸钾水沾湿抹布)拧干后用来擦拭外阴,最后用消毒纸巾擦干。一般定位栏及卫生状况良好的圈舍内的母猪外阴部污染不严重,建议用几张消毒纸巾(各大商场均有销售)充分将母猪外阴及阴门裂擦拭干净即可进行输精。实践证明,这种清洁母猪外阴的方法是安全可靠的。

3. 输精管的选择

一般采用一次性输精管。一次性输精器可分为初配母猪一次性输精器(有海绵头、螺旋形橡胶头两种)和经产母猪输精器(海绵头),海绵头输精器可以很好地卡在子宫颈内,对母猪产生良性的刺激,并且能防止精液倒流。

4. 输精量与输入的有效精子数

后备母猪每次输精量在 80～100 mL 为宜,经产母猪以 120 mL 为宜,有效精子数以 10 亿～20 亿个为宜。

(四)输精方法

(1)每次输精前要将保存在冰箱中的精液瓶提前 1 小时放置于室内避光处缓慢升温。输精前 10 分钟最好将精液瓶放入 35℃温水中,升温后即可用于输精。

(2)为了防止阴道损伤,应在输精管顶部涂上少许消毒润滑剂,使其易导入母猪阴道内。

(3)输精时先用手把阴唇分开,将输精管尾部向下倾斜 45°插入阴道,当输精管螺旋段输入到阴道深部达子宫颈口时,会感到有很大的阻力,此时应将输精管逆时针螺旋式向前推进。当输精管再深入 8～10 cm 时,螺旋段后部的栓塞恰好也进入子宫颈口 2～3 cm 处。向前推阻力增大,此时便可停止前进。然后将输精管轻轻向后退 2～3 cm，感到阻力很大，轻轻松手后输精管能自然缩回阴道内，表明子宫颈已被栓塞塞严，此时即可输精。

输精时可以将输精瓶底部剪一小孔或插上细针头，以便输精畅快。当精液完全输入子宫内后，不要将输精管立即拔出，应将输精管尾部折弯插入输精瓶中，防止精液倒流，待 3～8 分钟后，再将输精管缓慢取出。在实践中，用输精管拍打母猪尾部，有利于母猪子宫颈收缩，使精液更好地进入到子宫中。

(五)输精次数

根据母猪的年龄、膘情、发情时生理状况不同，调整输精时间。对年龄大、膘情好的母猪，输精时间应适当提前；对年龄小、膘情差的母猪，输精时间应适当推迟。每次输精持续时间应为 5～10 分钟，最少 3 分钟。输精次数最佳为 3 次，每次相隔 8～12 小时。

第三章　规模化猪场的环境控制

第一节　环境控制的重要意义

规模养猪生产中，品种、饲料、防疫和环境缺一不可。优良品种其生产潜力的充分发挥，需要优质全价饲料、健康的体况，同时还必须有适宜的生产环境。如果环境不适宜，则优良品种的遗传潜力不能充分发挥，饲料的转化率低，猪的抵抗力和免疫力下降，发病和死亡率增高，造成生产的巨大损失。随着猪场规模的扩大，集约化程度的提高，以及最新育种技术的采用，猪的抗逆性能下降，对环境的要求越来越高。因此，为猪只创造适宜的环境条件就显得尤为重要。实践中，热环境、光照、噪声、空气质量及饲养密度是主要的环境控制项目。

第二节　猪的应激及其防控

一、应激的影响

应激是机体对各种刺激产生的全身非特异性适应反应。应激对猪的健康和生产力、繁殖力、肉的品质等都有不良影响，生产中应当避免强烈的、长时间的应激。强烈短时间应激，猪只表现惊慌不安、眼睛睁大、心率加快、呼吸急促、食欲减退、肌肉颤抖、体温升高，皮肤出现红斑或发绀，严重时导致休克或死亡。低强度长时间的慢性应激时，猪只出现体重减轻、生产力下降、繁殖机能障碍、免疫力降低、精神抑郁、行动迟缓。

二、引起应激的因素和环节

引起猪只应激的因素和环节很多，常见的有 5 种。一是不良的小气候环境因素，如高温、低温、强辐射、强噪声、低气压、贼风，空气中二氧化碳、氨、硫化氢、一氧化碳等有毒有害气体浓度过高等；二是饲养及管理因素，如饥饿或过饱、日粮成分或饲养水平急剧变更、饮水不足、突然变更饲养管理规程或更换饲养人员、饲养密度或组群过大、断奶、转群、驱赶、抓捕、去势、挂耳标、断尾等；三是传染病的侵袭；四是运输途中的不良刺激；五是对生产性能的高强度选育和利用。

三、应激的预防与控制

（一）预防

给猪只创造较适宜的小气候环境和改善饲养管理是预防应激的有效措施，如减少温度变化的强度、贼风、高浓度有害气体、频繁转群、高密度饲养等对猪的影响，严格操作规程、保证营养平衡等。在规模养猪生产中，分段饲养中的猪只频繁并群、转群等常可引起猪只的应激，不同饲养阶段的转换和工艺转变往往会产生相应的应激，这是生产过程中无法避免的。只是要尽量做到将这种改变控制在一定的范围之内，使之变得轻微或不产生强烈的应激。那么就要在做猪场选址、栏舍布局、设计与工艺选择等基础性工作时尽量合理科学，最大限度地满足猪只繁育与生长的需要；制定严格的质量控制和操作规程，并始终坚持，从而避免过度的应激。

（二）控制

采用药物预防应激简单有效，已发生应激时，使用药物也有治疗和缓解作用。预防应激效果较好被广泛采用的药物主要是镇静剂（如氯丙嗪、利血平、安定等）、某些激素（如肾上腺皮质激素）、维生素类（B族维生素、维生素C、复合维生素）、微量元素（如硒）、有机酸类（如琥珀酸、苹果酸等）、缓解中毒的药物（如小苏打等）也有防治应激的作用。在猪只断奶、转群、运输之前服用上述药物，可以起到较好的抗应激作用。药物预防虽有较好的预防应激的效果，但长期使用某些药物，易在猪体内富集，间接影响人的健康，应慎重使用。

第三节　猪舍环境的控制

一、热环境控制

（一）各种热环境因素控制范围

1. 空气温度

空气温度是影响猪只健康和生产力的主要热环境因素。不同阶段猪的生产允许温度范围参见表3-1。

2. 空气湿度

空气湿度一般与气温、通风等综合对猪只产生影响，通常是影响机体体热调节而影响猪的健康和生产力。各阶段猪只的空气适宜湿度参见表3-2。

表 3-1 不同阶段猪的生产允许温度范围 ℃

类别	适宜温度	最高温度	最低温度
种公猪	13～19	25	10
空怀及孕前期母猪	13～19	27	10
孕后期母猪	16～20	27	10
哺乳母猪	18～22	27	13
哺乳仔猪	30～32	34	28
培育仔猪	18～22	30	16
育成猪	15～18	27	13
育肥猪	12～18	27	10

表 3-2 各阶段猪只的空气适宜湿度 %

类别	适宜湿度	最高湿度	最低湿度
种公猪	60～80	85	40
空怀及孕前期母猪	60～80	85	40
孕后期母猪	60～70	80	40
哺乳母猪	60～70	80	40
哺乳仔猪	60～70	80	40
培育仔猪	60～70	80	40
育成猪	60～80	85	40
育肥猪	60～80	85	40

3. 通风

任何季节都需要通风，通风不仅可以调节猪舍的温度和湿度，还可以排除舍内有毒有害气体、尘埃和微生物，改善猪舍的空气卫生状况。猪舍通风不足时，水汽、有毒有害气体、灰尘、微生物在舍内过多积存，可导致猪的慢性中毒，生产力下降，发病率、死亡率升高。为解决冬季保温和通气的矛盾，可通过正确掌握和控制气流速度，加强猪舍外围护结构的保温性能、改善饲养管理或采取供暖等措施，综合考虑加以解决。

4. 太阳辐射

主要是控制高温环境中过量的太阳辐射，防止日射病。过量的太阳辐射可加剧猪只的热应激，对猪的体热调节不利，影响其健康和生产力，并使局部皮肤灼伤，过强的红外线可使猪只体热调节机能发生障碍。波长 600～1 000 nm 的红外线能穿透颅骨，使脑温升高而致损害，猪只出现焦躁不安、头痛，进而晕厥、痉挛，导致呼吸和血循障碍而死亡，这就是日射病。

（二）温度不适宜情况下的应对

在温度不适宜的情况下（高温和低温），可通过改变其他热环境因素（加强或减小猪舍通风、降低舍内湿度、猪舍遮阳等）来缓解其不利影响，为猪只健康和生产创造较适宜的热环境条件。

1. 高温的应对

（1）提高日粮浓度，特别是能量、蛋白质和维生素水平。当环境温度超过适温区上限，猪采食量下降，而体内产热增加，这样体内摄入的能量明显不足，通过提高日粮能量和浓度水平可适当缓解热应激。实践证明，给日粮中添加脂肪，以赖氨酸作为部分天然蛋白质替代品可有效增加日粮能量，减轻热应激；适当添加 B 族维生素和维生素 C 对防治应激也有一定效果。

（2）为猪只提供清洁、充足、清凉的饮水。在高温情况下，猪只主要通过蒸发散热，饮水量大增。此外，可采取喷雾、为猪体淋水、设淋浴和池浴，加强通风等措施，以促进猪体蒸发散热。但应避免舍内湿度过大，以防高湿加剧热应激。

（3）组群过大和饲养密度过高，均可加重热应激，因此，在可能情况下，夏季应适当减小饲养密度。

（4）夏季在每天气温较低时（如早晨或夜间）饲喂。

（5）加强猪舍遮阳、通风和隔热、降温。

2. 低温的应对

（1）保证日粮营养水平，适量增加能量。

（2）在可能的情况下，加大饲养密度、使用垫草，可减缓冷应激。

（3）冬天夜晚时间长，应安排提前早饲、延后晚饲或增加夜饲。

（4）减少饲养管理用水，不饮冰水，及时清除粪尿，注意猪舍防潮。

（5）加强猪舍门窗管理，防止孔洞、缝隙形成贼风，注意适当通风，排除舍内水汽和污浊空气。

（6）加强围护结构防寒保温和采光设计，必要时采用有效节能的供暖设备。

二、其他环境的控制

（一）光照和噪声的控制

（1）通过合理控制猪舍的光照强度、光照时间，促进猪的生长和繁殖等性能。

（2）全部来自人工光源的无窗猪舍，由于荧光灯、白炽灯等人工光源的光谱中无紫外线，可采用紫外灯补充适量的紫外线照射。

（3）饲养管理的各个环节中应尽量降低噪声的产生，确保猪舍噪声不超过

85～90 dB。

(4)猪场选择场址时就应考虑外界或场内是否有强噪声源存在，选择噪声相对较小的生产工艺、搞好场区绿化也是降低舍内噪声的有效措施。

(二)空气中有害气体、尘埃及微生物的控制

(1)建场时合理设计，正确选择场址，合理布局场区。

(2)及时清除粪污，清扫圈舍。

(3)合理组织通风，冬季不能单纯追求保温而关严门窗，必须保证适量的通风换气，使有害气体及时排出。

(4)定期做好带猪消毒。

(5)做好防潮和保暖。氨和硫化氢易溶于水，在潮湿的猪舍，氨和硫化氢常吸附在潮湿的地面、墙壁和顶棚上，舍内温度升高时又挥发出来，很难通过通风而排出。此外，垫草具有较强的吸收有害气体的能力，猪床铺设垫草也可减少有害气体。

(三)饲养密度的控制

主要是通过饲养密度的控制，防止密度过大对猪舍的空气卫生状况和猪采食、饮水、睡眠、运动及群居等行为带来不利影响。各类猪适宜的饲养密度和猪群大小推荐见表3-3。

表3-3　各类猪的每圈适宜头数、每头猪的占栏面积和采食宽度

猪群类别	大栏群养头数	每圈适宜头数(头)	占栏面积(m^2/头)	采食宽度(cm/头)
断奶仔猪	20～30	8～12	0.3～0.4	18～22
后备猪	20～30	4～5	1	30～35
空怀母猪	12～15	4～5	2～2.5	35～40
怀孕前期母猪	12～15	2～4	2.5～3	35～40
怀孕后期母猪	12～15	1～2	3～3.5	40～50
设固定防压架的母猪	—	1	4	40～50
带仔母猪	1～2	1～2	6～9	40～50
育肥猪	10～15	8～12	0.8～1	35～40
公猪	1～2	1	6～8	35～45

第四节　猪场环境的保护

猪场环境保护包括两方面内容，一方面保护猪场免受外来污染，另一方面则防止猪场对周围环境和对自身造成污染。

一、外来污染对猪场的影响及应对

环境污染的主要来源有工业“三废”、农药、化肥、畜牧场废弃物(粪尿、污水、臭气及其他废弃物)、交通废气、居民生活废弃物(垃圾、生活污水、烟气、粪尿)等。这些污染物进入大气、水、土壤造成污染,并进一步影响猪的健康和生产力。

保护猪场免受外来污染或避免自身污染,就需从切断环境污染的三种途径入手,即防止大气、水源和土壤污染。搞好猪场绿化,是防止和减轻大气污染的很好途径;做好水源防护和水体的净化消毒工作,可使猪只免受水体污染的危害;圈舍饲养条件下,猪只直接遭受土壤污染的机会很少,主要是通过采食、饮用被土壤污染的饲料、饮水等而间接引起,与猪只直接接触的地面、机械设备、垫料等不清洁,则可导致猪只疫病的感染和传播。因此,做好猪场的消毒管理工作非常重要。下面重点介绍猪场绿化、水源防护和水体的净化。

(一)猪场绿化

绿化可以减轻空气污染,净化场区空气。猪舍排出的污浊空气中有相当一部分是二氧化碳,绿色植物可通过光合作用吸收这些二氧化碳并放出氧气。许多植物还可吸收空气中的有害气体,显著降低氨气、硫化氢、二氧化碳等有害气体的浓度,减少恶臭。此外,某些植物对铅、镉、汞等重金属元素有一定的吸收能力。植物叶面、树叶等还可吸附、阻留空气中的大量灰尘、粉尘,而使空气净化。许多绿色植物还有杀菌作用,场区绿化可使空气中的细菌减少22%～79%。绿色植物还可降低场区噪声。

绿化可调节场内温湿度、气流等,改善场区小气候状况。在夏季,绿色植物的叶面水分蒸发可吸收大量热量,使周围环境温度降低,散失的水分可调节空气湿度,高大树冠可为猪舍遮阳,草地和树木可吸收大量的太阳辐射,有利于夏季防暑;在冬季树木可阻挡风沙,降低场区气流速度,减小猪舍的冷风渗透,还可减小地面蒸发,维持场内气温较为恒定,有利于防寒。种植隔离林带,可防止人畜任意往来而引起的疫病传播,含水量大的树木还可起到防风隔离作用,有利于防火。

(二)水源防护和水体净化

水源卫生防护应作为一项长期工作来做,水源防护要从两方面着手,既防止周围污染物污染水源,同时做好猪场自身建设和管理,防止猪场粪污等污染水源。应随时掌握水源近区或上游污染情况,并及时处理。水源附近不得建厕所、粪池、垃圾堆、污水坑等;水源周围范围内划为卫生防护地带,四周不得有任何污染源。猪舍与井水水源间应保持距离,最易造成水源污染的区域如病猪隔离舍、化粪池或堆肥场更应远离水源，应及时对粪污进行无害化处理，排放时不得流进或渗进饮水水源。水源水质较差，不符合饮水卫生标准时，需进行净化和消毒处理。地面水一般水质较差，需经沉淀、过滤和消毒处理。地下水较清洁，可只进行消毒处理，也可不作消毒处理。地面水源常含有泥沙、悬浮物、微生物等。在水流减慢或静止时，泥沙、悬浮物等靠重力逐渐下沉，但水中细小的悬浮物，特别是胶体微粒因带负电荷，相互排斥，不易沉降。因此，必须加混凝剂作沉淀处理，吸附水中大量的悬浮物和细菌等一起沉降。常用的混凝剂有铝盐（如明矾、硫酸铝等）和铁盐（如硫酸亚铁、三氯化铁等）。经沉淀处理，可使水中悬浮物沉降70%～95%，微生物减少90%。水的净化还可用过滤池，用滤料将水过滤、沉淀和吸附后，可阻留消除水中大部分悬浮物、微生物等。常用滤料为沙，以江河、湖泊等作分散式给水水源时，可在水边挖渗水井、沙滤井等，也可建沙滤池；集中式给水一般采用沙滤池过滤。经沉淀过滤处理后，水中微生物数量大大减少，但其中仍会存在一些病原微生物，为防止疾病通过饮水传播，还须进行消毒处理。消毒的方法很多，其中加氯消毒法投资少、效果好，较常采用。氯在水中形成次氯酸，次氯酸可进入菌体破坏细菌的糖代谢，使其致死。加氯消毒效果与水的pH值、浑浊度、水温、加氯量及接触时间有关。大型集中式给水可用液氯消毒，液氯配成水溶液加入水中；小型集中式给水或分散式给水多采用漂白粉消毒。

二、猪场对环境的污染

规模化猪场集约化程度高，猪场每天的粪污产量也大大增加。加之目前农业生产中农牧脱节，粪便污水不能被及时利用。粪便污水的任意堆弃和排放，一方面严重污染周围环境，另一方面也污染自身。我国猪场造成的环境污染也已占相当比例，引起了各界的关注。猪场对环境的污染也包括三方面，对大气、水、土壤的污染。

（一）大气污染

猪的粪尿排泄量很大，其中含有大量有机物质，排出体外后会迅速腐败发酵，产生硫化氢、氨、胺、硫醇、苯酸、挥发性有机酸、吲哚、粪臭素、乙醇、乙醛等恶臭物质，污染猪舍和大气环境。除猪舍排出的有害气体外，猪场的化粪池、堆肥场是散发恶臭气体的主要场所。这些有害气体和生产中产生的大量尘埃、微生物排入大气，散布于猪场及附近居民区上空，刺激人、畜呼吸道，可引起呼吸道疾病，影响人畜健康，恶臭气体使人产生不愉快的感觉，影响人的工作效率，猪场自身大气污染也常引起猪只生产力下降。猪场排出的各种微生物以尘埃为载体，随风传播，可引起疫病蔓延。场区滋生的大量蚊蝇也易传播疫病、污染环境。

(二)水源和土壤污染

污染猪场的粪便和污水不经处理,任意排放,或处理不当,会经降水的淋洗、冲刷而污染地面水、土壤和地下水。粪污中含有大量有机质,进入天然水体后,被微生物分解,大量消耗水中溶解氧,严重时溶解氧被耗尽,有机物进行厌氧分解,产生各种恶臭物质,水体变黑发臭。粪便中的病原微生物,寄生虫卵、抗生素、消毒药等,也会污染地面水和土壤,并经地层渗滤而污染地下水。土壤虽有一定的自净能力,但粪污过量,超过其自净能力,可使土壤有机质含量过多,影响作物生长。施用未经无菌处理的粪肥,其中一些病原微生物、寄生虫卵等可在土壤长期生存和繁殖,扩大传染源,易引起疫病传播。

三、猪场粪污的处理和利用

采用生态养猪业,妥善处理猪场粪污,可避免对环境造成污染,变废为宝。生态养猪业将在第六章第三节进行专题介绍,本部分只介绍猪粪尿最常用的处理和利用方式,即猪粪用作肥料和作为能源物质生产沼气等,尿和污水经净化处理后作为水资源或肥料重新利用用于农田灌溉或鱼塘施肥。

猪场不同的清粪工艺,对粪污的后处理影响较大,采用粪尿分离方式,污水量小,粪含水量较低,粪和污水都易处理;采用水冲清粪或粪尿混合方式,污水量大,粪污稀,需经固液分离后再分别处理,处理难度大。

(一)粪污用作肥料

猪场粪污的最佳利用方式是将其作为肥料还田,粪肥还田可改良土壤,提高作物产量,生产无公害绿色食品,促进农业良性循环和农牧结合。猪粪用作肥料时,有的将鲜粪作为基肥直接施入土壤,也可将猪粪发酵、腐熟堆肥后再施用。一般来说,为防止鲜粪中的微生物、寄生虫等对土壤造成污染,并提高肥效,粪便应经发酵或高温腐熟处理后再使用。

腐熟堆肥过程也就是好气性微生物分解粪便中有机物的过程,分解过程中释放的大量热能使肥堆温度升高,一般可达 60～65℃,可杀死其中的病原微生物和寄生虫卵等,有机物则大多分解成腐殖质,有一部分分解成无机盐类。

腐熟堆肥必须创造适宜条件,堆肥时要有适当的空气,如粪堆上插秸秆或设通气孔保持良好的通气条件,以保证好气性微生物繁殖。为加快发酵速度,也可在堆底铺设送风管,头 20 天经常强制送风;同时应保持 60%左右的含水量,水分过少影响微生物繁殖,水分过多又易造成厌氧条件,不利于有氧发酵;另外,须保持肥料适宜的碳氮比(26～35)∶1,碳氮比例过大,分解过程缓慢,过低则使过剩的氮转变成氨而散失掉。鲜猪粪的碳氮比约为 12∶1,碳的比例不足,可加入秸秆或杂草等来调节碳氮比。

自然堆肥效率较低，占地面积大，目前已有各种堆肥设备（如发酵塔、发酵池等）用于猪场粪污处理，效率高、占地少、效果好。

（二）粪污生产沼气

固态或液态粪污均可生产沼气。沼气是厌气微生物（主要是甲烷细菌）分解粪污中含碳有机物而产生的一种混合气体，其中甲烷占60%～75%，二氧化碳占25%～40%，还有少量氧、氢、一氧化碳、硫化氢等气体。沼气可用于照明、作燃料或发电等。发酵后的沼渣再用作肥料。厌氧发酵过程中也可杀死病原微生物和寄生虫。

（三）污水的多级处理

大型猪场污水排放量很大，在没有较大面积的农田或鱼塘消纳时，为避免造成环境污染，应利用物理的、化学的、生物学的方法进行综合处理，达到无害化，然后再用于灌溉或排入鱼塘。

污水处理可采用两级或三级处理。两级处理包括预处理（一级处理）和好氧生物处理（二级处理）。一级处理采用沉淀池、固液分离机等设备用沉淀分离等物理方法，将污水中悬浮物和可沉降颗粒分离出去，再用厌氧处理降解部分有机物，杀灭部分病原微生物。二级处理采用生物滤池、活性污泥、生物转盘等生物方法，让好氧生物进一步分解污水中的胶体和溶解的有机物，并杀灭病原微生物。猪场污水一般经两级处理即达到排放或利用要求，但要排入卫生要求较高的水体时，则须进行三级处理。

四、规模化猪场污染物的排放标准

《畜禽养殖业污染物排放标准》(GB 18596—2001)按集约化畜禽养殖业的不同规模分别规定了水污染物、恶臭气体的最高允许日均排放浓度、最高允许排水量和畜禽养殖业废渣无害化环境标准。该标准适用的规模化猪场和集约化养猪小区的规模分级见表3-4。

表3-4 规模化猪场(小区)的适用规模(以存栏数计) 头

规模分级	规模化猪场 (猪,25 kg以上)	集约化养猪小区 (猪,25 kg以上)
Ⅰ级	≥3 000	≥6 000
Ⅱ级	500～3 000(不含)	3 000～6 000(不含)

(一)水污染物排放标准

(1)畜禽养殖业废水不得排入敏感水域和有特殊功能的水域。排放去向应符合国家和地方的有关规定。

(2)水污染物排放规定见表 3-5、表 3-6。

表 3-5　最高允许排水量(以存栏数计)　m^3/(百头·天)

工艺类别	水冲		干清粪	
	冬季	夏季	冬季	夏季
标准值	2.5	3.5	1.2	1.8

注：春、秋季废水最高允许排放量按冬、夏两季的平均值计算。

表 3-6　水污染物最高允许日均排放浓度

控制项目	五日生化需氧量(mg/L)	化学需氧量(mg/L)	悬浮物(mg/L)	氨氮(mg/L)	总磷(以 P 计)(mg/L)	粪大肠菌群数(个/mL)	蛔虫卵(个/L)
标准值	150	400	200	80	8.0	10 000	2.0

(二)废渣无害化环境标准

(1)畜禽养殖业必须设置废渣的固定储存设施和场所,储存场所要有防止粪液渗漏、溢流措施。

(2)用于直接还田的畜禽粪便,必须进行无害化处理。

(3)禁止直接将废渣倾倒入地表水体或其他环境中。畜禽粪便还田时,不能超过当地的最大农田负荷量,避免造成面源污染和地下水污染。

(4)经无害化处理后的废渣,应符合表 3-7 的规定。

(三)畜禽养殖业恶臭污染物排放标准

恶臭污染物的排放标准见表 3-8。

表 3-7　畜禽养殖业废渣无害化环境标准

控制项目	指标
蛔虫卵	死亡率≥95%
粪大肠菌群数	≤10^5 个/kg

表 3-8　集约化畜禽养殖业恶臭污染物排放标准

控制项目	标准值
臭气浓度(无量纲)	70

第四章　规模化猪场的投入品管理

第一节　饲料的管理

一、生猪饲料的质量管理

(一)把好饲料原料选购关

1. 掌握主要原料性能

(1)主要能量饲料。饲料中的主要能量饲料有如下一些：

①玉米。玉米含3%～4.5%的脂肪，消化能高达14.77 MJ/kg；含7%～9%粗蛋白质；缺乏赖氨酸和色氨酸，所以蛋白质品质差。玉米适口性好，适合于做育肥猪的日粮。玉米在日粮中的含量主要决定它的价格是否高于其他能量饲料。

②大麦。饲用大麦消化能约为13.05 MJ/kg，含10%～12%的粗蛋白质和6%的粗纤维。大麦含有单宁、β-葡聚糖等抗营养因子，影响其蛋白质消化率和适口性。所以大麦不宜用于饲喂仔猪，用于饲喂育肥猪以不超过25 g为宜，但它可以改善育肥猪胴体品质。大麦应该适度磨碎后饲喂。

③小麦。小麦大约含14.23 MJ/kg消化能，含约13%的粗蛋白质和3%的粗纤维。小麦含蛋白质高、纤维低，是优于大麦的猪饲料。小麦不应过细地磨碎，猪不喜欢吃被粉碎得很细小的小麦。大量使用时，应添加戊聚糖酶、植酸酶，以降低环境污染。同时应清除小麦赤霉菌，该菌可引起猪急性呕吐。全量替代玉米要注意添加生物素，因为小麦生物素利用率较低。用小麦饲喂生长育肥猪，可减少黄脂肪，提高猪肉品质。

④小麦麸和次粉。小麦麸粗蛋白含量为15%左右，次粉为14%；麸皮消化能为9.38 MJ/kg，次粉为13.77 MJ/kg。麸皮含能低，还有轻泻功能，对母猪尤其是怀孕母猪具有保健作用，可以防止母猪过肥和便秘。

⑤米糠。米糠为稻谷加工业的副产品，新鲜的米糠适口性好，含粗蛋白12.9%，消化能为12.31 MJ/kg，是很好的猪能量饲料。新鲜米糠在生长猪日粮中可以添加10%左右，育肥猪30%左右。但米糠用量过多会导致猪肉胴体质量下降。由于米糠含有脂肪水解酶和高的不饱和脂肪酸，容易发生氧化酸败和水解酸败，导致米糠适口性变差，猪吃了会发生严重腹泻。一般建议在猪饲料中添加量控

制在15%以下。

其他的能量饲料包括高粱、玉米加工的副产品。

(2)蛋白质饲料。饲料中的蛋白质饲料主要有如下一些:

①豆粕。猪日粮中所用的两种大豆制品是去皮豆粕(粗蛋白47%~49%)和常规豆粕(粗蛋白43%)。人工乳及教槽料中豆粕应限制使用,因纤维素含量较多,且其中糖类为多糖及寡糖(棉籽糖、水苏糖),含量7%左右,仔猪无相应的酶分解。建议使用酶制剂增加消化吸收,减少腹泻。另外,豆类含有胰蛋白酶抑制因子,可导致蛋白质消化率降低,未降解的蛋白质经粪便排泄,导致环境气味问题和地下水污染。此外,还应该注意磷的污染。由于豆类含有植酸磷,猪消化道缺乏植酸酶,对植酸磷的利用率很低,必须在日粮中添加大量的无机磷以满足猪对磷的需求。大量的日粮磷,加上日粮中的植酸磷,导致磷的排泄过多,造成环境磷污染。所以必须添加植酸酶降低磷的污染。

②菜籽粕。菜籽粕是猪日粮中豆粕的一个合适的替代品。它含有34%~38%的蛋白质,并且可以按7.5%的添加量用于仔猪,按10%的添加量用于生长猪的日粮,但是在育肥猪和种公猪的日粮中仅作为辅助蛋白质饲料使用。菜籽粕含芥子甙,必须经脱毒后喂猪。

③棉籽粕。脱壳棉籽粕粗蛋白含量为41%~44%,代谢能为10.05 MJ/kg。一般限量使用,同时补充赖氨酸、钙。乳仔猪和种猪不宜使用。棉籽粕中含有游离棉酚,可导致猪中毒,所以应脱毒使用。

④豌豆。豌豆粗蛋白含量23%,能量为14.23 MJ/kg,作为蛋白来源,在所有猪日粮中,豌豆可以部分或完全地替代豆粕,并且在总体生产性能上没有差别。但应对豌豆的蛋白质含量加以测定,因为其变异范围为14%~28%。

⑤蚕豆。蚕豆可以作为蛋白质来源在猪日粮中使用,因为它含有20%~28%粗蛋白质。但它的适口性差,并含有胰蛋白酶抑制因子和单宁等抗营养因子。把蚕豆按15%的比例用于生长育肥猪日粮,按10%的比例用于母猪日粮是可行的。

⑥肉骨粉。肉骨粉是肉品加工的副产品,已经被熟制并消毒,是良好的蛋白质(50%粗蛋白)、钙(8%)和磷(4%)的来源。然而,由于其氨基酸不平衡,不应将其作为生长猪日粮中唯一蛋白质来源。

⑦血粉。血粉中的粗蛋白含量为80%,如果在加工过程中长时间高温时,可能发生蛋白质变性而降低它的消化率。血粉含有高的赖氨酸,但异亮氨酸缺乏。因此,在日粮中血粉应严格控制在日粮的2%左右。

⑧鱼粉。鱼粉含粗蛋白62%以上,氨基酸之间平衡性好,消化率高,达90%以上,因而是高质量的蛋白质来源,同时又是钙和磷的良好来源。鱼粉外观呈淡黄

色、浅褐色，有特殊的香味，盐分和沙含量低于1%。使用时应该注意识别掺假、变质鱼粉。

⑨血浆蛋白粉。血浆蛋白粉含粗蛋白70%～78%、赖氨酸6%～7.6%，具有很高的消化率，适口性好，含有免疫蛋白质和有益于仔猪肠道的血源性分子。血浆粉在日粮中添加量为2.5%～6%。

⑩乳清粉。乳清粉是制造乳酪时的副产品。乳清粉含乳糖60%以上，蛋白质3%～16%。

其他的蛋白饲料有玉米胚芽粕、玉米蛋白粉等。

(3)矿物质饲料。饲料中的矿物质主要有如下一些：

①钙和磷。钙的主要来源是石灰石，其含38%的钙；磷的主要来源是磷酸氢钙（含18%钙和21%磷）和脱氟的磷酸盐（含32%的钙和18%的磷）。注意这些磷包含高水平的钙。其他饲料成分，比如肉骨粉、鱼粉和奶产品含有大量的钙和磷，且对动物来说有较高的利用率。相反，谷物和豆粕含有相对低水平的钙和磷。而且，包含在植物成分中的磷对猪来说仅仅能够利用1/3。

②微量元素。微量元素可以通过商业维生素矿物质预混料与蛋白质添加剂来补充。如果需要额外的矿物质，可以由工厂在惯用量的基础上添加到预混料添加剂中。微量元素的来源是无机盐，如铁来自于硫酸亚铁，铜来自于硫酸铜。微量元素的螯合物是可用的，但是它们的价格很高。

(4)维生素饲料。最便宜和最可信的维生素来源是合成维生素。猪日粮中常用的维生素一般由预混料提供，猪场只是在生产中出现维生素缺乏症时才添加。

2. 把握原料的质量要求

(1)玉米。籽粒整齐，均匀，脐色鲜亮，外观呈黄色或白色，无发霉、变质、结块及异味。不得掺入玉米外的物质，杂质总量不得超过1%（杂质包括筛下物、矿物质及其他无饲用价值的颗粒）。玉米分级标准见表4-1。

表4-1 玉米分级标准 %

	一级	二级	三级
粗蛋白质	≥9.0	≥8.0	≥7.0
粗纤维	<1.5	<2.0	<2.5
粗灰分	<2.3	<2.6	<3.0

注：分级标准为国家标准；水分含量一般地区为14%，东北、内蒙古、新疆地区不超过18%。

(2)大豆饼(粕)。感官要求豆饼为黄褐色饼状或片状，碎豆饼为不规则小块状。豆粕为浅黄褐色或淡黄色不规则碎片状。色泽新鲜一致，无发霉、变质、结块及异味。水分小于13%，不得含有大豆饼(粕)以外的物质。黄白或略带绿色为偏生，深红变褐色为过熟，其生熟度用脲酶活性表示。脲酶活性指在(30±5)℃和pH值等于7的条件下，每分钟每克大豆饼分解尿素所释放的氨态氮的毫克数。大豆饼粕的脲酶活性要求在0.02～0.4为宜(未进行加热的生大豆为2，加热过度后为0)。大豆饼(粕)分级标准见表4-2。

表4-2　大豆饼(粕)分级标准　%

	一级		二级		三级	
	豆饼	豆粕	豆饼	豆粕	豆饼	豆粕
粗蛋白质	≥41	≥43	≥39	≥42	≥37	≥40
粗纤维	<5	<5	<6	<6	<7	<7
粗灰分	<6	<6	<7	<7	<8	<8
粗脂肪	<8	<8	<8	<8	<8	<8

(3)棉籽饼(粕)。感官要求棉籽饼为小瓦片粗屑状或饼状，棉籽粕为不规则的碎块。黄褐色，色泽新鲜一致，无霉变、虫蛀、结块，无异味异臭。不得含有棉籽饼(粕)以外的物质。水分含量不得超过12%。根据配方和工艺要求，棉绒和棉籽壳应限在一定范围内，一般要求棉绒不超过3%，棉籽壳不超过10%。棉籽饼(粕)分级标准见表4-3。

表4-3　棉籽饼(粕)分级标准　%

	一级		二级		三级	
	棉饼	棉粕	棉饼	棉粕	棉饼	棉粕
粗蛋白质	≥39	≥41	≥36	≥38	≥32	≥36
粗纤维	<12	<10	<14	<12	<16	<14
粗灰分	<7	<6	<8	<7	<8	<8

(4)菜籽饼(粕)。感官要求菜籽饼为片状或饼状，菜籽粕为不规则块状或粉状，黄色、浅褐色或褐色，具有菜籽油特有的芳香味，色泽新鲜一致，无发霉、变质、结块及异味异臭，不得含有菜籽饼(粕)以外的物质，水分含量不超过10%。菜籽饼(粕)分级标准见表4-4。

(5)小麦麸。感官要求细碎屑或片状，色泽新鲜一致，无发霉、变质、结块及异味异臭。水分不超过13%，不得含小麦麸以外的物质。小麦麸可分为大片麸、中麸和细麸。不同大片麸和中麸较为适宜。小麦麸分级标准见表4-5。

表 4-4 菜籽饼(粕)分级标准 %

	一级		二级		三级	
	菜籽饼	菜籽粕	菜籽饼	菜籽粕	菜籽饼	菜籽粕
粗蛋白质	≥37	≥40	≥34	≥37	≥33	≥30
粗纤维	<14	<14	<14	<14	<14	<14
粗灰分	<12	<8	<12	<8	<12	<8
粗脂肪	<10	<10	<10	<10	<10	<10

表 4-5 小麦麸分级标准 %

	一级	二级	三级
粗蛋白质	≥15.0	≥13.0	≥11.0
粗纤维	<9.0	<10.0	<11.0
粗灰分	<6.0	<6.0	<6.0

注:有细度要求时,可根据实际生产情况对细度加以控制。

(6)花生(仁)饼(粕)。感官要求花生饼为黄褐色的小瓦块状或圆扁块状,花生粕为黄褐色或浅褐色不规则碎屑状。色泽新鲜一致,无发霉、变质、结块及异味异臭。花生饼(粕)易感染黄曲霉毒素,除非是新鲜货源,否则进库前应进行黄曲霉毒素的检验,水分要求不超过12%,不得掺入其他物质。花生饼(粕)分级标准见表4-6。

表 4-6 花生饼(粕)分级标准 %

	一级		二级		三级	
	花生饼	花生粕	花生饼	花生粕	花生饼	花生粕
粗蛋白质	≥46	≥50	≥40	≥45	≥36	≥40
粗纤维	<7	<7	<9	<9	<11	<11
粗灰分	<6	<6	<7	<7	<8	<8

(7)向日葵仁饼(粕)。感官要求向日葵仁饼为黄色或褐色小片状或块状;向日葵仁粕为浅灰色或黄褐色不规则碎块状、碎片状或粗粉状。色泽新鲜一致,无发霉、变质、结块及异味。水分要求不超过12%,不得掺入其他物质。向日葵仁饼(粕)分级标准见表4-7。

(8)高粱。感官要求籽粒整齐,色泽新鲜一致,无发霉、变质、结块及异味异臭。不得掺入高粱以外的物质。高粱分级标准见表4-8。

表 4-7 向日葵仁饼(粕)分级标准 %

	一级		二级		三级	
	葵仁饼	葵仁粕	葵仁饼	葵仁粕	葵仁饼	葵仁粕
粗蛋白质	≥36	≥38	≥30	≥32	≥23	≥24
粗纤维	<15	<16	<21	<22	<27	<28
粗灰分	<9	<10	<9	<10	<9	<10

表 4-8 高粱分级标准 %

	一级	二级	三级
粗蛋白质	≥9.0	≥7.0	≥6.0
粗纤维	<2.0	<2.0	<3.0
粗灰分	<2.0	<2.0	<3.0

注:水分含量不得超过 14%。

(9)大豆。外观呈黄色圆形或椭圆形粒状,表面光滑有光泽,脐为黄色、深褐色或黑色,异色粒不大于 5%(不致影响饲料产品的外观颜色为限),无发霉、变质、结块及异味,水分含量不大于 13%,大豆要加热后加入饲料中,关于脲酶活性问题参见豆粕。大豆分级标准见表 4-9。

表 4-9 大豆分级标准 %

	一级	二级	三级
粗蛋白质	≥36	≥35	≥34
粗纤维	<5	<5.5	<6.5
粗灰分	<5	<5	<5

(10)次粉。要求次粉呈白色至浅褐色粉状,色泽新鲜一致,无霉变、结块、异味、异臭。水分含量不超过 13%,不得掺入其他物质,使用要求参见小麦麸。次粉末分级标准见表 4-10 。

表 4-10 次粉末分级标准 %

	一级	二级	三级
粗蛋白质	≥14	≥12	≥10
粗纤维	<3.5	<5.5	<7.5
粗灰分	<2.0	<3.0	<4.0

(11)胡麻籽饼(粕)。胡麻籽饼呈褐色片状或饼状,胡麻籽粕呈浅褐色或黄色不规则块状,粗粉状。具有油香味,无霉变、结块、异味及异臭。水分含量不超过12.0%,不得掺有胡麻籽饼(粕)以外的物质。胡麻籽饼(粕)分级标准见表4-11。

表4-11 胡麻籽饼(粕)分级标准 %

	一级		二级		三级	
	胡麻饼	胡麻粕	胡麻饼	胡麻粕	胡麻饼	胡麻粕
粗蛋白质	≥32	≥36	≥30	≥34	≥28	≥32
粗纤维	<8.0	<10.0	<9.0	<11.0	<10.0	<12.0
粗灰分	<8.0	<6.0	<9.0	<7.0	<10.0	<8.0

(12)鱼粉。鱼粉外观呈淡黄色、棕褐色、红棕色、褐色或青褐色粗粉状,稍有鱼腥味,纯鱼粉口感有鱼肉松的香味。不得含砂及鱼粉外的物质,无酸败、氨臭、虫蛀、结块及霉变,水分含量不超过12%,挥发性氨氮(氨态氮)不超过0.3%。鱼粉分级标准见表4-12。

表4-12 鱼粉分级标准 %

	进口鱼粉	国产鱼粉		
		一级	二级	三级
粗蛋白质	≥63	≥55	≥50	≥45
粗脂肪	<10	<10	<12	<14
粗灰分	<16	<23	<25	<27
粗纤维	<1.5	<2	<2	<2
盐分	<3	<3	<4	<5

(13)血粉。血粉为褐色或黑褐色粉末,色泽新鲜,无霉变、腐败、结块、异味及异臭,水分含量不超过11%,血粉为健康动物的新鲜血液经脱水粉碎或喷雾干燥后的产品,不得掺入血液以外的物质。血粉质量标准见表4-13。

(14)羽毛粉。羽毛粉为深褐色粉末状,无发霉、腐败、结块、氨臭及异味,水分含量不超过10%,不得有羽毛以外的物质。羽毛粉质量标准见表4-14。

表4-13 血粉质量标准 %

	质量标准
粗蛋白质	≥80.0
粗灰分	<4.5
粗纤维	<1.0
胃蛋白酶消化率	≥90.0

表4-14 羽毛粉质量标准 %

	质量标准
粗蛋白质	≥80.0
粗灰分	<4.0
胃蛋白酶消化率	≥90.0

(15)亚麻仁饼(粕)。亚麻仁饼为褐色大圆饼,厚片或粗粉状;亚麻仁粕为浅褐色或深黄色不规则碎块状或粗粉状。具油香味,无发霉、变质、结块及异味。不得含有其他物质,水分不超过12%。亚麻仁饼(粕)分级标准见表4-15。

表4-15　亚麻仁饼(粕)分级标准　%

	一级		二级		三级	
	亚麻饼	亚麻粕	亚麻饼	亚麻粕	亚麻饼	亚麻粕
粗蛋白质	≥32	≥35	≥30	≥32	≥28	≥29
粗灰分	<6	<8	<7	<8	<8	<8
粗纤维	<8	<9	<9	<10	<10	<11

3. 提高原料选择的合理性

在养猪生产中,为了提高饲料转化率,增加养猪效益,在配制猪日粮时,应根据当地原料品种、原料特点、价格及供货量等因素合理地选用原料。

(1)饲料的营养成分和营养价值。在选择原料时一定要注意原料的养分含量,同时也要关注猪的消化吸收率。例如,血粉含粗蛋白80%,但氨基酸极不平衡,猪的利用率较低,所以要控制用量。另外,猪在不同的生长阶段对同一种原料的消化吸收不同。例如,仔猪阶段由于仔猪的消化酶系统没有发育完整,对植物性蛋白原料(豆粕)中蛋白的消化吸收率很低,易引起下痢,要控制用量,宜以动物性蛋白为主。而对中大猪来讲,豆粕则是非常好的蛋白来源。所以日粮配制时一定要有专业的具有实际经验的营养师来完成。

(2)避免使用适口性差的原料。适口性好坏直接影响猪的采食量。在实际生产中,经常看到猪场对于采购的原料把关不严,把发霉变质的原料采购回来。由于霉变饲料含有非常高的霉菌毒素,严重影响适口性。

(3)确定合适的使用量。任何一种原料,使用量高于或低于一定值时,对猪的生产都有影响。菜粕、棉粕等超过推荐的使用量,将会影响饲料的适口性。

(4)高纤维原料的选择。在生产中,除母猪日粮中可以使用部分高纤维原料外,其余都必须严格控制使用,否则会影响其他营养物质的消化吸收。

(5)原料价格和供货量。根据当地原料的性价比和供货情况及时调整饲料配方,选用性价比高且供货有保障的原料,可有效提高猪场经济效益。

4. 认真作好饲料品质的鉴定

(1)取样的方法。饲料原料和成品品质是否合格,取得有代表性的样品是最关键的步骤之一,因为无论使用何种先进的分析化验设备,严格的分析标准及操作规程,以及熟练的化验分析人员,其分析结果也只能代表所取的样本本身,它们并不能代表整批原料的合格与否。

①取样的基本原则。

a. 样本抽取应力求随机、广泛，以期具有代表性。

b. 抽样次数不宜太少，以尽量减少误差。

c. 若每批原料数量太少，应分批并分别取样。

d. 应视饲料供应商及运送者的信誉、实际的品质状况及运输状况弹性调整抽样次数。

e. 抽样过程中应用眼观、手抓、鼻闻、口尝等感官检查品质，如果发现品质异常，应立即停止卸货，并进行第二次抽样验证。

f. 抽取桶装液体原料时，应先经搅动，再自上方开口取样，应保证能尽量获各层面之样品（避免分层）。

②抽样的方法。抽样必须严格按 GB/T 146991.1 规定执行。在袋装原料中抽取样时，取样器的长度必须能够达到包装袋的斜对角底部。对编织袋或麻袋包装的散状饲料原料，用取样器从口袋上下两个部位选或将袋平放在地，在两条对角线的相交处取样，取至少 500 g 的样品，若该批原料的数量不超过 10 袋时，则每袋均应抽取样品；若数量超过 10 袋时，则抽取总数量的平方根的数量样品（当平方根不足 10 时应至少抽取 10 袋）。

若是大量颗粒、散装粉料或车装原料，则可按不同批号、深度、层次和位置，分别进行点位取样，一般取样不少于 10 个，原始样品每样 1 kg。

液体原料一般采取虹吸法，在上、中、下三层用吸管取样约 3 L。黏稠或含固体悬浮或非均匀液体，应充分搅匀后再取样。批量大时按袋装原料的抽取方法确定抽取次数（桶、罐）等。

饼类饲料由于加工方法的不同，油饼的形状各异。大块油饼一般从堆积油饼的不同部位选取，数量不少于 5 块。按 5°圆角交叉法，然后将小三角形块状油饼砸碎混合作为原始样品，小块油饼每批至少选取有代表性的样品 25 片，粉碎后充分混合作为原始样品。

(2)样品制备和保存。取样后，通常采用“四分法”缩样。“四分法”：将籽实、粉末及可研碎的物品置于一张方形纸或塑料布上（大小根据样本的多少而定），提起纸的一角，使籽实或粉末等流向对角，随即提起对角使籽实或粉末等再流回，如此，将四角轮流反复提起，使粉末反复移动混合均匀。然后将籽实、粉末等铺平，用药铲、刀子或其他适当器具，从中划一“十”字或以对角相连接，将样本分为四等份，除去对角的两份，将剩余的两份，如前述混合均匀后，再分成四等份，重复上述过程，直至剩余样本数量与测定所需要的用量相接近时为止。

样品制备应选用清洁的容器和取样设备；保证每个部位取样不少于 500 g；将样品搅拌均匀后用分样器或用“四分法”再取 1/4 的样品，以此类推达到分析需要的样品数量；每个样品要有标签，注明取样时间，及样品名称和产地等性状；样品保留时间根据原料特性和生产实际情况确定；采取有效措施，预防采集的样品在保存过程中发生变化；如有的原料应放在磨口玻璃瓶中，以防止水分的散失或吸潮；样品在分析检验前应粉碎至 40～60 目。

样品制备好后，应放在磨口广瓶中，存放于阴凉干燥处。样品瓶上应贴上标签，注明样品名称、取样日期和取样人。所有样品取样后要用专用的登记本进行登记，其内容为：样品名称和种类，成品饲料要注明编号及包装类型；外观描述如颜色、色泽、杂质、水分（粗略）、粒度、霉变和异味等（只登记上述指标是否正常）；取样地点及取样日期；生产厂家和出厂日期；货物重量或批量，包数；存放地点；取样人和送检时间。

（3）感官检验。感官检验的方法如下：

①视觉鉴定。原料主要通过是通过视觉观察其形状、色泽、颗粒大小、有无霉变、虫蛀、硬块、异物等，通过视觉鉴定可以判定原料是否有掺杂、掺假现象。成品主要是在生产过程中通过视觉观察其外观（含产品和包装物）。

②嗅觉鉴定。原料主要是嗅辨其气味是否正常，鉴别有无霉臭、腐臭、氨臭、焦臭和氧化酸败味等。成品主要是检查是否具有该产品固有的气味（如添加了鱼粉的产品有一定的鱼腥味，添加了香味剂的有特有的香味）及霉味、哈味等异常气味。

③触觉鉴定。凭借触觉来鉴别产品的膨、松、软、硬、弹性（稠度），以评价产品品质的优劣，是常用的感官鉴别方法之一。在饲料生产过程中用触觉鉴定可以分为对产品的鉴定和对原料的鉴定。通过触觉鉴定能够初步鉴定产品成型情况，进而判断产品粉化率的情况。通过触觉检查能够初步判断产品料温，一般来说手能够比较灵敏地感知温度变化，有经验的检查人员，能够通过这种温度变化判断出料温与常温的差异，进而判断产品水分情况。用手指触摸，通过手对粮食籽粒的压捏等方法通过感觉软、硬来判断原料的水分。如籽粒较硬，则水分低，反之水分高；将样品放入口中，用牙齿咬碎，根据破碎程度、牙齿感觉，以及胚芽的软硬来判断粮食水分高低。优质鱼粉经手捻后，质地松软，呈肉松状，劣质鱼粉或掺假鱼粉质地粗糙。粉状原料通过咀嚼，可以判断出是否有掺杂（泥沙等）。

④听觉鉴定。听觉鉴定常常被用来鉴定饲料的水分，饲料水分低的在装袋或从高处落下时响声清脆，反之响声沉闷。通过对响声的检查可以监控产品水分。

⑤味觉鉴定。味觉鉴定是产品鉴定中重要的方法之一，主要是通过舌舔和牙咬来辨别饲料有无苦、涩、霉、臭等异味和干燥程度。

对于感官鉴定，一般来说只能初步判断产品的质量，具体情况还需要通过更多的检查方法来加以验证。同时对于感官鉴定的使用也不能以偏概全，要通过感官鉴定的所有方法综合对产品或原料进行鉴定，得出综合结论。感官鉴定能力的获得需要长期锻炼，只有经常接触才能获得相对准确的鉴定结果。

(二)把好饲料配方和加工关

(1)科学使用饲养标准。饲养标准具有科学性、实用性与相对合理性，生产实践中应力求按照饲养标准配方，提高饲料质量。同时，由于生产条件又是非常复杂和千变万化的，影响因素很多，故应根据具体情况和实际效果加以适当的调整，灵活应用饲养标准，使饲料更加切合当时当地具体的生产实际。

各类生猪饲养标准分别见表 4-16 至表 4-25。

表 4-16 瘦肉型生长育肥猪每千克饲粮养分含量

(自由采饲，88%干物质)([a]NY/T 65—2004)

体重(kg)	3～8	8～20	20～35	35～60	60～90
平均体重(kg)	5.5	14	27.5	47.5	75
日增重(kg/d)	0.24	0.44	0.61	0.69	0.8
采食量(kg/d)	0.3	0.74	1.43	1.9	2.5
饲料/增重	1.25	1.59	2.34	2.75	3.13
消化能(MJ/kg)	14.02	13.6	13.39	13.39	13.39
代谢能[b](MJ/kg)	13.46	13.06	12.86	12.86	12.86
粗蛋白(%)	21	19	17.8	16.4	14.5
能量蛋白比(kJ/%)	668	716	752	817	923
赖氨酸能量比(g/MJ)	1.01	0.85	0.68	0.61	0.53
氨基酸[c](%)					
赖氨酸	1.42	1.16	0.9	0.82	0.7
蛋氨酸	0.4	0.3	0.24	0.22	0.19
蛋氨酸+胱氨酸	0.81	0.66	0.51	0.48	0.4
苏氨酸	0.94	0.75	0.58	0.56	0.48
色氨酸	0.27	0.21	0.16	0.15	0.13
异亮氨酸	0.79	0.64	0.48	0.46	0.39
亮氨酸	1.42	1.13	0.85	0.78	0.63
精氨酸	0.56	0.46	0.35	0.3	0.21
缬氨酸	0.98	0.8	0.61	0.57	0.47
组氨酸	0.45	0.36	0.28	0.26	0.21
苯丙氨酸	0.85	0.69	0.52	0.48	0.4
苯丙氨酸+酪氨酸	1.33	1.07	0.82	0.77	0.64

续表 4-16

矿物质元素[d](%或每千克饲粮含量)					
钙(%)	0.88	0.74	0.62	0.55	0.49
总磷(%)	0.74	0.58	0.53	0.48	0.43
非植酸磷(%)	0.54	0.36	0.25	0.2	0.17
钠(%)	0.25	0.15	0.12	0.1	0.1
氯(%)	0.25	0.15	0.1	0.09	0.08
镁(%)	0.04	0.04	0.04	0.04	0.04
钾(%)	0.3	0.26	0.24	0.21	0.18
铜(mg)	6	6	4.5	4	3.5
碘(mg)	0.14	0.14	0.14	0.14	0.14
铁(mg)	105	105	70	60	50
锰(mg)	4	4	3	2	2
硒(mg)	0.3	0.3	0.3	0.25	0.25
锌(mg)	110	110	70	60	50
维生素和脂肪酸[e](%或每千克饲料含量)					
维生素 A(IU[f])	2 200	1 800	1 500	1 400	1 300
维生素 D_3(IU[g])	220	200	170	160	150
维生素 E(IU[h])	16	11	11	11	11
维生素 K(IU)	0.5	0.5	0.5	0.5	0.5
硫胺素(mg)	1.5	1	1	1	1
核黄素(mg)	4	3.5	2.5	2	2
泛酸(mg)	12	10	8	7.5	7
烟酸(mg)	20	15	10	8.5	7.5
吡哆醇(mg)	2	1.5	1	1	1
生物素(mg)	0.08	0.05	0.05	0.05	0.05
叶酸(mg)	0.3	0.3	0.3	0.3	0.3
维生素 B_{12}(IU)	20	17.5	11	8	6
胆碱(g)	0.6	0.5	0.35	0.3	0.3
亚油酸(%)	0.1	0.1	0.1	0.1	0.1

注:a. 瘦肉率高于56%的公母混养猪群(阉公猪和青年母猪各一半)。

b. 假定代谢能为消化能的96%。

c. 3～20 kg 猪的赖氨酸百分比是根据试验和经验数据的估测值,其他氨基酸需要量是根据其与赖氨酸的比例(理想蛋白质)的估测值;20～90 kg 猪的赖氨酸需要量是结合生长模型、试验数据和经验数据的估测值,其他氨基酸需要量是根据其与赖氨酸的比例(理想蛋白质)的估测值。

d. 矿物质需要量包括饲料原料中提供的矿物质量;对于发育公猪和后备母猪,钙、总磷和有效磷的需要量应提高0.05～0.1个百分点。

e. 维生素需要量包括饲料中提供的维生素量。

f. 1 IU 维生素 A=0.33 μg 维生素 A 醋酸酯。

g. 1 IU 维生素 D_3=0.025 μg 胆钙化醇。

h. 1 IU 维生素 E=0.067 mg *D*-α-生育酚或 1 mg *DL*-α-生育酚醋酸酯。

表 4-17 瘦肉型妊娠母猪每千克饲料养分含量(88%干物质)[a]

妊娠期	妊娠前期			妊娠后期		
配种体重(kg[b])	120～150	150～180	>180	120～150	150～180	>180
预期窝产仔数	10	11	11	10	11	11
采食量(kg/d)	2.1	2.14	2	2.6	2.8	3
消化能(MJ/kg)	12.75	12.35	12.15	12.75	12.55	12.55
代谢能(MJ/kg[c])	12.25	11.85	11.65	12.56	12.05	12.05
粗蛋白质(%[d])	13	12	12	14	13	12
能量蛋白比(kJ/%)	981	1 029	1 013	911	965	1 045
赖氨酸能量比(g/MJ)	0.42	0.4	0.38	0.42	0.41	0.38
氨基酸(%)						
赖氨酸	0.53	0.49	0.46	0.53	0.51	0.48
蛋氨酸	0.14	0.13	0.12	0.14	0.13	0.12
蛋氨酸+胱氨酸	0.34	0.32	0.31	0.34	0.33	0.32
苏氨酸	0.4	0.39	0.37	0.4	0.4	0.38
色氨酸	0.1	0.09	0.09	0.1	0.09	0.09
异亮氨酸	0.29	0.28	0.26	0.29	0.29	0.27
亮氨酸	0.45	0.41	0.37	0.45	0.42	0.38
精氨酸	0.06	0.02	0	0.06	0.02	0
缬氨酸	0.35	0.32	0.3	0.35	0.33	0.31
组氨酸	0.17	0.16	0.15	0.17	0.17	0.16
苯丙氨酸	0.29	0.27	0.25	0.29	0.28	0.26
苯丙氨酸+酪氨酸	0.49	0.45	0.43	0.49	0.47	0.44
矿物质元素[e](%或每千克饲粮含量)						
钙(%)	0.68					
总磷(%)	0.54					
非植酸磷(%)	0.32					
钠(%)	0.14					
氯(%)	0.11					
镁(%)	0.04					
钾(%)	0.18					
铜(mg)	5					
碘(mg)	0.13					
铁(mg)	75					
锰(mg)	18					
硒(mg)	0.14					
锌(mg)	45					

续表 4-17

维生素和脂肪酸(%或每千克饲料含量[f])	
维生素 A(IU)	3 620
维生素 D_3(IU)	180
维生素 E(IU)	40
维生素 K(IU)	0.5
硫胺素(mg)	0.9
核黄素(mg)	3.4
泛酸(mg)	11
烟酸(mg)	9.05
吡哆醇(mg)	0.9
生物素(mg)	0.19
叶酸(mg)	1.2
维生素 B_{12}(IU)	14
胆碱(g)	1.15
亚油酸(%)	0.1

注：a. 消化能、氨基酸是根据国内试验报告、企业经验数据和 NRC(1998)妊娠模型得到的。

b. 妊娠前期指妊娠期 12 周，妊娠后期指临产前 4 周；"120～150 kg"阶段适用于初产母猪和因泌乳期消耗过度的经产母猪，"150～180 kg"阶段适用于自身尚有生长潜力的经产母猪，"180 kg 以上"指达到标准成年体重的经产母猪，其对养分的需要量不随体重的增长而变化。

c. 假定代谢能为消化能的 96%。

d. 以玉米-豆粕型日粮为基础而确定的。

e. 矿物质需要量包括饲料原料中提供的矿物质。

f. 维生素需要量包括饲料原料中提供的维生素量。

表 4-18　瘦肉型泌乳母猪每千克饲粮养分含量(88%干物质)[a]

分娩体重(kg)	140～180		180～204	
泌乳期体重变化(kg)	0	−10	−7.5	−15
哺乳窝仔数(头)	9	9	10	10
采食量(kg/d)	5.25	4.65	5.65	5.2
消化能(MJ/kg)	13.8	13.8	13.8	13.8
代谢能(MJ/kg[b])	13.25	13.25	13.25	13.25
粗蛋白质(%[c])	17.5	18	18	18.5
能量蛋白比(kJ/%)	789	767	767	746
赖氨酸能量比(g/MJ)	0.64	0.67	0.66	0.68

续表 4-18

氨基酸(%)				
赖氨酸	0.88	0.93	0.91	0.94
蛋氨酸	0.22	0.24	0.23	0.24
蛋氨酸+胱氨酸	0.42	0.45	0.44	0.45
苏氨酸	0.56	0.59	0.58	0.6
色氨酸	0.16	0.17	0.17	0.18
异亮氨酸	0.49	0.52	0.51	0.53
亮氨酸	0.95	1.01	0.98	1.02
精氨酸	0.48	0.48	0.47	0.47
缬氨酸	0.74	0.79	0.77	0.81
组氨酸	0.34	0.36	0.35	0.37
苯丙氨酸	0.47	0.5	0.48	0.5
苯丙氨酸+酪氨酸	0.97	1.03	1	1.04
矿物质元素[d](%或每千克饲粮含量)				
钙(%)		0.77		
总磷(%)		0.62		
非植酸磷(%)		0.36		
钠(%)		0.21		
氯(%)		0.16		
镁(%)		0.04		
钾(%)		0.21		
铜(mg)		5		
碘(mg)		0.14		
铁(mg)		80		
锰(mg)		20.5		
硒(mg)		0.15		
锌(mg)		51		
维生素和脂肪酸(%或每千克饲料含量[e])				
维生素 A(IU)		2 050		
维生素 D_3(IU)		205		
维生素 E(IU)		45		
维生素 K(IU)		0.5		
硫胺素(mg)		1		
核黄素(mg)		3.85		
泛酸(mg)		12		
烟酸(mg)		10.25		

续表 4-18

维生素和脂肪酸(%或每千克饲料含量[e])	
吡哆醇(mg)	1
生物素(mg)	0.21
叶酸(mg)	1.35
维生素 B_{12}(IU)	15
胆碱(g)	1
亚油酸(%)	0.1

注:a. 由于国内缺乏哺乳母猪的试验数据,消化能和氨基酸是根据国内一些企业的经验数据和 NRC(1998)的泌乳模型得到的。

b. 假定代谢能为消化能的 96%。

c. 以玉米-豆粕型日粮为基础确定的。

d. 矿物质需要量包括饲料原料中提供的矿物质。

e. 维生素需要量包括饲料原料中提供的维生素量。

表 4-19　瘦肉型配种公猪每千克饲粮养分含量(88%干物质)[a]

消化能(MJ/kg)	12.95	矿物质元素[e](%或每千克饲粮含量)	
代谢能(MJ/kg[b])	12.45	钙(%)	0.7
采食量(kg/d[c])	2.2	总磷(%)	0.55
粗蛋白质(%[d])	13.5	非植酸磷(%)	0.32
能量蛋白比(kJ/%)	959	钠(%)	0.14
赖氨酸能量比(g/MJ)	0.42	氯(%)	0.11
氨基酸(%)		镁(%)	0.04
赖氨酸	0.55	钾(%)	0.2
蛋氨酸	0.15	铜(mg)	5
蛋氨酸+胱氨酸	0.38	碘(mg)	0.15
苏氨酸	0.46	铁(mg)	80
色氨酸	0.11	锰(mg)	20
异亮氨酸	0.32	硒(mg)	0.15
亮氨酸	0.47	锌(mg)	75
精氨酸	0	维生素和脂肪酸(%或每千克饲料含量[f])	
缬氨酸	0.36	维生素 A(IU)	4 000
组氨酸	0.17	维生素 D_3(IU)	220
苯丙氨酸	0.3	维生素 E(IU)	45
苯丙氨酸+酪氨酸	0.52	维生素 K(IU)	0.5

续表 4-19

维生素和脂肪酸(%或每千克饲料含量[f])		维生素和脂肪酸(%或每千克饲料含量[f])	
硫胺素(mg)	1	生物素(mg)	0.2
核黄素(mg)	3.5	叶酸(mg)	1.3
泛酸(mg)	12	维生素 B_{12}(IU)	15
烟酸(mg)	10	胆碱(g)	1.25
吡哆醇(mg)	1	亚油酸(%)	0.1

注:a. 需要量的制定以每天采食 2.2 kg 饲粮为基础,采食量需要根据公猪的体重和期望的增重进行调整。

b. 假定代谢能为消化能的 96%。

c. 配种前采食量增加 20%~25%,冬季严寒期采食量增加 10%~20%。

d. 以玉米-豆粕型日粮为基础确定的。

e. 矿物质需要量包括饲料原料中提供的矿物质。

f. 维生素需要量包括饲料原料中提供的维生素量。

表 4-20 肉脂型生长育肥猪每千克饲粮养分含量(一型标准[a],自由采食,88%干物质)

体重(kg)	5~8	8~15	15~30	30~60	60~90
日增重(kg/d)	0.22	0.38	0.5	0.6	0.7
采食量(kg/d)	0.4	0.87	1.36	2.02	2.94
饲料/增重(F/G)	1.8	2.3	2.73	3.35	4.2
消化能(MJ/kg)	13.8	13.6	12.95	12.95	12.95
粗蛋白(%[b])	21	18.2	16	14	13
能量蛋白比(kJ/%)	657	747	810	925	996
赖氨酸能量比(g/MJ)	0.97	0.77	0.66	0.53	0.46
氨基酸(%)					
赖氨酸	1.34	1.05	0.85	0.69	0.6
蛋氨酸+胱氨酸	0.65	0.53	0.43	0.38	0.34
苏氨酸	0.77	0.62	0.5	0.45	0.39
色氨酸	0.19	0.15	0.12	0.11	0.11
异亮氨酸	0.73	0.59	0.47	0.43	0.37
矿物质元素(%或每千克饲粮含量)					
钙(%)	0.86	0.74	0.64	0.55	0.46
总磷(%)	0.67	0.6	0.55	0.46	0.37
非植酸磷(%)	0.42	0.32	0.29	0.21	0.14
钠(%)	0.2	0.15	0.09	0.09	0.09
氯(%)	0.2	0.15	0.07	0.07	0.07
镁(%)	0.04	0.04	0.04	0.04	0.04

续表 4-20

矿物质元素(%或每千克饲粮含量)					
钾(%)	0.29	0.26	0.24	0.21	0.16
铜(mg)	6	5.5	4.6	3.7	3
碘(mg)	0.13	0.13	0.13	0.13	0.13
铁(mg)	100	92	74	55	37
锰(mg)	4	3	3	2	2
硒(mg)	0.3	0.27	0.23	0.14	0.09
锌(mg)	100	90	75	55	45
维生素和脂肪酸(%或每千克饲料含量)					
维生素 A(IU)	2 100	2 000	1 600	1 200	1 200
维生素 D_3(IU)	210	200	180	140	140
维生素 E(IU)	15	15	10	10	10
维生素 K(IU)	0.5	0.5	0.5	0.5	0.5
硫胺素(mg)	1.5	1	1	1	1
核黄素(mg)	4	3.5	3	2	2
泛酸(mg)	12	10	8	7	6
烟酸(mg)	20	14	12	9	6.5
吡哆醇(mg)	2	1.5	1.5	1	1
生物素(mg)	0.08	0.05	0.05	0.05	0.05
叶酸(mg)	0.3	0.3	0.3	0.3	0.3
维生素 B_{12}(IU)	20	16.5	14.5	10	5
胆碱(g)	0.5	0.4	0.3	0.3	0.3
亚油酸(%)	0.1	0.1	0.1	0.1	0.1

注:a. 一型标准:瘦肉率 52%±1.5%,达 90 kg 体重时间 175 天左右的肉脂型猪。

b. 粗蛋白质的需要量原则上是以玉米-豆粕型日粮满足可消化氨基酸需要而确定的。为了克服早期断奶给仔猪带来的应激,5~8 kg 阶段使用了较多的动物蛋白和乳制品。

表 4-21 肉脂型生长育肥猪每千克饲粮养分含量(二型标准[a],自由采食,88%干物质)

体重(kg)	8~15	15~30	30~60	60~90
日增重(kg/d)	0.34	0.45	0.55	0.65
采食量(kg/d)	0.87	1.3	1.96	2.89
饲料/增重	2.25	2.9	3.55	4.45
消化能(MJ/kg)	13.3	12.25	12.25	12.25
粗蛋白(%)	17.5	16	14	13
能量蛋白比(KJ/%)	760	766	875	942
赖氨酸能量比(g/MJ)	0.74	0.65	0.53	0.46

续表 4-21

氨基酸(%)				
赖氨酸	0.99	0.8	0.65	0.56
蛋氨酸＋胱氨酸	0.56	0.4	0.35	0.32
苏氨酸	0.64	0.48	0.41	0.37
色氨酸	0.18	0.12	0.11	0.1
异亮氨酸	0.54	0.45	0.4	0.34
矿物质元素(%或每千克饲粮含量)				
钙(%)	0.72	0.62	0.53	0.44
总磷(%)	0.58	0.53	0.44	0.35
非植酸磷(%)	0.31	0.27	0.2	0.13
钠(%)	0.14	0.09	0.09	0.09
氯(%)	0.14	0.07	0.07	0.07
镁(%)	0.04	0.04	0.04	0.04
钾(%)	0.25	0.23	0.2	0.15
铜(mg)	5	4	3	3
碘(mg)	0.12	0.12	0.12	0.12
铁(mg)	90	70	55	35
锰(mg)	3	2.5	2	2
硒(mg)	0.26	0.22	0.13	0.09
锌(mg)	90	70	53	44
维生素和脂肪酸(%或每千克饲料含量)				
维生素 A(IU)	1 900	1 550	1 150	1 150
维生素 D_3(IU)	190	170	130	130
维生素 E(IU)	15	10	10	10
维生素 K(IU)	0.45	0.45	0.45	0.45
硫胺素(mg)	1	1	1	1
核黄素(mg)	3	2.5	2	2
泛酸(mg)	10	8	7	6
烟酸(mg)	14	12	9	6.5
吡哆醇(mg)	1.5	1.5	1	1
生物素(mg)	0.05	0.04	0.04	0.4
叶酸(mg)	0.3	0.3	0.3	0.3
维生素 B_{12}(IU)	15	13	10	5
胆碱(g)	0.4	0.3	0.3	0.3
亚油酸(%)	0.1	0.1	0.1	0.1

注：a. 二型标准：瘦肉率 49%±1.5%，达 90 kg 体重时间 185 天左右的肉脂型猪，5～8 kg 阶段的各种营养需要同一型标准。

表 4-22　肉脂型生长育肥猪每千克饲粮养分含量(三型标准[a],自由采食,88%干物质)

体重 BW(kg)	8～15	15～30	30～60	60～90
日增重(kg/d)	0.34	0.4	0.5	0.59
采食量(kg/d)	0.87	1.28	1.95	2.92
饲料/增重	2.25	3.2	3.9	4.95
消化能(MJ/kg)	13.3	11.7	11.7	11.7
粗蛋白(%)	17.5	15	14	13
能量蛋白比(KJ/%)	760	780	835	900
赖氨酸能量比(g/MJ)	0.74	0.67	0.5	0.43
氨基酸(%)				
赖氨酸	0.99	0.78	0.59	0.5
蛋氨酸＋胱氨酸	0.56	0.4	0.31	0.28
苏氨酸	0.64	0.46	0.38	0.33
色氨酸	0.18	0.11	0.1	0.09
异亮氨酸	0.54	0.44	0.36	0.31
矿物质元素(%或每千克饲粮含量)				
钙(%)	0.72	0.59	0.5	0.42
总磷(%)	0.58	0.5	0.42	0.34
非植酸磷(%)	0.31	0.27	0.19	0.13
钠(%)	0.14	0.08	0.08	0.08
氯(%)	0.14	0.07	0.07	0.07
镁(%)	0.04	0.03	0.03	0.03
钾(%)	0.25	0.22	0.19	0.14
铜(mg)	5	4	3	3
碘(mg)	0.12	0.12	0.12	0.12
铁(mg)	90	70	50	35
锰(mg)	3	3	2	2
硒(mg)	0.26	0.21	0.13	0.08
锌(mg)	90	70	50	40
维生素和脂肪酸(%或每千克饲料含量)				
维生素 A(IU)	1 900	1 470	1 090	1 090
维生素 D_3(IU)	190	168	126	126
维生素 E(IU)	15	9	9	9
维生素 K(IU)	0.45	0.4	0.4	0.4
硫胺素(mg)	1	1	1	1

续表 4-22

维生素和脂肪酸(%或每千克饲料含量)				
核黄素(mg)	3	2.5	2	2
泛酸(mg)	10	8	7	6
烟酸(mg)	14	12	9	6.5
吡哆醇(mg)	1.5	1.5	1	1
生物素(mg)	0.05	0.04	0.04	0.04
叶酸(mg)	0.3	0.25	0.25	0.25
维生素 B_{12}(IU)	15	12	10	5
胆碱(g)	0.4	0.34	0.25	0.25
亚油酸(%)	0.1	0.1	0.1	0.1

注:a. 三型标准:瘦肉率46%±1.5%,达90 kg体重时间200天左右的肉脂型猪,5~8 kg阶段的各种营养需要同一型标准。

表 4-23 肉脂型妊娠、哺乳母猪每千克饲粮养分含量(88%干物质)

	妊娠母猪	泌乳母猪
采食量(kg/d)	2.1	5.1
消化能(MJ/kg)	11.7	13.6
粗蛋白(%)	13	17.5
能量蛋白比(kJ/%)	900	777
赖氨酸能量比(g/MJ)	0.37	0.58
氨基酸(%)		
赖氨酸	0.43	0.79
蛋氨酸+胱氨酸	0.3	0.4
苏氨酸	0.35	0.52
色氨酸	0.08	0.14
异亮氨酸	0.25	0.45
矿物质元素(%或每千克饲粮含量)		
钙(%)	0.62	0.72
总磷(%)	0.5	0.58
非植酸磷(%)	0.3	0.34
钠(%)	0.12	0.2
氯(%)	0.1	0.16
镁(%)	0.04	0.04
钾(%)	0.16	0.2
铜(mg)	4	5

续表 4-23

	妊娠母猪	泌乳母猪
矿物质元素(%或每千克饲粮含量)		
碘(mg)	0.12	0.14
铁(mg)	70	80
锰(mg)	16	20
硒(mg)	0.15	0.15
锌(mg)	50	50
维生素和脂肪酸(%或每千克饲料含量)		
维生素 A(IU)	3 600	2 000
维生素 D_3(IU)	180	200
维生素 E(IU)	36	44
维生素 K(IU)	0.4	0.5
硫胺素(mg)	1	1
核黄素(mg)	3.2	3.75
泛酸(mg)	10	12
烟酸(mg)	8	10
吡哆醇(mg)	1	1
生物素(mg)	0.16	0.2
叶酸(mg)	1.1	1.3
维生素 B_{12}(IU)	12	15
胆碱(g)	1	1
亚油酸(%)	0.1	0.1

表 4-24　地方猪种后备母猪每千克饲粮中养分含量(88%干物质)

体重(kg)	10～20	20～40	40～70
预期日增重(kg/d)	0.3	0.4	0.5
采食量(kg/d)	0.63	1.08	1.65
饲料/增重	2.1	2.7	3.3
消化能(MJ/kg)	12.97	12.55	12.15
粗蛋白(%)	18.3	16	14.4
能量蛋白比(kJ/%)	721	784	868
赖氨酸能量比(g/MJ)	0.77	0.7	0.48

续表 4-24

氨基酸(%)			
赖氨酸	1	0.88	0.67
蛋氨酸+胱氨酸	0.5	0.44	0.36
苏氨酸	0.59	0.53	0.43
色氨酸	0.15	0.13	0.11
异亮氨酸	0.56	0.49	0.41
矿物质元素[a](%)			
钙(%)	0.74	0.62	0.53
总磷(%)	0.6	0.53	0.44
非植酸磷(%)	0.37	0.28	0.2

注:a. 除钙、磷外的矿物质元素及维生素的需要,可参照肉脂型生长育肥猪的二型标准。

表 4-25 肉脂型地方猪种公猪每千克饲粮中养分含量(88%干物质)

体重 BW(kg)	10～20	20～40	40～70
预期日增重(kg/d)	0.35	0.45	0.5
采食量(kg/d)	0.72	1.17	1.67
消化能(MJ/kg)	12.97	12.55	12.55
粗蛋白(%)	18.8	17.5	14.6
能量蛋白比(kJ/%)	690	717	860
赖氨酸能量比(g/MJ)	0.81	0.73	0.5
氨基酸(%)			
赖氨酸	1.05	0.92	0.73
蛋氨酸+胱氨酸	0.53	0.47	0.37
苏氨酸	0.62	0.55	0.47
色氨酸	0.16	0.13	0.12
异亮氨酸	0.59	0.52	0.45
矿物质元素[a](%)			
钙(%)	0.74	0.64	0.55
总磷(%)	0.6	0.55	0.46
非植酸磷(%)	0.37	0.29	0.21

注:a. 除钙、磷外的矿物质元素及维生素的需要,可参照肉脂型生长育肥猪的一型标准。

(2)严格按照配方配比。结合本场的实际,根据不同生长阶段猪在不同季节的营养需要制定科学的饲料配方后,严格按照饲料配方配比各种原料、防止配比错误至为重要。配合饲料是按动物的营养需要、饲养标准和饲料原料的营养成分科学配制的饲料,应保证其营养全面而不浪费,料肉比低,经济效益高。猪的饲料成分及营养价值见表 4-26。

表 4-26　猪的饲料成分及营养价值

序号	饲料名称	饲料描述	干物质(%)	粗蛋白(%)	粗脂肪(%)	粗纤维(%)	无氮浸出物(%)	粗灰分(%)	钙(%)	总磷(%)	赖氨酸(%)	蛋氨酸(%)	非植酸磷(%)	猪消化能 DE		猪代谢能 ME	
														Mcal/kg	MJ/kg	Mcal/kg	MJ/kg
1	玉米	成熟,高蛋白,优质	86	9.4	3.1	1.2	71.1	1.2	0.09	0.22	0.26	0.19	0.1	3.44	14.39	3.24	13.57
2	玉米	成熟,高赖氨酸,优质	86	8.5	5.3	2.6	68.3	1.3	0.16	0.25	0.36	0.15	0.09	3.45	14.43	3.25	13.6
3	玉米	成熟,GB/T 17890—1999 1 级	86	8.7	3.6	1.6	70.7	1.4	0.02	0.27	0.24	0.18	0.12	3.41	14.27	3.21	13.43
4	玉米	成熟,GB/T 17890—1999 2 级	86	7.8	3.5	1.6	71.8	1.3	0.02	0.27	0.23	0.15	0.12	3.39	14.18	3.2	13.39
5	高粱	成熟,NY/T 1 级	86	9	3.4	1.4	70.4	1.8	0.13	0.36	0.18	0.17	0.17	3.15	13.18	2.97	12.43
6	小麦	混合小麦,成熟 NY/T 2 级	87	13.9	1.7	1.9	67.6	1.9	0.17	0.41	0.3	0.25	0.13	3.39	14.18	3.16	13.22
7	大麦(裸)	裸大麦,成熟 NY/T 2 级	87	13	2.1	2	67.7	2.2	0.04	0.39	0.44	0.14	0.21	3.24	13.56	3.03	12.68
8	大麦(皮)	皮大麦,成熟 NY/T 1 级	87	11	1.7	4.8	67.1	2.4	0.09	0.33	0.42	0.18	0.17	3.02	12.64	2.83	11.84
9	黑麦	籽粒,进口	88	11	1.5	2.2	71.5	1.8	0.05	0.3	0.37	0.16	0.11	3.31	13.85	3.1	12.97
10	稻谷	成熟,晒干 NY/T 2 级	86	7.8	1.6	8.2	63.8	4.6	0.03	0.36	0.29	0.19	0.2	2.69	11.25	2.54	10.63
11	糙米	成熟,除去外壳的整粒大米	87	8.8	2	0.7	74.2	1.3	0.03	0.35	0.32	0.2	0.15	3.44	14.39	3.24	13.57
12	碎米	良,加工精米后的副产品	88	10.4	2.2	1.1	72.7	1.6	0.06	0.35	0.42	0.22	0.15	3.6	15.06	3.38	14.14
13	粟	合格,带壳,成熟	86.5	9.7	2.3	6.8	65	2.7	0.12	0.3	0.15	0.25	0.11	3.09	12.93	2.91	12.18
14	木薯干	木薯干片,晒干 NY/T 合格	87	2.5	0.7	2.5	79.4	1.9	0.27	0.09	0.13	0.05	0.07	3.13	13.1	2.97	12.43
15	甘薯干	甘薯干片,晒干 NY/T 合格	87	4	0.8	2.8	76.4	3	0.19	0.02	0.16	0.06	0.02	2.82	11.8	2.68	11.21
16	次粉	黑面,黄粉,下面 NY/T 1 级	88	15.4	2.2	1.5	67.1	1.5	0.08	0.48	0.59	0.23	0.14	3.27	13.68	3.04	12.72
17	次粉	黑面,黄粉,下面 NY/T 2 级	87	13.6	2.1	2.8	66.7	1.8	0.08	0.48	0.52	0.16	0.14	3.21	13.43	2.99	12.51
18	小麦麸	传统制粉工艺 NY/T 1 级	87	15.7	3.9	6.5	56	4.9	0.11	0.92	0.58	0.13	0.24	2.24	9.37	2.08	8.7
19	小麦麸	传统制粉工艺 NY/T 2 级	87	14.3	4	6.8	57.1	4.8	0.1	0.93	0.53	0.12	0.24	2.23	9.33	2.07	8.66
20	米糠	新鲜,不脱脂 NY/T 2 级	87	12.8	16.5	5.7	44.5	7.5	0.07	1.43	0.74	0.25	0.1	3.02	12.64	2.82	11.8
21	米糠饼	未脱脂,机榨 NY/T 1 级	88	14.7	9	7.4	48.2	8.7	0.14	1.69	0.66	0.26	0.22	2.99	12.51	2.78	11.63
22	米糠粕	浸提或预压浸提,NY/T 1 级	87	15.1	2	7.5	53.6	8.8	0.15	1.82	0.72	0.28	0.24	2.76	11.55	2.57	10.75
23	大豆	黄大豆,成熟 NY/T 2 级	87	35.5	17.3	4.3	25.7	4.2	0.27	0.48	2.2	0.56	0.3	3.97	16.61	3.53	14.77

续表 4-26

序号	饲料名称	饲料描述	干物质(%)	粗蛋白(%)	粗脂肪(%)	粗纤维(%)	无氮浸出物(%)	粗灰分(%)	钙(%)	总磷(%)	赖氨酸(%)	蛋氨酸(%)	非植酸磷(%)	猪消化能 DE Mcal/kg	猪消化能 DE MJ/kg	猪代谢能 ME Mcal/kg	猪代谢能 ME MJ/kg
24	全脂大豆	湿法膨化,生大豆为 NY/T 2 级	88	35.5	18.7	4.6	25.2	4	0.32	0.4	2.37	0.55	0.25	4.24	17.74	3.77	15.77
25	大豆饼	机榨 NY/T 2 级	89	41.8	5.8	4.8	30.7	5.9	0.31	0.5	2.43	0.6	0.25	3.44	14.39	3.01	12.59
26	大豆粕	去皮,浸提或预压浸提 NY/T 1 级	89	47.9	1.5	3.3	29.7	4.9	0.34	0.65	2.99	0.68	0.22	3.6	15.06	3.11	13.01
27	大豆粕	浸提或预压浸提 NY/T 2 级	89	44.2	1.9	5.9	28.3	6.1	0.33	0.62	2.68	0.59	0.21	3.37	14.26	2.97	12.43
28	棉籽饼	机榨 NY/T 2 级	88	36.3	7.4	12.5	26.1	5.7	0.21	0.83	1.4	0.41	0.28	2.37	9.92	2.1	8.79
29	棉籽粕	浸提或预压浸提 NY/T 1 级	90	47	0.5	10.2	26.3	6	0.25	1.1	2.13	0.56	0.38	2.25	9.41	1.95	8.28
30	棉籽粕	浸提或预压浸提 NY/T 2 级	90	43.5	0.5	10.5	28.9	6.6	0.28	1.04	1.97	0.58	0.36	2.31	9.68	2.01	8.43
31	棉籽蛋白	脱酚,低温一次浸出,分步萃取	92	51.1	1	6.9	27.3	5.7	0.29	0.89	2.26	0.86	0.29	2.45	10.25	2.13	8.91
32	菜籽饼	机榨 NY/T 2 级	88	35.7	7.4	11.4	26.3	7.2	0.59	0.96	1.33	0.6	0.33	2.88	12.05	2.56	10.71
33	菜籽粕	浸提或预压浸提 NY/T 2 级	88	38.6	1.4	11.8	28.9	7.3	0.65	1.02	1.3	0.63	0.35	2.53	10.59	2.23	9.33
34	花生仁饼	机榨 NY/T 2 级	88	44.7	7.2	5.9	25.1	5.1	0.25	0.53	1.32	0.39	0.31	3.08	12.89	2.68	11.21
35	花生仁粕	浸提或预压浸提 NY/T 2 级	88	47.8	1.4	6.2	27.2	5.4	0.27	0.56	1.4	0.41	0.33	2.97	12.43	2.56	10.71
36	向日葵仁饼	壳仁比 35∶65 NY/T 3 级	88	29	2.9	20.4	31	4.7	0.24	0.87	0.96	0.59	0.13	1.89	7.91	1.7	7.11
37	向日葵仁粕	壳仁比 16∶84 NY/T 2 级	88	36.5	1	10.5	34.4	5.6	0.27	1.13	1.22	0.72	0.17	2.78	11.63	2.46	10.29
38	向日葵仁粕	壳仁比 24∶76 NY/T 2 级	88	33.6	1	14.8	38.8	5.3	0.26	1.03	1.13	0.69	0.16	2.49	10.42	2.22	9.29
39	亚麻仁饼	机榨 NY/T 2 级	88	32.2	7.8	7.8	34	6.2	0.39	0.88	0.73	0.46	0.38	2.9	12.13	2.6	10.88
40	亚麻仁粕	浸提或预压浸提 NY/T 2 级	88	34.8	1.8	8.2	36.6	6.6	0.42	0.95	1.16	0.55	0.42	2.37	9.92	2.11	8.83
41	芝麻饼	机榨,CP 40%	92	39.2	10.3	7.2	24.9	10.4	2.24	1.19	0.82	0.82	0.22	3.2	13.39	2.82	11.8
42	玉米蛋白粉	玉米去胚芽、淀粉后的面筋部分 CP 60%	90.1	63.5	5.4	1	19.2	1	0.07	0.44	0.97	1.42	0.17	3.6	15.06	3	12.55
43	玉米蛋白粉	同上,中等蛋白质产品,CP 50%	91.2	51.3	7.8	2.1	28	2	0.06	0.42	0.92	1.14	0.16	3.73	15.61	3.19	13.35
44	玉米蛋白粉	同上,中等蛋白质产品,CP 40%	89.9	44.3	6	1.6	37.1	0.9	0.12	0.5	0.71	1.04	0.18	3.59	15.02	3.13	13.1
45	玉米蛋白饲料	玉米去胚芽、淀粉后的含皮残渣	88	19.3	7.5	7.8	48	5.4	0.15	0.7	0.63	0.29	0.25	2.48	10.38	2.28	9.54

续表 4-26

序号	饲料名称	饲料描述	干物质(%)	粗蛋白(%)	粗脂肪(%)	粗纤维(%)	无氮浸出物(%)	粗灰分(%)	钙(%)	总磷(%)	赖氨酸(%)	蛋氨酸(%)	非植酸磷(%)	猪消化能 DE		猪代谢能 ME	
														Mcal/kg	MJ/kg	Mcal/kg	MJ/kg
46	玉米胚芽饼	玉米湿磨后的胚芽,机榨	90	16.7	9.6	6.3	50.8	6.6	0.04	1.45	0.7	0.31	0.36	3.51	14.69	3.25	13.6
47	玉米胚芽粕	玉米湿磨后的胚芽,浸提	90	20.8	2	6.5	54.8	5.9	0.06	1.23	0.75	0.21	0.31	3.28	13.72	3.01	12.59
48	DDGS	玉米酒精糟及可溶物,脱水	89.2	27.5	10.1	6.6	39.9	5.1	0.2	0.94	0.87	0.56	0.63	3.43	14.35	3.1	12.97
49	蚕豆粉浆蛋白粉	蚕豆去皮制粉丝后的浆液,脱水	88	66.3	4.7	4.1	10.3	2.6		0.59	4.44	0.6		3.23	13.51	2.69	11.25
50	麦芽根	大麦芽副产品,干燥	89.7	28.3	1.4	12.5	41.4	6.1	0.22	0.73	1.3	0.37	0.17	2.31	9.67	2.09	8.74
51	鱼粉	7 样平均值	90	64.5	5.6	0.5	8	11.4	3.81	2.83	5.22	1.71	2.83	3.15	13.18	2.61	10.92
52	鱼粉	8 样平均值	90	62.5	4	0.5	10	12.3	3.96	3.05	5.12	1.66	3.05	3.1	12.97	2.58	10.79
53	鱼粉	沿海产的海鱼粉,脱脂,12 样平均值	90	60.2	4.9	0.5	11.6	12.8	4.04	2.9	4.72	1.64	2.9	3	12.55	2.52	10.54
54	鱼粉	沿海产的海鱼粉,脱脂,11 样平均值	90	53.5	10	0.8	4.9	20.8	5.88	3.2	3.87	1.39	3.2	3.09	12.93	2.63	11
55	血粉	鲜猪血,喷雾干燥	88	82.8	0.4		1.6	3.2	0.29	0.31	6.67	0.74	0.31	2.73	11.42	2.16	9.04
56	羽毛粉	纯净羽毛,水解	88	77.9	2.2	0.7	1.4	5.8	0.2	0.68	1.65	0.59	0.68	2.77	11.59	2.22	9.29
57	皮革粉	废牛皮,水解	88	74.7	0.8	1.6		10.9	4.4	0.15	2.18	0.8	0.15	2.75	11.51	2.23	9.33
58	肉骨粉	屠宰下脚,带骨干燥粉碎	93	50	8.5	2.8		31.7	9.2	4.7	2.6	0.67	4.7	2.83	11.84	2.43	10.17
59	肉粉	脱脂	94	54	12	1.4	4.3	22.3	7.69	3.88	3.07	0.8		2.7	11.3	2.3	9.62
60	苜蓿草粉	一茬盛花期烘干 NY/T 1 级	87	19.1	2.3	22.7	35.3	7.6	1.4	0.51	0.82	0.21	0.51	1.66	6.95	1.53	6.4
61	苜蓿草粉	一茬盛花期烘干 NY/T 2 级	87	17.2	2.6	25.6	33.3	8.3	1.52	0.22	0.81	0.2	0.22	1.46	6.11	1.35	5.65
62	苜蓿草粉	NY/T 3 级	87	14.3	2.1	29.8	33.8	10.1	1.34	0.19	0.6	0.18	0.19	1.49	6.23	1.39	5.82
63	啤酒糟	大麦酿造副产品	88	24.3	5.3	13.4	40.8	4.2	0.32	0.42	0.72	0.52	0.14	2.25	9.41	2.05	8.58
64	啤酒酵母	啤酒酵母菌粉,QB/T 1940—94	91.7	52.4	0.4	0.6	33.6	4.7	0.16	1.02	3.38	0.83		3.54	14.81	3.02	12.64
65	乳清粉	乳清,脱水,低乳糖含量	94	12	0.7		71.6	9.7	0.87	0.79	1.1	0.2	0.79	3.44	14.39	3.22	13.47

续表 4-26

序号	饲料名称	饲料描述	干物质(%)	粗蛋白(%)	粗脂肪(%)	粗纤维(%)	无氮浸出物(%)	粗灰分(%)	钙(%)	总磷(%)	赖氨酸(%)	蛋氨酸(%)	非植酸磷(%)	猪消化能 DE		猪代谢能 ME	
														Mcal/kg	MJ/kg	Mcal/kg	MJ/kg
66	酪蛋白	脱水	91	84.4	0.6		2.4	3.6	0.36	0.32	6.99	2.57	0.32	4.13	17.27	3.22	13.47
67	明胶	食用	90	88.6	0.5		0.59	0.31	0.49		3.62	0.76		2.8	11.72	2.19	9.16
68	牛奶乳糖	进口，含乳糖80%以上	96	3.5	0.5		82	10	0.52	0.62	0.14	0.03	0.62	3.37	14.1	3.21	13.43
69	乳糖	食用	96	0.3			95.7							3.53	14.77	3.39	14.18
70	葡萄糖	食用	90	0.3			89.7							3.36	14.06	3.22	13.47
71	蔗糖	食用	99				98.5	0.5	0.04	0.01			0.01	3.8	15.9	3.65	15.27
72	玉米淀粉	食用	99	0.3	0.2		98.5			0.03			0.01	4	16.74	3.84	16.07
73	牛脂		99		98		0.5	0.5						8	33.47	7.68	32.13
74	猪油		99		98		0.5	0.5						8.29	34.69	7.96	33.3
75	家禽脂肪		99		98		0.5	0.5						8.52	35.65	8.18	34.23
76	鱼油		99		98		0.5	0.5						8.44	35.31	8.1	33.89
77	菜籽油		99		98		0.5	0.5						8.76	36.65	8.41	35.19
78	椰子油		99		98		0.5	0.5						8.75	36.61	8.4	35.15
79	玉米油		99		98		0.5	0.5						8.4	35.11	8.06	33.69
80	棉籽油		99		98		0.5	0.5						8.6	35.98	8.26	34.43
81	棕榈油		99		98		0.5	0.5						8.01	33.51	7.69	32.17
82	花生油		99		98		0.5	0.5						8.73	36.53	8.38	35.06
83	芝麻油		99		98		0.5	0.5						8.75	36.61	8.4	35.15
84	大豆油	粗制	99		98		0.5	0.5						8.75	36.61	8.4	35.15
85	葵花油		99		98		0.5	0.5						8.76	36.65	8.41	35.19

注：中国饲料成分及营养价值表2010年第21版。

(3)为了尽量降低成本,可以结合当地的原料资源,就地取材。但当原料及其性状发生了改变,饲料配方也要进行合理的调整。

(4)要特别重视母猪不同生理阶段对饲料能量要求的变化,根据母猪的不同生理阶段配制饲料,分为配种前期料、怀孕初期料、怀孕后期料以及哺乳料。其中怀孕初期能量要低。其他几种母猪料能量要高。

(5)把握采食量与饲料体积大小的关系,配料体积过大,往往吃不完,体积过小,则吃不饱。

(6)饲料原料应多样化,合理搭配,以发挥互补作用。要考虑饲料的适口性,适口性好的原料多用些。控制饲料纤维素的含量,以免影响猪的生长和饲料利用率。

(7)改善加工工艺,确保饲料加工设备性能良好,提高饲料粉碎度及混合均匀度,不断提高其消化、吸收率。

(8)对日粮经常性地进行抽检,好的配方只能保证理论上的日粮要求,而猪吃的是实实在在的饲料,故对日粮应经常性地进行营养成分和致病微生物的、霉菌污染情况的抽检。

饲料、饲料添加剂的卫生指标及试验方法见表 4 - 27。

表 4 - 27　饲料、饲料添加剂卫生指标[a](GB 13078—2001)

序号	卫生指标项目	产品名称	指标	实验方法	备注
1	砷(以总砷计)的允许量(每千克产品中)(mg)	石粉	≤2.0	GB/T 13079	不包括国家主管部门批准使用的有机砷制剂中的砷含量
		硫酸亚铁、硫酸镁			
		磷酸盐	≤20		
		沸石粉、膨润土、麦饭石	≤10.0		
		硫酸铜、硫酸锰、硫酸锌、碘化钾、碘酸钙、氯化钴	≤5.0		
		氧化锌	≤10.0		
		鱼粉、肉粉、肉骨粉	≤10.0		
		家禽、猪配合饲料	≤2.0		
		牛、羊精料补充料	≤10.0		
		猪、家禽浓缩饲料[b]			以在配合饲料中20%的添加量计
		猪、家禽添加剂预混合饲料			以在配合饲料中1%的添加量计

续表 4-27

序号	卫生指标项目	产品名称	指标	实验方法	备注
2	铅(以 Pb 计)的允许量(每千克产品中)(mg)	生长鸭、产蛋鸭、肉鸭配合饲料 鸡配合饲料、猪配合饲料	≤5	GB/T 13080	
		奶牛、肉牛精料补充料	≤8		
		产蛋鸡、肉用仔鸡浓缩饲料仔猪、生长育肥猪浓缩饲料	≤13		以在配合饲料中20%的添加量计
		骨粉、肉骨粉、鱼粉、石粉	≤10		
		磷酸盐	≤30		
		产蛋鸡、肉用仔鸡复合预混合饲料仔猪、生长育肥猪复合预混合饲料	≤40		以在配合饲料中1%的添加量计
3	氟(以 F 计)的允许量(每千克产品中)(mg)	鱼粉	≤500	GB/T 13083	高氟饲料用 HG 2636—1994 中 4.4 条
		石粉	≤2 000		
		磷酸盐	≤1 800	HG 2636	
		肉用仔鸡、生长鸡配合饲料	≤250	GB/T 13083	
		产蛋鸡配合饲料	≤350		
		猪配合饲料	≤100		
		骨粉、肉骨粉	≤1 800		
		生长鸭、肉鸭配合饲料	≤200		
		产蛋鸭配合饲料	≤250		
		牛(奶牛、肉牛)精料补充料	≤50		
		猪、禽添加剂预混合饲料	≤1 000	GB/T 13083	以在配合饲料中1%的添加量计
		猪、禽浓缩饲料	按添加比例折算后,与相应猪、禽配合饲料规定值相同		

续表 4-27

序号	卫生指标项目	产品名称	指标	实验方法	备注
4	霉菌的允许量(每克产品中)霉菌数 $\times 10^3$ 个	玉米	<40	GB/T 13092	限量饲用：40～100 禁用：>100
		小麦麸、米糠			限量饲用：40～80 禁用：>80
		豆饼(粕)、棉籽饼(粕)、菜籽饼(粕)	<50		限量饲用：50～100 禁用：>100
		鱼粉、肉骨粉	<20		限量饲用：20～50 禁用：>50
		鸭配合饲料	<35		
		猪、鸡配合饲料猪、鸡浓缩饲料 奶、肉牛精料补充料	<45		
5	黄曲霉毒素 B_1 允许量(每千克产品中)(μg)	玉米 花生饼(粕)、棉籽饼(粕)、菜籽饼(粕)	≤50	GB/T 17480 或 GB/T 8381	
		豆粕	≤30		
		仔猪配合饲料及浓缩饲料	≤10		
		生长育肥猪、种猪配合饲料及浓缩饲料	≤20		
		肉用仔鸡前期、雏鸡配合饲料及浓缩饲料	≤10		
		肉用仔鸡后期、生长鸡、产蛋鸡配合饲料及浓缩饲料	≤20		
		肉用仔鸭前期、雏鸭配合饲料及浓缩饲料	≤10		
		肉用仔鸭后期、生长鸭、产蛋鸭配合饲料及浓缩饲料	≤15		
		鹌鹑配合饲料及浓缩饲料	≤20		
		奶牛精料补充料	≤10		
		肉牛精料补充料	≤50		

续表 4-27

序号	卫生指标项目	产品名称	指标	实验方法	备注
6	铬(以 Cr 计)的允许量(每千克产品中)(mg)	皮革蛋白粉	≤200	GB/T 13088	
		鸡、猪配合饲料	≤10		
7	汞(以 Hg 计)的允许量(每千克产品中)(mg)	鱼粉	≤0.5	GB/T 13081	
		石粉	≤0.1		
8	镉(以 Cd 计)的允许量(每千克产品中)(mg)	米糠	≤1.0	GB/T 13082	
		鱼粉	≤2.0		
		石粉	≤0.75		
		鸡配合饲料,猪配合饲料	≤0.5		
9	氰化物(以 HCN 计)的允许量(每千克产品中)(mg)	木薯干	≤100	GB/T 13084	
		胡麻饼粕	≤350		
		鸡配合饲料,猪配合饲料	≤50		
10	亚硝酸盐(以 $NaNO_2$ 计)的允许量(每千克产品中)(mg)	鱼粉	≤60	GB/T 13085	
		鸡配合饲料,猪配合饲料	≤15		
11	游离棉酚的允许量(每千克产品中)(mg)	棉籽饼粕	≤1 200	GB/T 13086	
		肉用仔鸡、生长鸡配合饲料	≤100		
		产蛋鸡配合饲料	≤20		
		生长育肥猪配合饲料	≤60		
12	异硫氰酸酯(以丙烯基异硫氰酸酯计)的允许量(每千克产品中)(mg)	菜籽饼粕	≤4000	GB/T 13087	
		鸡配合饲料 生长育肥猪配合饲料	≤500		

续表 4-27

序号	卫生指标项目	产品名称	指标	实验方法	备注
13	恶唑烷硫酮的允许量(每千克产品中)(mg)	肉用仔鸡、生长鸡配合饲料	≤1 000	GB/T 13089	
		产蛋鸡配合饲料	≤500		
14	六六六的允许量(每千克产品中)(mg)	米糠、小麦麸、大豆饼粕、鱼粉	≤0.05	GB/T 13090	
		肉用仔鸡、生长鸡配合饲料产蛋鸡配合饲料	≤0.3		
		生长育肥猪配合饲料	≤0.4		
15	滴滴涕的允许量(每千克产品中)(mg)	米糠、小麦麸、大豆饼粕、鱼粉	≤0.02	GB/T 13090	
		鸡配合饲料，猪配合饲料	≤0.2		
16	沙门氏杆菌	饲料	不得检出	GB/T 13091	
17	细菌总数的允许量(每克产品中)，细菌总数$\times 10^6$个	鱼粉	＜2	GB/T 13093	限量饲用：2～5 禁用：＞5

注：a. 所列允许量均为以干物质含量为88%的饲料为基础计算；b. 浓缩饲料、添加剂预混合饲料添加比例与本标准备注不同时，其卫生指标允许量可进行折算。

各种生猪配合饲料国家标准分别见表 4-28、表 4-29。

表 4-28　仔猪、生长育肥猪配合饲料(GB/T 5915—2008)　%

产品名称		粗蛋白 ≥	粗脂肪 ≥	粗纤维 ≤	粗灰分 ≤	钙	总磷[a] ≥	食盐	赖氨酸 ≥	蛋氨酸[b] ≥	苏氨酸 ≥
仔猪	前期(3～10 kg)	18	2.5	4.0	7.0	0.70～1.00	0.65	0.30～0.80	1.35	0.40	0.85
仔猪	后期(10～20 kg)	17	2.5	5.0	7.0	0.60～0.90	0.60	0.30～0.80	1.15	0.30	0.75
饲料	前期(20～40 kg)	15	1.5	7.0	8.0	0.60～0.90	0.50	0.30～0.80	0.90	0.24	0.58
饲料	中期(40～70 kg)	14	1.5	7.0	8.0	0.55～0.80	0.40	0.30～0.80	0.75	0.22	0.50
饲料	后期(70 kg 至出栏)	13	1.5	8.0	9.0	0.50～0.80	0.35	0.30～0.80	0.60	0.19	0.45

注：a. 添加植酸酶的仔猪、生长育肥猪配合饲料，总磷含量可以降低 0.1%，但生产厂家应制定企业标准，在饮料标签上注明添加植酸酶，并标明其添加量。

b. 添加蛋氨酸羟基类似物的仔猪、生长育肥猪配合饲料，蛋氨酸含量可以降低，但生产厂家应制定企业标准，在饮料标签上注明添加蛋氨酸羟基类似物，并标明其添加量。

表 4-29 后备猪、妊娠母猪、哺乳母猪、种公猪配合饲料(SB/T 10075—92)

类别	粗蛋白(%)	钙(%)	磷(%)	粗纤维(%)	粗灰分(%)	食盐(%)	消化能(MJ/kg)(Mcal)
后备母猪(20～60 kg)	≥14	0.60～1.2	≥0.45	≤7	≤5	0.3～0.8	≥12.13 (2.90)
后备母猪(60～90 kg)	≥12.5	0.60～1.2	≥0.45	≤8	≤6	0.3～0.8	≥12.13 (2.90)
妊娠母猪	≥12.0	0.60～1.2	≥0.45	≤10	≤6	0.3～0.8	≥11.72 (2.80)
哺乳母猪	≥13.5	0.60～1.2	≥0.45	≤8	≤6	0.35～0.9	≥12.13 (2.90)
种公猪	≥12.0	0.60～1.2	≥0.45	≤8	≤5	0.35～0.9	≥12.55 (3.0)

(三)把好饲料保管和使用关

(1)完善饲料原料和成品保管条件,确保饲料在整个存放过程中达到五无:无潮、无霉、无鼠、无虫、无污染。要分品种进行保管,如鱼粉是高营养饲料,是微生物繁殖的良好场所,贮存期间如果温度、湿度过高,极易发霉、腐败,甚至自燃。因此,鱼粉应码放在木排或其他货架上,贮存鱼粉的仓库应清洁、干燥、通风,阴凉,有温度、湿度的监测设备,并要定期进行细菌总数、大肠杆菌及沙门氏菌数的检测。

(2)做好饲料的防霉抗霉工作,尽可能地使猪群避免霉菌毒素的侵害。关键要抓好如下几方面工作:一是控制好饲料原料的水分,同时控制贮藏环境相对湿度;二是发现霉变饲料应及时更换;三是做好栏内清洁卫生,及时检查食槽内和地面剩料是否霉变;四是在饲料中添加高效抗霉剂。

(3)饲料原料的采购运输工具和场内饲料输送到各栋猪舍的运输工具,务必做好防雨、防湿、防霉。防止饲料在运送途中受损。

(4)要及时改进或增加不合理或不够用的饲槽,杜绝给猪群喂料、加料时出现污染和浪费;确保处于哪一阶段的猪用哪一阶段的饲料,严格实行科学定量投料。

(5)加强种猪的饲料使用管理。配种后的母猪必须与未配母猪分开饲养。母猪配种后的当天立即减料,而未配种的母猪则应充分饲养,怀孕后期加料以保障母猪乳腺发育。

二、无公害食品畜禽饲料和饲料添加剂使用准则

《无公害食品　畜禽饲料和饲料添加剂使用准则》(NY 5032—2006)规定了生产无公害畜禽产品所需的各种饲料的使用技术要求、加工过程、标签、包装、贮存、运输、检验的规则。适用于生产无公害畜禽产品所需的单一饲料、饲料添加剂、药物饲料添加剂、配合饲料、浓缩饲料和添加剂预混合饲料。

(一)总则

(1)感官要求。①具有该饲料应有的色泽、味及组织形态特征,质地均匀。②无发霉、变质、结块、虫蛀及异味、异物。

(2)饲料和饲料添加剂的生产、使用,应是安全、有效、不污染环境的产品。

(3)单一饲料、饲料添加剂、配合饲料、浓缩饲料和添加剂预混合产品的饲料质量标准规定。

(4)饲料和饲料添加剂应在稳定的条件下取得或保存,确保饲料和饲料添加剂在生产加工、贮存和运输过程中免受害虫、化学、物理、微生物或其他不期望物质的污染。

(5)所有饲料和饲料添加剂的卫生指标应符合 GB 13078 的规定。

(二)单一饲料

(1)对单一饲料的监督,可包括检查和抽样,及基于合同风险协定规定的污染物和其他不期望物质的分析。

(2)进口的单一饲料应取得国务院农业行政主管部门颁发的有效期内进口产品登记证。

(3)单一饲料中加入饲料添加剂时,应注明饲料添加剂的品种和含量。

(4)制药工业副产品不应用于畜禽饲料中。

(5)除乳制品外,哺乳动物源性饲料不得用作反刍动物饲料。

(6)饲料如经发酵处理,所使用的微生物制剂应是《饲料添加剂品种目录》中所规定的微生物品种和经国务院农业行政主管部门批准的新饲料添加剂品种。

(三)饲料添加剂

(1)营养性饲料添加剂和一般饲料添加剂产品应是《饲料添加剂品种目录》所规定的品种,或取得国务院农业行政主管部门颁发的有效期内饲料添加剂进口登记证的产品,亦或是国务院农业行政主管部门批准的新饲料添加剂品种。

(2)国产饲料添加剂产品应是由取得饲料添加剂生产许可证的企业生产,并具有产品批准文号或中试生产产品批准文号。

(3)饲料添加剂产品的使用应遵照产品标签所规定的用法、用量使用。

(4)接收、处理和贮存应保持安全有序,防止误用和交叉污染。

(四)药物饲料添加剂

(1)药物饲料添加剂的使用应遵守《饲料药物添加剂使用规范》,并应注明使用的添加剂名称及用量。

(2)接收、处理和贮存应保持安全有序,防止误用和交叉污染。

(3)使用药物饲料添加剂应严格执行休药期规定。

(五)配合饲料,浓缩饲料和添加剂预混合饲料

(1)产品成分分析保证值应符合所执行标准的规定。

(2)使用药物饲料添加剂时,应符合《饲料药物添加剂使用规范》,并应注明使用的添加剂名称及用量。

(3)使用时,应遵照产品饲料标签所规定的用法、用量使用。

(六)饲料加工过程

1. 饲料企业

饲料企业的工厂设计与设施卫生、工厂卫生管理和生产过程的卫生应符合GB/T 16764 的要求。

2. 单一饲料和饲料添加剂的采购和使用

(1)应符合感官要求,否则不得接收和使用。

(2)使用的饲料添加剂应符合总则和饲料添加剂、药物饲料添加剂的规定,否则不得接收和使用。

3. 饲料配方

(1)饲料配方遵循安全、有效、不污染环境的原则。

(2)饲料配方的营养指标应达到该产品所执行标准中的规定。

(3)饲料配方应由饲料企业专职人员负责制定、核查,并标注日期,签字认可,以确保其正确性和有效性。

(4)应保存每批饲料生产配方的原件和配料清单。

4. 配料过程

(1)饲料加工过程使用的所有计量器具和仪表,应进行定期检验、校准和正常维护,以保证精确度和稳定性,其误差应在规定范围内。

(2)微量和极微量组分应进行预稀释,并用专用设备在专门的配料室内进行。应有翔实的记录,以备追溯。

(3)配料室应有专人管理,保持卫生整洁。

5. 混合

(1)混合工序投料应按先投入占比例大的原料,依次投入用量少的原料和添加剂。

(2)混合时间,根据混合机性能确定,混合均匀度符合标准的规定。

(3)生产含有药物饲料添加剂的饲料时,应根据药物类型,先生产药物含量低的饲料,再依次生产药物含量高的饲料。

(4)同一班次应先生产不添加药物饲料添加剂的饲料,然后生产添加药物饲料添加剂的饲料。为防止加入药物饲料添加剂的饲料产品生产过程中的交叉污染,在生产加入不同药物添加剂的饲料产品时,对所用的生产设备、工具、容器等应进行彻底清理。

(5)用于清洗生产设备、工具、容器的物料应单独存放和标示,或者报废,或者回放到下一次同品种的饲料中。

6. 制粒

(1)制粒过程的温度、蒸汽压力严格控制,应符合要求;充分冷却,以防止水分高而引起饲料发霉变质。

(2)更换品种时,应清洗制粒系统。可用少量单一谷物原料清洗,如清洗含有药物饲料添加剂的颗粒饲料,所用谷物的处理应单独存放和标示,或者报废,或者回放到下一次同品种的饲料中。

7. 留样

(1)新进厂的单一饲料、饲料添加剂应保留样品,其留样标签应注明准确的名称、来源、产地、形状、接收日期、接收人等有关信息,保持可追溯性。

(2)加工生产的各个批次的饲料产品均应留样保存,其留样标签应注明饲料产品品种、生产日期、批次、样品采集人。留样应装入密闭容器内,贮存于阴凉、干燥的样品室,保留至该批产品保质期满后3个月。

8. 记录

(1)生产企业应建立生产记录制度。

(2)生产记录包括单一饲料原料接收、饲料加工过程和产品去向等全部详细信息,便于饲料产品的追溯。

(七)检验规则

(1)感官指标通过感官检验方法鉴别,有的指标可通过显微镜检验方法进行。

(2)饲料中的卫生指标应按 GB 13078 规定的参数和试验方法执行。

(3)按饲料和饲料添加剂产品质量标准中检验规则规定的感官要求、营养指标及必检的卫生指标为出厂检验项目,由生产企业质检部门进行检验。标准中规定的全部指标为型式检验项目。

(八)判定指标

(1)营养指标、卫生指标、限用药物、禁用药物为判定合格指标。

(2)饲料中所检的各项指标应符合所执行标准中的要求。

(3)检验结果中如卫生指标、限用药物、禁用药物指标不符合本标准要求时,则整批产品为不合格,不得复检。营养指标不合格,应自两倍量的包装中重新采样复验。复验结果有一项指标不符合相应标准的要求时,则整批产品为不合格。

(九)标签、包装、贮存和运输

(1)标签。商品饲料应在包装物上附有饲料标签,标签应符合 GB 10648 中的有关规定。

(2)包装。①饲料包装应完整、无漏洞、无污染和异味。②包装材料应符合 GB/T 16764 的要求。③包装印刷油墨无毒,不应向内容物渗漏。④包装物的重复使用应遵守《饲料和饲料添加剂管理条例》的有关规定。

(3)贮存。①饲料的贮存应符合 GB/T 16764 的要求。②不合格和变质饲料应作无害化处理,不应存放在饲料贮存场所内。③饲料贮存场地不应使用化学灭鼠药和杀鸟剂。

(4)运输。①运输工具应符合 GB/T 16764 的要求。②运输作业应防止污染,保持包装的完整性。③不应使用运输畜禽等动物的车辆运输饲料产品。④饲料运输工具和装卸场地应定期清洗和消毒。

三、生猪营养保障的效果检验

主要是依靠清晰完整的养殖档案记录,并根据其进行对比分析,以实际生产成绩来进行评定,从而不断优化改良生饲料的原料采购、配方、加工、保管和使用。

四、猪场生猪营养保障常见误区

(一)采购的原料性价比不高

(1)重价格轻质量。一些猪场经营者购买饲料时,偏重原料或添加剂的价格,而忽视质量的把关。饲料质量低劣,不但营养价值低,还会对猪的生长造成损害。一些猪场贪便宜购买了霉变的原料,结果全场猪只发生免疫失败,损失惨重。

(2)缺乏原料质量鉴别能力。当前,饲料原料掺杂使假现象普遍存在,加工工艺良莠不齐,稍不留心就会购入假冒伪劣饲料。如供求矛盾突出的鱼粉,掺假现象日盛,若没有丰富的感官检验经验,订立购货合同时没有保存议定样品作证,极有可能购入质量相对逊色的产品。

(3)不慎购入霉变饲料。饲料原料的霉菌污染日益严峻,个别原料经销商发现饲料霉变后，往往采取水洗、再晒干等简单措施进行处理。若只重视饲料原料购进时是否霉变或水分是否超标，稍不注意就会上当，应特别仔细鉴别。如要防止购入发霉后重新处理的玉米，采购时务必检查胚芽内在结构。

(二)饲料配方不合理

(1)盲目照搬别人的饲料配方。部分猪场存在盲目照搬别人饲料配方的问题，导致原料搭配不协调，营养不平衡，从而降低利用效率，造成饲料浪费，增加了饲料成本，降低了猪场经营效益。

(2)季节变化而饲料配方不变。部分猪场存在着季节变化而饲料配方不变的问题。主要表现为在炎热的夏天却继续用高能配方造成能量的浪费，在寒冷的冬季继续用高蛋白质配方造成蛋白质的浪费。

(3)饲料原料性状改变而配方不变。如秋冬季节，气温偏低，猪对能量的需要量要大于春夏季节，而这时的玉米多是新收获的，水分多在20%以上，如不修改配方，所配合出的饲料就存在能量不足现象，将影响猪的正常生长。

(4)生理阶段改变而配方不变。料型单一，一个配方管全场所有的猪；或一批猪一个配方喂到底；或虽有几个配方，但阶段划分不准确。

(三)加工工艺不良

(1)加工机械档次低或磨损后没有及时修复或更换，导致粉碎不充分，或者混合不均匀；使用筛片孔径不对，一个孔径筛片既打母猪料，又打乳猪料。

(2)小规模化猪场自配料人工搅拌不充分，或者添加剂、预混料、大宗料等投料次序发生错乱，搅拌不均匀造成的浪费。

(3)称量器准确度差导致原料称量不准确，配合饲料没有达到配方要求。

(4)忽视配合饲料的重要性，缺乏一种原料时，轻易用其他原料代替或原料以次充好，如用湿玉米代替干玉米等。

(5)春、夏季配料仓受潮或有死角，导致配料在数量或质量上有较大误差。

(四)饲料保管不当

(1)饲料的运输车辆未严格做到防雨、防湿、防霉。导致优良的饲料原料购入到猪场后变成了劣质原料，饲料加工车间加工好的优质饲料送到猪舍后很快出现霉变等。

(2)仓库和猪场饲料间通风性差。没有保持干燥，地面不垫木板，没有做好防鼠、灭鼠工作等，导致饲料变质以及遭遇鼠害。

(3)饲料防霉工作不到位。只重视饲料原料中黄曲霉素的检测和防制，而忽视其他霉菌毒素的检测和防制；只重视在饲料中加防霉剂，这一做法对已霉变饲料等于“马后炮”，忽视对已霉变饲料脱霉和解毒；只重视投料前的饲料防霉工作而忽视投料后料槽和栏内霉料对猪的影响。

(五)使用管理不当

(1)饲料计划不周。饲料计划不周常导致饲料积压或不足,饲料配方改动与生长期、生长季节不对应等,影响使用效果。

(2)没有根据猪不同阶段的具体需要来确定喂料量标准,或有了标准而饲养员没有认真执行,造成了饲料浪费。

(3)各种不同型号的饲料互相混用。小猪吃乳猪料、中猪吃小猪料、大猪吃中猪料,饲养员认为可以增加营养促进生长,其实这样做会造成饲料成本的浪费。特别是让后备猪吃育肥猪料,大大推迟了母猪发情时间,影响正常配种,带来的损失不小。

(六)猪只消化吸收功能受损

由于供给的日粮中某类饲料消化吸收率低、饲料中存在抗营养物质或者猪本身患消化吸收方面的疾病引起消化吸收障碍。

第二节 兽药的管理

一、兽药的质量管理

(一)做好兽药采购和保存工作

猪场应树立科学、安全、高效地使用兽药的现代理念,清醒地认识到科学、安全、高效地使用兽药不但能及时预防和治疗动物疾病,提高规模化猪场的经济效益,而且对积极控制和减少药物残留、提高动物产品品质、提供"绿色"食品等具有重要战略意义。要确定兽药采购责任人,指派有责任心的专技人员负责采购业务。采购人员要调查和收集供应商或生产商供货能力、产品质量、资信程度等方面的信息,尽量选择大厂、名牌、通过GMP认证和ISO质量体系认证的产品。不采购保质期过短或失效的药品。药品经验收入库后要注意按要求存放,做好防潮、防晒。同时指定专人保管,建立台账,出入库品种、数量、金额清楚。

(二)要坚持预防为主、治疗为辅的原则

由于动物疫病具有传染扩散的特点,一旦蔓延开来很难扑灭,有的还会给人类健康及国民经济发展带来灾难性的后果,需要相当长的时间和耗费巨大的人力、物力和财力才能加以消除。因此,对于动物疫病,首要的是防止其发生与流行。预防工作做好了,可收到事半功倍之效。反之,等动物疫病暴发流行后再去扑灭、控制,则代价惨重，事倍功半。这方面的教训国内外均不乏其例。加之动物疫病，特别是动物传染病和人类的传染病一样，在防疫方面有共同的规律，即只要通过控制传染源、切断传播途径和保护健康或易感染群体三个方面的措施进行综合预防就能够取得成效，这方面的成功经验在国内外也不乏其例。因此，根据我国动物饲养的实际情况和动物疫病流行的特点，国家对动物疫病实行预防为主的方针。

确需治疗时，应在兽医指导下规范用药，不得私自用药。用药必须有兽医的处方，处方上的每种药必须标明休药期。要做到合理用药，科学用药，对症下药、适度用药，只能使用通过认证的兽药和饲料厂生产的产品，避免产生药物残留和中毒等不良反应。必须按照兽药的使用对象、使用期限、使用剂量以及休药期等规定严格使用兽药，尽量使用高效、低毒、无公害、无残留的"绿色兽药"。要遵守用药规定，及时停药。

(三)要做好用药记录

要对用药情况进行详细登记，其内容至少包括使用药品通用名、生产日期、有效期、用药方式、剂量、停药日期，并将处方保留 5 年，以便分析评估、总结经验，并备查。

(四)要确保动物产品质量安全

1. 不要应用原料药和人用药品

要按照有关规定要求使用药物预防和治疗生猪疾病，不得使用兽用原料药和人用药品。

2. 遵守药物休药期规定

要按照有关规定要求，根据药物及其停药期的不同，在畜禽出栏或屠宰前，或其产品上市前及时停药，以避免残留药物污染生猪及其产品，进而影响人体健康。

3. 切勿使用禁用药物

生猪饲养过程中要严格用药管理，要严格执行国家有关饲料、兽药管理的规定，严禁在饲养过程中使用国家明令禁止、国际卫生组织禁止使用的所有药物，如乙烯雌酚、盐酸克伦特罗和氯霉素等。对允许使用的药物要按要求使用，并严格遵守休药期的规定。在实际生产中要做到：生猪免疫注射死苗 7 天后无并发症才能屠宰食用；免疫注射活苗 21 天后无并发症才能屠宰食用；应用抗生素、磺胺药治疗疾病的生猪，其产品在停药 3 天以上才能食用。《无公害食品　畜禽饲养兽药使用准则》(NY 5030—2006)规定的食品动物禁用的兽药及其他化合物清单见表 4-30。

表 4-30 食品动物禁用的兽药及其他化合物清单

序号	兽药及其他化合物名称	禁止用途	禁用动物
1	兴奋剂类:克伦特罗及其盐、酯及制剂	所有用途	所有食品动物
2	性激素类:己烯雌酚、酯及制剂	所有用途	所有食品动物
3	具有雌激素样作用的物质:玉米赤霉醇、去甲雄三烯醇酮、醋酸甲孕酮及制剂	所有用途	所有食品动物
4	氨霉素及其盐、酯(包括琥珀氯霉素)及制剂	所有用途	所有食品动物
5	氨苯砜及制剂	所有用途	所有食品动物
6	硝基呋喃类:呋喃唑酮、呋喃它酮、呋喃苯烯酸钠及制剂	所有用途	所有食品动物
7	硝基化合物:硝基酚钠及制剂	所有用途	所有食品动物
8	催眠、镇静类:安眠酮及制剂	所有用途	所有食品动物
9	林丹(氯化烯)	杀虫剂	水生食品动物
10	毒杀芬(氯化烯)	杀虫剂、清塘剂	水生食品动物
11	呋喃丹(克百威)	杀虫剂	水生食品动物
12	杀虫脒(克死螨)	杀虫剂	水生食品动物
13	双甲脒	杀虫剂	水生食品动物
14	酒石酸锑钾	杀虫剂	水生食品动物
15	锥虫胂胺	杀虫剂	水生食品动物
16	孔雀石绿	抗菌、杀虫剂	水生食品动物
17	五氯酚酸钠	杀螺剂	水生食品动物
18	各种汞制剂 包括氯化亚汞(甘汞),硝酸亚汞、醋酸汞、吡啶基醋酸汞	杀虫剂	动物
19	性激素类:甲基睾丸酮、丙酸睾酮、苯丙酸诺龙、苯甲酸雄二醇及其盐、酯及制剂	促生长	所有食品动物
20	催眠、镇静类:氯丙嗪、地西泮(安定)及其制剂	促生长	所有食品动物
21	硝基咪唑类:甲硝唑、地美硝唑及其盐、酯及制剂	促生长	所有食品动物

2006 年 6 月 30 日后禁止经营使用的兽药如下:

(1)抗生素、合成抗菌药及农药。①抗生素、合成抗菌药:头孢哌酮、头孢噻肟、头孢曲松(头孢三嗪)、头孢噻吩、头孢拉啶、头孢唑啉、头孢噻啶、罗红霉素、克拉霉素、阿奇霉素、磷霉素、硫酸奈替米星、氟罗沙星、司帕沙星、甲替沙星、克林霉素(氯林可霉素、氯洁霉素)、妥布霉素、胍哌甲基四环素、盐酸甲烯土霉素(美他环素)、两性霉素、利福霉素等及其盐、酯及单、复方制剂。②农药:井冈霉素、浏阳霉素、赤霉素及其盐、酯及单、复方制剂。

(2)解热镇痛类等其他药物。双嘧达莫(预防血栓栓塞性疾病)、磷酸伯氨喹、磷酸氯喹(抗疟药)、异噻唑啉酮(防腐杀菌)、盐酸地酚诺酯(解热镇痛)、盐酸溴己新(祛痰)、西咪替丁(抑制人胃酸分泌)、盐酸甲氧氯普胺、甲氧氯普胺(盐酸胃复安)、比沙可啶(泻药)、二羟丙茶碱(平喘药)、白细胞介素-2、别嘌醇、多抗甲素(α-甘露聚糖肽)等及其盐、酯及制剂。

(3)复方制剂。①注射用的抗生素与安乃近、氟喹诺酮类等化学合成药物的复方制剂;②镇静类药物与解热镇痛等治疗药物组成的复方制剂。

4. 定期进行药残监测

在饲养畜禽的整个过程中,要定期对水样、饲料、畜禽粪便、血样及有关样品进行药物残留监测,及时掌握用药情况,以便正确采取措施,控制药物残留。

(五)树立现代兽医临床理念

1. 正确诊断是临床用药的前提

猪只一旦发病,应及时对已死亡或重症猪进行剖检、检验等,作出诊断,找出病因,制定合理的用药措施。切忌乱作主张或凭经验盲目用药。在明确病因的情况下,才可根据药物的使用范围来选择有效的抗菌药物。

2. 药敏试验是临床用药的重要保障

病原微生物耐药性增强是当前规模化猪场临床诊疗中的一个难点。应定期对本场的病原菌分离后进行药敏试验,根据药敏试验结果,选用高敏药物,在高敏药物中应首选价廉、易得、使用方便的抗菌药物。在选择高敏抗生素时,窄谱抗生素可以解决的,就不选广谱抗生素;一种抗生素可达到治疗作用时,不要用两种药物联合应用,必须应用两种抗生素时,应选择联合应用具有协同作用的药物。

3. 忌用抗生素治疗病毒性疾病

一般抗生药对于病毒性疾病无效。目前应用的抗病毒药大多效果也不确实,应用疫苗预防仍是目前控制动物病毒性疾病最有效的方法。

(六)科学使用药物

1. 优选兽药产品

选择信誉好、质量有保证的兽药产品,并仔细阅读产品说明书,在给药前应先了解所选药物的有效成分,同时应注意药物的有效含量,避免治疗效果较差或发生中毒。

2. 把握药物剂量和疗程

少数药物1次用药即可达到治疗目的,如泻药、麻醉药。但对多数药物来说,必须重复给药才能奏效。为了维持药物在体内的有效浓度,获得疗效,而同时又不致出现毒性反应，就需要注意给药次数与重复给药的间隔时间。大多数普通药，1天可给药2～3次，直至达到治疗目的。抗菌药物必须在一定期限内连续给药，这个期限称为疗程。例如，磺胺类药物一般以3～4天为1疗程。各种药物重复给药的间隔时间不同，需要参考药物的半存留期而定。当1个疗程不能奏效时，应分析原因，决定是否再用1个疗程，或是改变方案，更换药物。毒性大的药物如某些抗寄生虫药，往往短时期内只用药一两次，再重复给药需经数日、数周甚至更长时间。

3. 注意给药方式

一般来说，危重病症应以肌肉注射或静脉注射给药，消化道感染应以内服为主，严重消化道感染与并发败血症、菌血症应内服，并配合注射给药。使用兽药前仔细阅读产品说明书，了解使用方法，不要擅自改变给药途径。注射用药适宜逐只治疗，尤其是紧急治疗，效果确实，要求注射部位准确，操作技术熟练。一些药物不能内服只能注射给药，如青霉素能被胃酸破坏，成年猪不能内服给药。肠道感染时，应选用肠道吸收率较低或不吸收的药物混饲或饮水；全身感染时，则应选用肠道吸收较高的药物混饲或饮水。猪群发病期间，一般食欲下降，饮水给药可获得有效药量，不溶于水或微溶于水的药物以及在水中易分解降效或不耐酸、不耐酶的药物则禁止以饮水方式给药。混饲给药多适宜长期预防性投药，饮水用药适宜短期投药、群体性紧急性治疗。混饲时应准确掌握饲料中药物浓度，特别是一些混饲浓度较低或有一定毒性的药物，如喹乙醇，拌料时一定要充分混匀，保证让所有动物吃到足够量的药，又要防止一些个体吃太多导致中毒。大多数的水溶性粉或口服液均应现配现用，配多少用多少，不能图方便而一次配很多。投药时必须控制混饮水量，限时饮完药液，以防药物失效或增加药物毒性，还可以根据不同季节气候、疾病发生过程及动物吃入饲料和饮水量不同，适当调整药物浓度。

4. 合理地联合用药

两种以上药物在同一时间里合用可以不互相影响，但是有许多情况下两药合用总有一药或两药作用受到影响，其结果有三种可能：一是比预期的作用更强（协同作用），二是减弱一药或两药的作用（拮抗作用），三是产生意外的毒性反应。药物的相互作用，可以发生在药物吸收前、体内转运过程、生化转化过程及排泄过程中。当两药不存在相互作用时，其合用后的药物作用可以预知，不会有问题。若存在相互作用则应注意利用协同作用提高疗效（如磺胺与抗菌增效剂联合），尽量避免出现拮抗作用或产生毒性反应。但是拮抗作用有时可用来治疗药物中毒，如麻醉药中毒可用中枢兴奋药解救。

5. 注意配伍禁忌

为了获得更好的疗效，常将两种以上药物配伍使用。但配合不当，则可能出现减弱疗效或增加毒性的变化。药物的配伍禁忌有药理的（药理作用互相抵消或使毒性增加）、化学的（呈现沉淀、产气、变色、燃爆及肉眼不可见的水解等化学变化）和物理的（产生潮解、液化或从溶液中析出结晶等物理变化）。这种配伍变化属于禁忌，必须避免。

6. 尽力避免耐药性的产生

随着抗菌药物的广泛应用，细菌耐药性的问题也日益严重，其中以金黄色葡萄球菌、大肠杆菌、痢疾杆菌及结核杆菌最易产生耐药性。为了减少耐药菌株的产生，应严禁掌握适应证，不滥用抗菌药物。不一定要用的尽量不用，单一药物有效的就不要采用联合用药。严格掌握用药指证，计量要够，疗程要恰当。尽量减少长期用药，对预防用药应有计划地定期轮换使用，杜绝不必要的预防用药。病因不明者，不要轻易使用抗菌药物。发现耐药菌株感染，应改用敏感药物。

7. 防止药物的不良反应

治疗过程中，除要密切注意疗效外，还应注意可能出现的不良反应。肝、肾功能不全的病例，易引起由肝脏代谢或肾脏消除的药物蓄积，应调整给药剂量或延长给药间隔时间。营养不良、体质衰弱或怀孕母猪对药物的敏感性高，易产生不良反应。乳猪和仔猪肝脏酶系不全，血浆蛋白结合率和肾小球滤过性较低，血脑屏蔽机能尚未完全形成，不少药物对其可能出现明显的不良反应。

二、无公害食品 畜禽饲养兽药使用准则

《无公害食品 畜禽饲养兽药使用准则》(NY 5030—2006)规定了生产无公害畜禽产品所需的各种兽药的使用技术要求。

(一)兽药使用的要求

(1)临床兽医和畜禽饲养者遵守《兽药管理条例》的有关规定使用兽药，应凭专业兽医开具的处方使用经国务院兽医行政管理部门规定的兽医处方药。禁止使用国务院兽医行政管理部门规定的禁用药品。

(2)临床兽医和畜禽饲养者进行预防、治疗和诊断畜禽疾病所用的兽药应是来自具有兽药生产许可证，并获得农业部颁发中华人民共和国兽药 GMP 证书的兽药生产企业，或农业部批准注册进口的兽药，其质量均应符合相关的兽药国家质量标准。

(3)临床兽医应严格按《中华人民共和国动物防疫法》的规定对畜禽进行免疫，防止畜禽发病和死亡。

(4)临床兽医使用拟肾上腺素药、平喘药、抗碱药与拟胆碱药、糖肾上腺皮质激素类药和解热镇痛药，应严格按国务院兽医行政管理部门规定的作用用途和用法

用量使用。

(5)畜禽饲养者使用饲料药物添加剂应符合农业部《饲料药物添加剂使用规范》的规定。禁止将原料药直接添加到饲料及动物饮用水中或直接饲喂动物。

(6)临床兽医应慎用经农业部批准的拟肾上腺素药、平喘药、抗胆碱药与拟胆碱药、糖肾上腺皮质激素类药和解热镇痛药。

(7)非临床医疗需要,禁止使用麻醉药、镇静药、中枢兴奋药、雄性激素、雌性激素、化学保定药及骨骼肌松弛药。必须使用该类药物时,应凭专业兽医开具的处方用药。食品动物禁用的兽药及其他化合物清单见118页表4-30。

(二)兽药使用记录

(1)临床盖医和畜禽饲养者使用兽药,应认真做好用药记录。用药记录至少应包括用药的名称(商品名和通用名)、剂型、剂量、给药途径、疗程、药物的生产企业、产品的批准文号、生产日期、批号等。使用兽药的单位或个人均应建立用药记录档案,并保存1年(含1年)以上。

(2)临床兽医饲养者应严格执行国务院兽医行政管理部门规定的兽药休药期,并向购买者或屠宰者提供准确、真实的用药记录;应记录生产乳、蛋等畜禽产品在休药期内时,其废弃产品的处理方式。

(三)兽药使用不良反应报告

临床兽医和畜禽饲养者使用兽药,应对兽药的治疗效果、不良反应做观察记录;发生动物死亡时,应请专业兽医进行解剖,分析是药物原因或疾病原因。发现可能与兽药使用有关的严重不良反应时,应当立即向所在地人民政府兽医行政管理部门报告。

三、兽药使用的效果检验

主要从三个方面来进行评价:一是每头生猪平均的兽药费用;二是预防、保健和治疗用药费用的比例;三是是否违反国家对生猪产品质量安全和兽药管理规定。

四、猪场用药常见误区

(一)不明病因用药

正确诊断是选择药物的前提。有了确切的诊断,方可了解其致病菌,从而选择对病原菌较敏感的药物。猪病防治中应尽力避免无指征或指征不强的情况下使用抗菌药,例如各种病毒性感染不宜用抗菌药(但控制细菌继发或混合感染除外),但在临床上常常出现逢病就用药的现象,比如猪流感是由病毒引起的,但常见用抗生素治疗的现象,而且是一种无效再换一种,不但造成药物浪费,还导致细菌产生耐药性，增加毒副作用。另外，许多技术人员在未做出正确诊断前往往依据经验判断猪病，匆匆投药；治疗无效时，又频繁地更换药物，这样做不但不能及时地控制疾病，反而增大药费开支，造成更大的经济损失。在一些规模化猪场，产房卫生和保温条件差，哺乳仔猪拉稀现象较严重，一些养殖人员不是从管理上找原因，而是一味地用药，不仅达不到预想的效果，反而造成药物的浪费，造成无药不能养的局面。

（二）不明药物适应证用药

每种抗菌药都有其一定的适应证，在使用该种药物前必须先明确该药物的使用范围。一些抗菌药对革兰氏阳性菌有作用，对革兰氏阴性菌则没有效果，例如青霉素、红霉素。某些猪场技术人员，在使用药物时往往凭自己以往的经验和爱好用药，长期应用某种或某类抗菌药物防治猪病，结果疾病得不到控制。有的猪场粗略地把药物的抗菌谱和适应证等同起来，这也是一种认识上的偏差。任何一种抗菌药都有其固有的抗菌谱，可以作为临床应用的重要依据。但是，如果固执地停留在这一依据上，有时也会产生用药不对症的失误。如猪链球菌感染用青霉素效果很好，但若侵袭到脑部导致链球菌性脑膜炎，则疗效不如磺胺嘧啶。因为磺胺嘧啶更容易通过血脑屏障，进入脑脊髓液，脑部药物浓度高；而青霉素不易通过血脑屏障，脑部药浓度很难达到最低抑菌、杀菌浓度。这就是说，只有能使感染部位达到治疗所需的药物浓度，才是该药物的最佳适应证。恩诺沙星对大肠杆菌具有较好的作用，但治疗仔猪水肿病却疗效不佳，这是因为恩诺沙星不能消除致病性大肠杆菌产生的肠毒素对动物机体的侵害。完全按抗菌谱确定适应证有时也欠妥。这就要求猪场工作者不但要了解药物的抗菌谱，还要明了药物的作用机理以及在猪体内的药代动力学（吸收、分布、代谢、排泄）特性，才能更有效地用好药物。

（三）药物使用的剂量不准确

动物应用抗菌药时，药物要达到适当的剂量才能在机体内产生有效浓度，发挥药物的治疗作用。某些猪场为了节约养殖成本或贪便宜买来的药品有效成分含量不足，使有效药量过小，药物在体内达不到有效浓度，不仅起不到治疗疾病作用，而且易产生耐药菌株。或者受到某些传言误导或受假药所害，或治病心切，认为大剂量效果好，导致抗菌药的临床用量越用越大，长期超量使用，甚至联合用药也不减量，比如青霉素和链霉素合用，两药均可减量到原用量的 2/3，但是有些猪场在治疗时还常常在常规用量上加大用量，不仅不能增加疗效，还可能产生毒副作用。临床用药很重要的一点是必须保护微生态平衡，防止不该流失的正常菌群流失。而超量使用易造成猪体内（如口腔、消化道等）菌群失调，微生态平衡破坏，潜伏在体内的大肠杆菌、沙门氏杆菌会趁机大量繁殖，引起内源性感染；还可能由于大剂量地使用，把体内生态环境内的微生物杀死，而使外源性微生物顺利进入，发生外源性感染。所以不可随便加大剂量，只要使之达到最低有效杀菌浓度或抑菌浓度即可。

（四）不了解药物有效成分重复使用

有些猪场用药不了解药物有效成分，导致病猪药物中毒，有的药品化学名称和商品名称不一致，生产厂家不标明有效成分或只标明主要有效成分而对其他成分不注明，或同药品不同生产厂家的商品名不同，使用者不了解或没有仔细阅读产品说明，防治疾病时重复使用了不同商品名的同一成分药品，造成猪只中毒。或者是有的饲料生产企业生产的全价饲料或预混料为了改善使用效果，违规添加了一些抗菌药如喹乙醇等而又未能尽到告知义务，用户在防治疾病时又重复使用上述药品，导致剂量超标而发生中毒。

（五）给药途径不当

选择合适的给药途径是取得疗效的保证，直接关系到药物能否在动物体内达到并维持足够的有效浓度。临床上常见某些技术人员，在诊断正确及药物选择恰当的情况下，不根据猪只的疾病状况及药物本身的特性，选择自认为方便或有效的给药途径，结果未能达到预期的治疗效果，甚至不见效。所以，药品的使用应按照要求操作，否则，难以达到防治疾病的目的。例如大多原料药的适口性、水溶性不好，猪的嗅觉、味觉发达，用原料药混饲时会不吃或吃得少，或用原料药饮水给药，导致药物沉淀在水槽下面，实际上刚开始饮到的水里没有多少药，而沉淀下来的药物颗粒极易引起中毒。在给药方法不当导致治疗无效后，又给兽医及技术人员造成药物选择错误和误诊的假象。另如，氨基糖甙类、多肽类抗生素内服基本不吸收，以混饲或饮水给药治疗全身感染性疾病基本无效。

（六）不遵守药物的休药期，盲目添加药物，造成药物残留

休药期的规定是为了减少或避免供人食用的动物源性食品中残留药物超量，保证食品安全。休药期是指生猪从停止给药到许可屠宰的间隔时间。兽药进入生猪体内，一般要经过吸收、代谢、排泄等过程，不会立即从体内消失。药物或其代谢产物以蓄积、贮存或其他方式保留在生猪组织、器官中，具有较高的浓度。在休药期间，生猪组织中存在的具有毒理学意义的残留通过代谢，可逐渐消除，直至达到“安全浓度”，即低于“允许残留量”，或完全消失。

兽药残留是指兽药在畜禽产品中的残留。不遵守休药期规定，造成药物在生猪体内大量蓄积，生猪产品中的残留药物超标，或出现不应有的残留药物，会对人体造成潜在的危害。①致畸、致突变和致癌作用。丙咪唑类抗蠕虫药残留对人体最大的潜在危害是致畸作用和致突变作用。砷制剂、喹恶啉类药物都已证明有“三致”作用。②激素（样）作用。兽用激素类药物残留，会影响人体正常的激素水平，并有一定的致癌性，可表现为儿童早熟、儿童异性化倾向、肿瘤等，使人出现头痛、心动过速、狂躁不安、血压下降等症状。③过敏反应。常引起人过敏反应的药物主要有青霉素、四环素类、磺胺类等药物。牛奶中如果含有青霉素或磺胺类药物,可使人发生不同程度的过敏反应。④环境污染。兽药及其代谢产物通过粪便、尿等进入环境,被环境中的生物富集,然后进入食物链,同样危害人类健康。现在,兽药残留在国内外已经成为社会关注的公共卫生问题,严重影响了我国动物产品的出口。

(七)使用违禁的药物

农药残留、有毒有害物质及一些稀有元素和重金属元素(如砷、铜)在养殖业生产中大量使用,这类产品的"安全量"和"中毒剂量"十分接近,而动物的进食饲料方式又是自由采食,极易出现该类物质的过量积累,从而造成动物中毒,进而危害动物产品安全。

(八)使用过期的药物

凡规定有效期的兽药,期满后,效价即降低或失效。不同的兽药有不同的有效期,但在养猪场,使用过期的兽药现象普遍存在。

(九)药物的不合理配伍使用

临床上用药失误的类型有诊断失误、择药失误、配伍失误、剂量失误、用法及调剂失误等。其后果表现为药效减小、出现不良反应、中毒或死亡、引发药源性疾病,并使治疗费用增加。

1. 不恰当的联用

如速效杀菌药与速效抑菌药联用,例如,青霉素类(青霉素、氨苄青霉素、苯唑西林等)+大环内酯类(罗红霉素、乙酰螺旋霉素、交沙霉素、阿奇霉素等)、头孢菌素类(头孢唑林、头孢哌酮、头孢噻肟等)+林可霉素、青霉素+氯霉素等,青霉素类和头孢菌素类属繁殖期杀菌药,作用机制在于干扰细菌黏肽的合成,使细菌细胞壁缺失,细胞液泄出而死亡,对正在繁殖的细菌有强大的杀菌作用。而大环内酯类抗生素、氯霉素和林可霉素为速效抑菌药,能抑制细菌蛋白质的合成,使细菌由繁殖期进入静止期,从而减弱青霉素类和头孢菌素类抗菌药物的杀菌作用。反之,如果先用速效杀菌药再用速效抑菌药疗效会得到加强。

2. 作用于同一受体的药物联用

例如,罗红霉素+林可霉素、克林霉素+交沙霉素等大环内酯类和林可霉素类药物联用,因大环内酯类和林可霉素类药物的作用机制相同,主要在于抑制细菌蛋白质的合成,作用于菌体蛋白质合成过程中的核糖体50S亚基的合成。联用时可在作用部位竞争,相互拮抗,削弱抗菌作用,而且并用可能引起伪膜性肠炎。

3. 同类药物联用或重复用药

例如,庆大霉素+核糖霉素、头孢唑林+头孢哌酮/舒巴坦钠、罗红霉素+交沙霉素等。同类药物之间的联用不但不能扩大抗菌范围，而且增加毒副作用。

4. 应用多种抗菌药物

例如，青霉素＋磺胺＋左氧氟沙星等一同使用，加重经济负担而且易引起不良反应。

5. 抗菌药物与非抗菌药物的不合理联用

有些药物与抗菌药物联用可使抗菌药物的疗效下降，如：复方磺胺异噁唑或红霉素片＋山莨菪碱。山莨菪碱为M胆碱受体阻断药，可抑制胃排空，使抗菌药物在胃内滞留时间延长，分解增加。同时，到达肠内的速度减慢，吸收延迟，从而导致血药浓度下降，疗效降低；有些药物与抗菌药物合用增加毒性或不良反应，如：呋塞米等强利尿药与庆大霉素等氨基糖苷类抗生素合用增加毒性，右旋糖酐40与庆大霉素合用增加肾毒性，氨基糖苷类抗生素与西咪替丁、地西泮合用，使神经肌肉阻滞作用增加并导致呼吸抑制。受体阻断药如异丙嗪与氨基糖苷类药物合用可隐盖氨基糖苷类药物的早期耳毒性症状，继续用药可能致永久性耳损害。

(十)频繁换药

重症感染不及时进行细菌培养和药物敏感试验，凭经验试探性用药，频繁换药，使各种抗菌药物维持有效血药浓度时间过短，不能发挥疗效，反而使细菌产生耐药性。

(十一)疗程过长或过短

抗菌药物的疗程因感染不同而异，一般应该到体温正常，症状消退后72～96小时停用，而败血症、感染性内膜炎、伤寒、骨髓炎、结核病等需较长的疗程方能彻底治愈，并防止复发。疗程不当特别是症状一消退即停药在生产实践中普遍存在。

(十二)静脉注射时溶媒量太大或太小

β-内酰胺类抗菌药物为繁殖期杀菌剂，快速进入体内在短时间形成较高的血药浓度，对其杀菌作用的发挥更为有利，静脉滴注时宜用少量溶媒。而氨基糖酐类抗菌药物快速进入体内，可能产生耳、肾毒性及更危险的神经肌肉阻滞而致呼吸骤停，突然死亡，静脉注射时溶媒量不宜太小。

第三节 饮水的管理

一、饮水的质量管理

(一)保证生猪饮水的安全卫生

(1)水源的选择要符合NY 5027—2008《无公害食品—畜禽饮用水水质》标准。

建场之初就考虑水源保障，有条件的应选择水质较好的自来水，在农村应选择地下深井水，水井应加盖密封，防止污物、污水进入，水源周围 50～100 m 内不得有污染源。如用地面水做饮用水时，应根据水质情况进行沉淀、净化、消毒处理后才可饮用。一般每升水加 6～10 g 漂白粉或 0.2 g 百毒杀处理。

(2)水质要求达到 NY 5027—2008《无公害食品　畜禽饮用水水质》标准。合格饮水要求达到无色、透明、无异味；每升水中大肠杆菌数不超过 10 个，pH 值在 7.0～8.5，水的硬度在 10～20°DH 等。为确保水质良好，猪场都应该至少每年一次对猪的饮水质量进行监测。硬度过大的水一般可采取饮凉开水的方法降低其硬度；高氟地区，可在饮水中加入硫酸铝、氢氧化镁以降低氟含量。

(3)保证饮水器具卫生。对饮水器具要每天进行清洗，尤其运动场上的饮水器具容易脏污，注意除尘土保卫生。

(二)视不同情况保证水流率和饮水量

(1)经常检查供水系统起始处、中间部位以及末端处的水流率。水流速度：6～10 kg 体重的猪供水流速为 0.5 L/分钟；25～50 kg 体重的猪供水流速为 0.7 L/分钟；50～90 kg 体重和妊娠猪的供水流速为 1.0 L/分钟；哺乳母猪的供水流速以 1.5 L/分钟为宜。

(2)影响猪对水需要量的因素很多，如气温、饲料类型、猪的大小和生理状态等，均对猪的需水量有重要影响。在舍饲条件下，1 头带仔母猪每天需供给 75～100 L 水，妊娠母猪、公猪、育成猪供给 30 L，幼猪和肥猪为 15～20 L。断奶仔猪断奶后最初 2 周内喝足水是极其重要的，因为这时吃高蛋白饲料需要有较高的饮水量以便排泄出多余的氮，这样才能保证采食量和降低发病率。特别要保证哺乳母猪夏季水量供应，每天需要水 40 kg 左右，水量不足会造成采食量降低、泌乳量下降。

(三)不能忽视水温

猪的饮水和食料的温度对猪的生长发育和健康有密切的关系。猪在夏天适宜饮用凉水，而在寒冷季节饮温水的效果较好，可以促进猪的采食量，显著地提高猪的日增重、降低腹泻率。特别是仔猪，当饮水温度低于体温时，不仅猪需用额外的能量以提高摄入水的温度，而且冷应激还会造成猪胃溃疡、消化不良等病症。经广西大学试验证明，哺乳仔猪饮用由多功能恒温饮水器供给的 37℃温水，比饮常温自来水的仔猪日增重多 39.4 g，增重多 0.82 kg，头均耗料多 0.34 kg，腹泻率低 20%。寒冷季节水温对母猪也很重要，哺乳母猪若喂温度 0℃的水和料，每天需多耗 0.5 kg 的精料浪费在维持体温上。冬季妊娠母猪喂冰凉水料，还易造成流产等不良后果。寒季猪饮水的适宜温度为：生长育肥猪和妊娠猪 16～20℃，保育猪 20～25℃，哺乳母猪 25～28℃，哺乳仔猪 35～38℃。

(四)加强用水的日常管理

(1)加强饮水器检查维修。应经常检查有无漏水或损坏现象,做到及时维修。

(2)加强仔猪饮水管理。哺乳仔猪和断奶仔猪最初 6～12 小时内可能会找不到饮水,可采取饮水器滴水或设置水槽的办法引诱其饮水。

(3)加强病猪饮水管理。特别是腹泻病猪,更需要灌服适量温暖优质盐水。

(4)加强哺乳母猪饮水管理。母猪分娩后非常口渴,需要及时保证 6 L 左右的温水。

(5)避免猪暴饮,发现饮水中毒,及时解救。轻者停止饮水 6～8 小时后,再少量多次供给 0.5%盐水;重者服用强心利尿剂可很快见效。

(五)严格饮水中添加物质行为的管理

(1)禁止往饮水中添加禁用药物。

(2)往饮水中添加有休药期规定的兽药,应在疗程结束后对饮水系统进行清洗。

二、无公害食品　生猪饮用水水质

《无公害食品　生猪饮用水水质》(NY 5027—2008)对畜禽饮用水水质标准作出了明确的规定。

(1)畜禽饮用水水质不应大于表 4-31 的规定。

(2)当水源中含有农药时,其浓度不应大于限量。畜禽饮用水中农药限量见表 4-32。

表 4-31　畜禽饮用水水质标准

项目			标准值
感官性状及一般化学指标	色(°)		色度不超过 30
	浑浊度(°)		不超过 20
	臭和味		不得有异臭、异味
	肉眼可见物		不得含有
	总硬度(以 $CaCO_3$ 计)(mg/L)	≤	1 500
	pH		5.5～9
	溶解性总固体(mg/L)	≤	4 000
	氯化物(Cl^- 计)(mg/L)	≤	1 000
	硫酸盐(SO^- 计)(mg/L)	≤	500
细菌学指标	总大肠菌群(个/100 mL)	≤	成年 10,幼 1

续表 4-31

项　目			标准值
毒理学指标	氟化物(以 F^- 计)(mg/L)	≤	2.0
	氰化物(mg/L)	≤	0.2
	总砷(mg/L)	≤	0.2
	总汞(mg/L)	≤	0.01
	铅(mg/L)	≤	0.1
	铬(六价)(mg/L)	≤	0.1
	镉(mg/L)	≤	0.05
	硝酸盐(以 N 计)(mg/L)	≤	30

表 4-32　畜禽饮用水中农药限量指标　mg/L

项　目	限　值	项　目	限　值
马拉硫磷	0.25	林丹	0.004
内吸磷	0.03	百菌清	0.01
甲基对硫磷	0.02	甲萘威	0.05
对硫磷	0.003	2,4-D	0.1
乐果	0.08		

三、饮水管理的效果检验

主要通过饮水系统正常运转、饮水质量安全、特殊情况的饮水应对(病猪、仔猪、哺乳母猪的饮水保障)及饮水中毒的应急处理等四个方面来进行评价。

四、饮水管理常见误区

(一)生猪饮水不足

猪只所需要的水来自饮水、饲料水及体内代谢水。饮水是最主要的来源，一般占所需水量的 85%～95%。水量不足会造成严重影响。

(1)导致猪消化率降低，影响生长发育。体内一旦缺水，采食量降低，肠蠕动减缓弱，营养吸收不全，消化率降低，饲料报酬降低，泌乳量少，生长发育受阻。据报道，断奶小猪缺水日增重会下降 18%，料肉比减少 4%；生长育肥猪缺水日增重下降 5.5%，料肉比减少 5.5%。

(2)导致猪体产生毒素，发病率增高。猪体在新陈代谢过程中产生的废物需要通过水来排泄，如果不把这些废物及时运送出去，就会产生毒素，造成猪体蓄积中毒，严重者由于盐中毒而死亡。据报道，猪体失水10%就会出现反常，丧失20%的水，生命就出现危险。此外，猪缺水口渴就会喝脏水而导致患肠道疾病。

（二）生猪饮水过量

猪对水的排出一般有四条途径，即肺脏呼出、皮肤蒸发散失、消化道随粪便排出和肾脏泌尿。通常情况下，猪喝进体内的水首先通过尿液和汗液排出体外，体内水的数量得到调节，使血液中的盐类等特定化学物质的水平达到平衡。如果猪喝了太多的水，最后肾脏不能快速将过多的水分排出体外，血液就会被稀释，血液中的盐类浓度被降低。这样水就会从稀释的血液中移向水较少的细胞和器官，而这将引起相应的器官的膨胀水肿，就会产生"水中毒"的症状。轻者会出现尿少而频，红尿，体温下降，呼吸加快，腹围增大；重者食欲废绝，呕吐，粪便稀薄，四肢无力呈游泳状划动，肌肉痉挛，甚至死亡。一般多发生于猪缺水6小时以上、长途运输缺水、炎热夏季缺水后暴饮。

（三）生猪饮用水质不良

饮水的质量直接关系到动物的生长发育和健康。细菌总数超过每毫升100个，大肠菌群超过每毫升3个就会引起动物腹泻、营养吸收障碍和其他多种疾病。水中含铁量过高会促进肠道病原菌的增殖，硫酸盐过高会引起下痢，硝酸盐含量高于500 mg/kg、亚硝酸盐高于10 mg/kg就可引起中毒，1 500～2 500 mg/kg的硫酸盐可引起短暂腹泻。

第五章　规模化猪场的疫病防治

第一节　当前规模化猪场猪病流行的新特点

近十几年来，我国养猪业持续发展，呈现出良好的发展势头。但随着养猪业规模的扩大，疾病越来越复杂。

一、疫病出现新特点

一是新发病不断出现。如猪蓝耳病、猪圆环病毒病、猪增生性肠病、猪传染性胸膜肺炎等。二是病原变异速度加快。如高致病性猪蓝耳病、猪 2 型链球菌病。三是疫病流行性强度有所改变。如猪瘟表现缓慢性和散发性，温和型和非典型猪瘟不断出现。四是疫病传播途径有所增多。如狂犬病现在证实还可通过呼吸道和消化道感染发病。五是细菌性耐药株日益增加。如过去对青霉素十分敏感的某些呼吸道病，现在用青霉素治疗则失去了当年的效果。

二、呼吸系统和繁殖障碍疾病加重

近年来规模化猪场受到猪支原体肺炎、猪蓝耳病、猪萎缩性鼻炎、猪传染性胸膜肺炎、猪伪狂犬病、猪流感、猪圆环病毒病等疫病及通风不良的高密度饲养环境的影响，猪呼吸系统发病率不断增加，危害加重，且发病后难以控制，死亡率上升。由许多不同病原体引起的猪繁殖障碍综合征在国内存在极为普遍，目前已证实与此综合征有关的病原体达 30 多种，而且仍在不断增加，如可引起猪繁殖障碍的副黏病毒科病毒，最近已证实在我国发生繁殖障碍的猪群中存在。当前在我国此综合征中以猪蓝耳病、伪狂犬病、细小病毒、乙型脑炎、衣原体感染及繁殖障碍性猪瘟的发生流行和危害最为普遍。

三、疫病的混合感染不断出现

在混合感染中现有猪蓝耳病、猪圆环病毒病、猪伪狂犬病、猪传染性胸膜肺炎等疫病所致的双重或多重感染，也有两种细菌或多种细菌所致的双重或多重感染，还有病毒与细菌、病毒与寄生虫、细菌与寄生虫的混合感染。

四、继发感染严重

猪只患病后的继发感染也是规模化养猪场的常发病，加之细菌的耐药性增强，继发感染控制困难已成为猪场疫病控制中的苦恼事。

五、猪群易感性增强

规模化猪场饲养密度大，猪舍通风换气不良，舍内有害气体的浓度高，应激不断增加，造成猪只机体的抵抗力降低，使猪只对各种病原体的易感性增强。

六、霉菌中毒日趋严重

谷物在田间生长、收获、饲料加工、仓储及运输过程皆可产生霉菌毒素，霉菌毒素普遍存在于管理不好的饲料中。霉菌毒素危害极大，不仅可降低饲料的品质，导致生猪急性或慢性中毒，而且对生猪机体免疫系统破坏造成免疫抑制。生产实践中，霉菌毒素的危害常被忽略。

七、免疫抑制日益突出

引起猪免疫抑制的因素很多，疾病、营养不良、饲料霉变、滥用抗生素以及环境恶劣等因素都可造成猪的免疫功能受损或下降，其中免疫抑制病（包括猪附红细胞体病、猪圆环病毒病、猪蓝耳病、猪气喘病等）是抑制和破坏猪免疫系统的最大因素。免疫抑制的危害对猪群健康保健的威胁日益增加，当前最为常见并严重发生的有猪蓝耳病、伪狂犬病、圆环病毒病等，副黏病毒病在我国某些猪群中的发现则又增加了一种新的免疫抑制性疫病。

第二节　主要动物防疫策略

一、消灭传染源的制度

（一）检疫申报制度

（1）向外售猪，应提前 3（商品猪）～15 天（种猪及其精液、卵、胚胎，以及参加展览的猪）向当地动物防疫机构申报检疫，经动物检疫员临栏检疫合格后，出具检疫合格证明，方可出场。

（2）向无规定动物疫病区输入相关易感动物、易感动物产品的，货主除按规定向输出地动物卫生监督机构申报检疫外，还应当在起运 3 天前向输入地省级动物卫生监督机构申报检疫。

(3)申报检疫的，应当提交检疫申报单；跨省、自治区、直辖市调运乳用动物、种用动物及其精液、胚胎、种蛋的，还应当同时提交输入地省、自治区、直辖市动物卫生监督机构批准的《跨省引进乳用种用动物检疫审批表》。申报检疫采取申报点填报、传真、电话等方式申报。采用电话申报的，需在现场补填检疫申报单。动物卫生监督机构受理检疫申报后，应当派出官方兽医到现场或指定地点实施检疫；不予受理的，应当说明理由。

(二)无害化处理制度

1. 病、死猪的无害化处理

(1)所有病、死猪严禁出售或随意丢弃。经过兽医经检验后，必须及时对病死猪及其污染物依法进行无害化处理。

(2)无害化处理的方式为深埋、焚烧等。深埋处理的地方必须远离生产区、生活区，且深度必须达到规定要求。具备焚烧条件的猪场，病、死猪的尸体必须用焚烧炉焚烧。

(3)参与无害化处理的人员，必须穿戴工作服、帽、筒靴；处理后，处理人员必须彻底洗手消毒，所穿戴的工作服、帽、筒靴等物品也必须消毒或焚烧销毁。

(4)对病、死猪污染的场地和用具必须用消毒液彻底消毒。

(5)无害化处理要有完整的记录记载，处理人员必须签字，并申报无害化处理补助。

2. 粪便和污水的无害化处理

第三章已有详尽的介绍，这里不再赘述。

3. 猪场废弃物的无害化处理

废弃物包括过期的兽药、疫苗、注射后的疫苗瓶、药瓶及生产过程中产生的其他弃物。各种废弃物一律不得随意丢弃，应根据各自的性质不同采取煮沸、焚烧、深埋等无害化处理措施，并要求填写相应的无害化处理记录表。

(三)疫情监测制度

通过生猪疫病监测，对生猪疫病及其发展趋势进行监视、检测和评估判断，其目的是为了及时发现疫情隐患，考查疫病预防效果和预防、控制疫病的发生。

对猪群进行日常观察和个体检查，并做好记录。对重点病和新发病做好普查和监测，定期采取血样送实验室检查。这样，就能摸清楚场内有哪些疫病及主要疫病的感染情况。

下面，介绍几种主要的繁殖障碍疫病的实验室监测方法：

(1)猪瘟。用荧光免疫抗体或 RT - PCR 或 ELISA 方法，对流产、死胎及以高热为特征的死亡病例进行病原学检测。

(2)猪伪狂犬病。监测方法采用鉴别ELISA诊断技术，种猪场每年监测2次，监测时应按种公猪(含后备种公猪)100%、种母猪(含后备种母猪)20%的比例抽检；商品猪不定期进行抽检；对有流产、产死胎、产木乃伊胎等症状的种母猪100%进行检测。

(3)细小病毒病。采用流行病学调查、血清学方法和病原学方法进行监测，应按种公猪(含后备种公猪)100%、种母猪(含后备种母猪)10%～20%的比例抽样；对有流产、产死胎、产木乃伊胎等症状的种母猪100%进行检测。

(四)疫情报告制度

发生可疑疫情后，立即向当地动物防疫机构上报疫情，并采取相应的预防和控制措施，所有生猪不得随意出售外销或丢弃，防止疫情扩散。

二、切断传播途径方面的制度

(一)消毒制度

消毒是杀灭或清除停留在体外传播因素上的存活病原体。其目的是杀灭生物致病因子，以控制和消灭疫病的蔓延或流行。消毒主要包括污染物消毒及猪舍、场地和设施的消毒。

消毒方法主要有物理消毒和化学消毒两大类。在猪场上常用的物理消毒有紫外线消毒和热力消毒(如火焰、烘烤、煮沸、蒸汽等)；常用的化学消毒为凝固蛋白类、溶解蛋白类、氧化蛋白类、阳离子表面活性类等化学消毒剂溶液消毒。选用何种消毒剂依具体的疾病情况而定，原则是效果确实、价格便宜、对人猪无害。

(二)杀虫灭鼠制度

杀虫在预防和扑灭动物疫病中具有重大意义。这里所谓的“虫”，即蚊、蝇、蜱、虻等节肢动物，其中很多都是人和生猪疫病的传播媒介，称为媒介昆虫。杀灭了这些昆虫，就切断了传播途径，就能预防所传播的疫病。

鼠是人和动物很多重要疫病的传播媒介和传染源，也能成为某些寄生虫的中间宿主及机械传播寄生虫病。它可传播的主要动物传染病有口蹄疫、猪瘟、猪丹毒、炭疽、布鲁氏菌病、结核病、李氏杆菌病、钩端螺旋体、伪狂犬病、巴氏杆菌病等。除了能传播人和动物疫病外，由于鼠的产仔率高、繁殖速度快，在猪场常常引起鼠害，造成巨大的经济损失，因而灭鼠工作早已引起规模化猪场广泛的关注。

(三)隔离制度

对从场外引进的生猪,需先隔离观察 45 天,确认健康无疫后,方可并群饲养。对病因暂不明确的传染病首先采取检查猪群和隔离病猪、同群猪,及时对症治疗、栏舍带猪消毒等临时性措施。

(四)多点式生产

长期以来,对疫病如何在猪场内流行存在很大的误解。通常认为是由于大肠杆菌、魏氏梭菌、猪葡萄球菌等环境中普遍存在的病原微生物,仔猪在哺乳期间从母猪那里感染了这些病原微生物。但是,近年来却发现大部分地方性感染病原是在仔猪断奶后感染仔猪的。这时恰逢被动免疫减退,"老"的育肥猪不断地把病原微生物转向年轻的育肥猪,从而持续存在于某一个群体。

针对病原微生物在猪场中的实际传播特点,许多国家的猪场采用了多点生产方式,将整个生产体系分成三个区:一区主要饲养母猪和哺乳仔猪,包括配种、妊娠和分娩场所;二区主要饲养断奶仔猪;三区主要饲养育肥猪。每个区间隔一定距离,都是相对独立的,各区之间没有交叉感染的机会。每个区内依然实行单元式饲养,全进全出。采用多点式生产方式,猪只受各种潜在病原微生物侵袭的机会大大减少,具有较高的健康水平,因此,在饲料报酬、增重等方面优于传统生产模式下的猪只。目前,我国不少养猪合作社和较大规模化猪场采用了多点式生产方式,取得了良好的效果。

三、增强生猪免疫力方面的制度

(一)科学饲养管理

科学饲养管理是预防生猪疫病的基础。生猪只有获得良好的饲养管理条件,供给充足的全价营养,才有健康的体质。对幼年生猪而言,才有利于免疫器官的发育;对成年生猪来说,则有利于免疫功能的正常发挥。相反,若管理不善、营养不良、圈舍条件差、通风不畅、拥挤、载畜量过大、饲料受污染、饮水不卫生等,动物自然就会发育不良、体质虚弱,也就易于遭受感染,发病也较为严重。除了良好的饲养管理条件、充足的营养外,全进全出制等新的科学饲养管理方法已在生产实践中广泛应用,并收到了良好的效果。而且这些新的饲养管理方法并不增加管理费用,或很少增加管理费用,实施也极为简便,预防疫病的效果却较为理想。

(二)免疫接种制度

免疫接种可以提高抵抗多种细菌性和病毒性疫病及一些寄生虫病的免疫力。疫苗通常用于预防疫病,但在疫病流行期间也可用来减少易感动物的数目,有助于使流行终止。疫苗可以是灭活的，如被杀死的细菌等病原微生物、变性的病毒等；疫苗也可以是活的，这时病原微生物通常是被致弱的或天然不致病的。两种疫苗各有优缺点。灭活疫苗比活疫苗安全，发现新病原体时研制周期短，但生产成本比活疫苗高，刺激黏膜免疫和细胞介导免疫的效果差。活疫苗中的致弱病原体可以回复到强毒型，而且很难区分疫苗毒株和野毒株的感染，给诊断和检疫带来困难。

（三）驱虫

定期驱除猪体内外寄生虫，2 月龄左右猪可首次进行驱虫，以后每间隔 2 个月进行一次。选用药物有阿维菌素、硫双二氯酚、左旋咪唑等。

（四）药物预防

药物预防即指使用某些抗微生物药物和抗寄生虫药物来预防相应的传染病和寄生虫病。药物预防是预防动物疫病的一条新途径，也是预防动物疫病的重要措施之一。对于尚无疫苗可资利用或虽有疫苗但实际应用还有问题的疫病显得更为重要。在规模化猪场中，药物预防应用得非常普遍。

药物预防的实质为药物能有效抑制或杀灭感染动物的病原微生物或寄生虫。预防药物的种类包括抗球虫药、驱虫类和抑菌促生长类。由于预防药物需要在动物体内较长时间地维持并达到一定的浓度，很明显这就必须考虑到是否会引起动物蓄积中毒，药物残留是否会影响人体健康，以及是否会引起所针对的微生物和寄生虫产生抗药性等。因而必须经过严格、周密的选择，并获得法定认可。大多数预防药物都混于饲养中做饲料药物添加剂使用，兽药管理中对饲料药物添加剂有专门的管理规定。

四、动物防疫条件保障方面的制度

（一）商品猪场动物防疫条件保障制度

1. 选址要求

（1）距离生活饮用水源地、动物屠宰加工场所、动物和动物产品集贸市场 500 m 以上；距离种畜禽场 1 000 m 以上；距离动物诊疗场所 200 m 以上；动物饲养场（养殖小区）之间距离不少于 500 m。

（2）距离动物隔离场所、无害化处理场所 3 000 m 以上。

（3）距离城镇居民区、文化教育科研等人口集中区域及公路、铁路等主要交通干线 500 m 以上。

2. 布局要求

（1）场区周围建有围墙。

(2)场区出入口处设置与门同宽，长 4 m、深 0.3 m 以上的消毒池。

(3)生产区与生活办公区分开，并有隔离设施。

(4)生产区入口处设置更衣消毒室，各养殖栋舍出入口设置消毒池或者消毒垫。

(5)生产区内清洁道、污染道分设。

(6)生产区内各养殖栋舍之间距离在 5 m 以上或者有隔离设施。

3. 设备设施要求

(1)场区入口处配置消毒设备。

(2)生产区有良好的采光、通风设施设备。

(3)圈舍地面和墙壁选用适宜材料，以便清洗消毒。

(4)配备疫苗冷冻(冷藏)设备、消毒和诊疗等防疫设备的兽医室，或者有兽医机构为其提供相应服务。

(5)有与生产规模相适应的无害化处理、污水污物处理设施设备。

(6)有相对独立的引入动物隔离舍和患病动物隔离舍。

4. 工作人员要求

(1)应当有与其养殖规模相适应的执业兽医或者乡村兽医。

(2)患有相关人畜共患传染病的人员不得从事动物饲养工作。

(二)种猪场动物防疫条件保障制度

除符合一般猪场动物防疫条件外，还应当符合下列条件：

(1)距离生活饮用水源地、动物饲养场、养殖小区和城镇居民区、文化教育科研等人口集中区域及公路、铁路等主要交通干线 1 000 m 以上。

(2)距离动物隔离场所、无害化处理场所、动物屠宰加工场所、动物和动物产品集贸市场、动物诊疗场所 3 000 m 以上。

(3)有必要的防鼠、防鸟、防虫设施或者措施。

(4)有国家规定的动物疫病的净化制度。

(5)根据需要，种猪场还应当设置单独的动物精液、卵、胚胎采集等区域。

(三)养殖建档制度

应当建立养殖档案，并按规定保存档案。认真做好生产记录，检疫、免疫、消毒记录，生猪发病、死亡和无害化处理记录，饲料添加剂、兽药等投入品的使用记录。

(四)畜禽标识管理制度

按照国家关于畜禽标识管理的规定，加施生猪耳标。

猪场各阶段主要动物防疫制度见图 5-1。

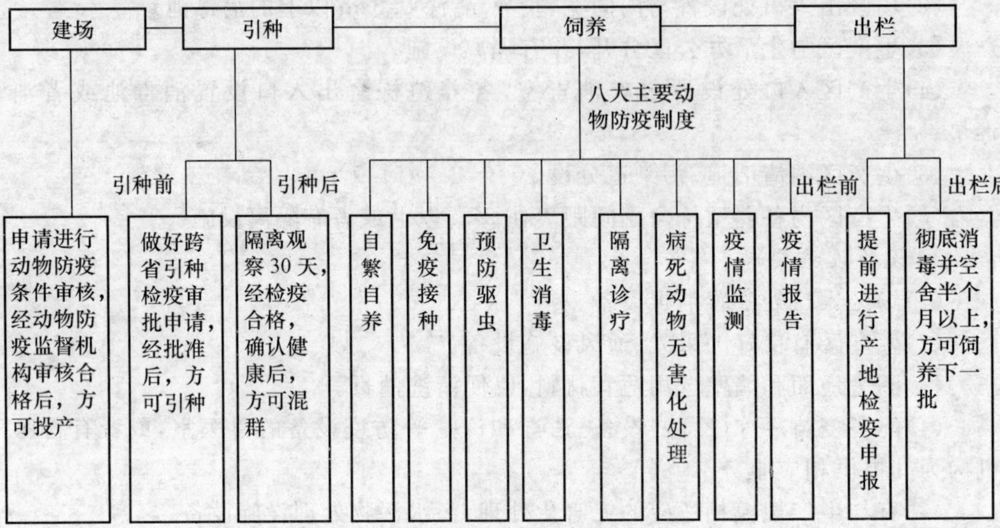

图 5-1　猪场各阶段主要动物防疫制度示意图

第三节　免疫接种的质量管理

一、免疫接种的质量管理

免疫接种的质量管理是保证接种成功的关键。免疫接种质量管理的内容包括疫苗质量管理、免疫程序质量管理、免疫接种操作质量管理及免疫接种密度管理。

(一)疫苗的质量管理

(1)选用经济、安全、稳定、特异、高效、使用方便的疫苗。疫苗应有生产批准文号,应符合国家规定的兽药质量标准,切忌使用无批准文号及不符合兽药质量标准的所谓特效疫苗,如走私疫苗、内部疫苗、中试疫苗等。

(2)按规定条件保存和运输疫苗,这是很重要而又易于被忽视的一条。因疫苗的主要成分是具生物活性的蛋白质和多糖,其共同的特点是不宜长期暴露在高温条件下,否则将会失效。这样就很容易造成免疫接种的失败及人力、物力的浪费。为确保所购疫苗的质量,疫苗必须按规定方法保存。疫苗的一般保存方法是冷冻或冷藏,尤其是活苗。疫苗是否需要冷冻或冷藏保存,在疫苗标签上有明确规定。冷冻或冷藏保存应包括从疫苗生产单位至猪场应用的全过程,即形成所谓的冷链,其中任何一个环节出现故障都会影响疫苗的质量,超过规定保存的温度越高、时间越长，影响也就越大。因此，疫苗的运输、保存、分发等都应尽可能保存在规定的冷藏条件下，使用的疫苗脱离冷冻或冷藏条件后，应及时用完。

（二）免疫程序质量管理

根据当地疫病流行情况发生、猪群母源抗体或免疫抗体水平、疫病发生发展规律等情况制定符合本场实际的特异性免疫程序。一个猪场必须有自己的免疫程序，包括疫苗种类、接种时间、次数、间隔时间。免疫程序的制定首先考虑当地和本厂发生过和有可能发生的，要通过疫病监测确定要免疫的病种，通过检测主要传染病种类的血清性质决定疫苗使用种类，通过猪群母源抗体或免疫抗体水平检测决定免疫的时间。

对高致病性猪蓝耳病、口蹄疫、猪瘟等强制免疫病种可按农业部推荐免疫程序进行免疫。

1. 口蹄疫

所有猪进行O型口蹄疫强制免疫，疫苗种类为口蹄疫O型灭活类疫苗或口蹄疫O型合成肽疫苗（双抗原）。仔猪28～35日龄时进行初免，间隔1个月后进行一次强化免疫，以后每隔4～6个月免疫一次。

发生疫情时，对疫区、受威胁区域的全部生猪进行一次强化免疫，最近1个月内已免疫的家畜可以不进行强化免疫。

2. 高致病性猪蓝耳病

对所有猪进行高致病性猪蓝耳病强制免疫，疫苗种类为高致病性猪蓝耳病活疫苗、高致病性猪蓝耳病灭活疫苗。①商品猪：使用活疫苗于断奶前后初免，4个月后免疫1次；或者使用灭活苗于断奶后初免，可根据实际情况在初免后1个月加强免疫1次。②种母猪：使用活疫苗或灭活疫苗进行免疫。70日龄前免疫程序同商品猪，以后每次配种前加强免疫1次。③种公猪：使用灭活疫苗进行免疫。70日龄前免疫程序同商品猪，以后每隔4～6个月加强免疫1次。

发生疫情时，对疫区、受威胁区域的所有健康猪使用活疫苗进行一次强化免疫。最近1个月内已免疫的猪可以不进行强化免疫。

3. 猪瘟

对所有猪进行猪瘟强制免疫。疫苗种类为政府招标专用猪瘟活疫苗：①商品猪：25～35日龄初免，60～70日龄加强免疫1次。②种猪：25～35日龄初免，60～70日龄加强免疫1次，以后每4～6个月免疫1次。

发生疫情时对疫区和受威胁地区所有健康猪进行一次强化免疫。最近1个月内已免疫的猪可以不进行强化免疫。

4. 伪狂犬病

对疫病流行地区的所有种猪等选择经农业部批准适合当地(场)血清型毒株的疫苗,建议使用基因缺失疫苗,根据污染的程度制定免疫程序进行免疫。

5. 猪流行性乙型脑炎

对疫病流行地区的猪等易感动物进行免疫。在蚊虫出现前1～2个月,对猪等易感动物进行1次免疫。

6. 细小病毒病

根据所选择的使用说明书要求的时间和程序以及各养殖场监测结果综合制定免疫程序。

(三)操作的质量管理

1. 接种前有关操作的质量管理

接种前除准备好消毒药品和接种器具外,应对将使用的疫苗进行检查,包括核对将使用的疫苗种类、疫苗的标签内容是否完整规范、包装是否完好、是否符合规定保存条件、疫苗是否在有效期之内等。同时,还应对将接种的生猪进行检查。检查的内容主要包括生猪的健康状况、妊娠情况及体质状况三个方面。健康状况检查的目的是要确认生猪是否有病,有病的动物易发生明显的接种副反应。妊娠母猪,特别是临产母猪,可因接种时引发的剧烈奔跑、极度挣扎而引起流产。体质虚弱、营养不良的生猪既不能产生坚强的免疫力,也可能引起明显接种反应。因此,预防性免疫接种时,对那些有病的、体弱的、怀孕的,尤其是怀孕后期的生猪应暂不接种,俗称"三不打",而是在以后的适当时候再接种则更安全有效,这种"三不打"对象在条件消除后进行的免疫接种俗称"补打"或"补免"。对应急性免疫接种而言,由于疫情威胁,则这些特殊情况的动物一般应立即进行免疫接种,但应采取相应的保护性措施。

2. 接种时有关操作的质量管理

免疫接种时的技术操作要求主要包括:①严格按规定稀释疫苗、不保留剩下的已稀释的疫苗以后再使用,所有的疫苗瓶要进行烧毁或土埋处理。②在沸水中消毒注射用的针头和金属注射器,时间为10分钟,注射器要拆开,水开2分钟后再放入消毒以排除水中氧气,避免氧化。③减少接种对象的应激,尽量不引起生猪躁动不安,消毒接种部位适当。④确保疫苗接种到规定位置。如采用肌肉注射的疫苗,必须确保疫苗全部进入肌肉层,而不是皮内、皮下或脂肪内。⑤接种剂量准确并做好接种记录。免疫接种操作,并不复杂,但因责任重大,务必自始至终认真做好。

3. 免疫接种后的质量管理

包括对接种生猪的护理及对发生免疫接种副反应的生猪的处理。加强对免疫接种生猪的护理是必要的，尤其是对紧急接种中处于特殊情况的生猪及发生免疫接种反应的生猪。护理的内容一般包括防寒保温或防暑降温，供给充足饮水和优质饲料，加强监视，发现异常情况及时报告兽医人员处理等。

免疫接种能使绝大多数动物产生坚强的免疫力，但疫苗对动物机体而言，同时又是一种异物或异体大分子物质。这些异物，有的有毒性，因而能对动物引起一定的毒性反应；有的疫苗，如活疫苗、活菌苗，含活的病毒、细菌、寄生虫，接种后必然造成一次轻度感染。因而，免疫接种生猪一方面可获得免疫保护，另一方面有的动物则可能会出现不利于生猪机体的接种反应。这种免疫接种反应可分为正常反应和副反应两类。免疫接种正常反应，是指由疫苗本身特性引起的反应，其反应的性质与强度因疫苗的品种而异。常见的正常反应可见局部红肿、低热、精神食欲降低、泌乳量减少等，持续时间不长，短期内即可恢复。免疫接种后也不是所有生猪都会出现这些反应，多数生猪，尤其是成年健康动物多无察觉的症状。随着疫苗质量的提高，这类反应将会降到最低限度。免疫接种副反应可分为严重反应和并发症两类。严重反应和正常反应性质上没有什么区别，但程度较重、持续时间较长，或发生反应的动物数超过正常比例。引起严重反应的原因与疫苗质量、接种方法不当、接种剂量过大及个别生猪过敏有关，因而严格保证疫苗质量，严格按规定进行免疫接种，可降低反应的发生。合并症是指与正常反应的原因和性质不同的反应，包括超敏反应、扩散为全身感染、诱发潜伏感染及加重原有疾病等情况。紧急接种和在流行区、潜伏感染区进行预防接种最易发生合并症。发生副反应的原因较多，表现形式多样，处理方法也各不相同，要加强护理，采取对症疗法，对个别动物发生过敏反应的，要及时用肾上腺素等抗过敏药或强心药等药物治疗。诱发潜伏感染的，按发生疫情处理。若出现副反应比例较高、程度较重，应暂停接种，及时查明原因；对疫苗质量有怀疑的，应保留同批号未使用的疫苗，供仲裁检验。

所有动物注射疫苗后，必须经过一段时间才能产生免疫力，在这段时间要加强饲养管理，使动物免受疫病的侵袭，提高机体的抵抗力，才能保证免疫效果。

（四）免疫接种密度的管理

免疫接种率越高，获得免疫保护的生猪才会越多，发生疫病的可能性就越低，引起疫病流行的可能性同样也就越低。在按免疫程序预防接种中，总是有多种因素造成暂时不能接种，如正在生病，因而，必须在以后的适当时候补打预防针。此外，从外场引进的生猪亦应及时接种。只有这样，才能保证较高的免疫接种密度。

二、免疫效果的评估

免疫效果可以通过血清学监测的结果来评价。常用的血清学方法有正向间接血凝试验、血凝抑制试验、琼脂扩散试验、中和试验和酶联免疫吸附试验等。对被检样品的抗体滴度，既要看几何平均值，也要看最低保护滴度的数量，即使平均滴度比较高，只要有一定比例的被检血清滴度低于临界保护滴度时，也必须进行加强免疫接种。下面，介绍几种主要动物疫病免疫效果评估方法。

(一)口蹄疫

免疫 28 天后随机抽样采取血清样本检测，灭活类疫苗抗体正向间接血凝试验的抗体效价≥25 判定为合格，液相阻断 ELISA 的抗体效价≥26 判定为合格，合成肽疫苗 VP1 结构蛋白抗体 ELISA 的抗体效价≥25 判定为合格。存栏生猪免疫抗体合格率≥70％判定为合格。

(二)高致病性猪蓝耳病

活疫苗免疫 28 天后随机抽样采取血清样本检测。高致病性猪蓝耳病 ELISA 抗体 IRPC 值＞20 判为合格。存栏猪免疫抗体合格率≥70％判定为合格。

(三)猪瘟

免疫 21 天后随机抽样采取血清样本检测。猪瘟抗体阻断 ELISA 检测试验抗体阳性判定为合格，猪瘟抗体正向间接血凝试验抗体效价≥25 判定为合格。存栏猪抗体合格率≥70％判定为合格。

(四)伪狂犬病

应用乳胶凝集试验监测猪群免疫抗体，判断疫苗免疫效果。

三、猪场免疫失败的原因分析

(一)疫苗质量差，效价低

(1)购买了质量不合格的疫苗。如无批准文号或套用批准文号的疫苗、反复冻融的冻干苗、破乳的油苗、失去了真空保存条件的疫苗。

(2)疫苗过期失效。使用单位对疫苗需要量估计不准确，进货过多，使用过剩，造成超过了有效使用期。加之管理不到位，过期疫苗未及时销毁，无意中使用了过期疫苗的事情在生产实践中并不鲜见。

(3)疫苗运输和贮存保管不当。①养殖场工作人员认识不够，工作不认真，将冷冻和冷藏疫苗放错位置的情况时有出现。②养殖场的电力供应缺乏保障，疫苗贮存时多次停电，造成疫苗反复冻融，使疫苗效价降低或失效。③疫苗受到污染。目前养殖场一般只有生活冰箱，养殖场职工将疫苗和肉食(往往无法确保是本场自宰的)等生活用品一起放置其中，场内有生产专用冰箱的，往往存在将病料和疫苗放置在一起的问题，造成交叉感染导致疫苗受到污染。

(4)稀释不当。使用时不按要求稀释，过浓或过稀，或不正确使用稀释液，而使疫苗的效价降低。一次稀释的疫苗过多，接种时间过长，疫苗效力下降。

(5)器具不干净。注射器、针头、镊子、稀释疫苗的容器不干净，或不更换针头，很可能导致病原微生物被接种。

(6)混药接种。部分养殖场为了"减少免疫副反应"，往往在疫苗中混入黄芪多糖甚至抗生素等，影响了免疫效果。特别是接种细菌弱毒苗时同时注射抗生素，往往导致免疫失败。

(7)母源抗体的影响。由于各种疫苗在种猪中的广泛使用，可能使乳、仔猪的母源抗体水平提高，若接种过早，当疫苗病毒注入乳、仔猪体内时，会被母源抗体中和，从而影响疫苗免疫力的产生。

(二)免疫程序不合理

除国家强制免疫病种外，一定要根据当地疫病的流行情况，结合本场的实际，决定免疫病种，制定免疫程序，不能照搬书本或他人的。例如，阴性场则不必进行高致病性猪蓝耳病的免疫，以免造成该病的侵入。在此，特别要指出的是不要频繁免疫。一些养殖场缺乏免疫效果评估和疫情监测条件，对本场免疫工作信心不足，害怕传染病流行，在短期内多次接种或同时进行多种疫苗免疫，疫苗间的相互干扰，免疫麻痹，反而达不到理想的免疫保护。

(三)生猪存在疫病

(1)蓝耳病和圆环病毒病等免疫抑制病的存在，对疫苗免疫效果的影响不可忽视。

(2)其他疫病的影响，如猪瘟持续性感染的种猪，多次免疫，免疫抗体水平通常上升不明显。

(四)免疫剂量不当，效果不佳

一是剂量过小。工作人员为了减轻猪只反应，有意减少免疫剂量。二是剂量过大。为确保免疫效果，刻意加大免疫剂量，造成免疫麻痹甚至诱发疫病或急性中毒。三是剂量失控。在灭活疫苗免疫时，不频频摇匀疫苗，致使疫苗注射剂量大小不一，先注射的剂量过大，后注射的剂量过小或仅为稀释液。

(五)饲养管理水平较差

饥饿、寒冷、缺水、停电、拥挤、移栏、氨气和硫化氢等有害气体、惊吓、饲料变质、营养不良、滥用抗生素等多种应激因素，都能影响猪体的免疫应答能力，造成免疫失败。

(六)接种技术失误影响免疫

主要有接种方法不当，操作不小心等。如用灭活疫苗做饮水免疫，油乳剂灭活疫苗出现水油分离时仍接种猪只，注射器的定量控制失灵或针头堵塞等，要特别指出是种猪与肥猪接种采用同一型号的针头，疫苗被注入其皮下脂肪层，未能很好地被机体吸收，预防效果大打折扣。

第四节 消毒的质量管理

一、消毒的质量管理

(一)消毒要全面

进入场区的所有人员和物品，都要根据其特点选择合适的消毒方式进行消毒。主要关键点有入场消毒、场区消毒、猪舍消毒、尸体剖检等场所的消毒、工作人员和生产用具消毒。

1. 入场消毒

(1)人员和车辆的消毒。主要包括以下三点：

①猪贩及装猪车辆的管理。猪贩和装猪车辆是引起猪场疫病的重要原因。猪贩千家万户购猪，甚至收购病死猪，他们由于不懂专业或者认为场内损失与己无关，对防疫漠不关心。要修建从生产区直抵场外的售猪专用通道，禁止猪贩和装猪车辆进入场区(包括生活区)。场内人员把猪赶到通道口集中后，由猪贩通过通道口的专用透明钢化玻璃门确认，一般要求所赶入的猪要全部收购，确有个别猪需剔出者，先由饲养人员剔出赶回生产区后，再开门将猪全部赶入磅秤过秤。这种单向流动，将售猪通道作为生产区的延伸部分，供本场猪的销售是个好路子，一些猪场的专用售猪通道顶部为透明可开启的遮雨棚，便于清洗消毒，特别是晴天可开启，利用日光消毒，是个很好的选择。

②其他人员和车辆的消毒管理。一是外来服务、交流和监管人员的管理。这些人员接触猪群多，但由于多为专业人员，防范意识较强，只要有良好的消毒条件及指导，是会认真配合消毒的，他们与场内工作人员及其车辆一样通过场区大门消毒进入生活区。二是场内工作人员的管理。场内饲养人员和生产管理人员可以进入生活区和生产区，其他人员和外来人员一律不得进入生产区。生产区外的车辆不得进入生产区。

③人员和车辆的消毒方式。

一是人员从场外进入生活区的消毒。猪场大门口设喷雾消毒室和紫外线消毒室，入场人员先通过电子自动控制喷雾消毒室，然后进入紫外线消毒室，该室内四周墙壁等区分设紫外线灯，下铺麻袋，麻袋用 2%烧碱液浸湿，在紫外线消毒室消毒 15 分钟。

二是人员从生活区进入生产区的消毒。确需进入生产区的本场员工从生活区进入生产区要经过洗澡、更换衣服、鞋、帽，然后通过装有 20～25 cm 深的消毒池后，方可进入生产区；非本场人员或本场回场人员要进入生产区之前，至少要在生活区内隔离一个晚上，洗澡，更换新的生活衣服，第二天方可通过本场员工的方式进入生产区。

三是车辆的消毒。所有机动车辆不得进入生产区。猪场入口车辆消毒池池长至少为轮胎周长的 1.5 倍，池宽与猪场入口相同，池内药液高度不小于 15 cm，同时，配置低压消毒器械，对进场车辆喷雾消毒。消毒池内放置 3%烧碱或 1∶300 菌毒灭。车身、车轮可使用 1∶800 消毒威喷雾。猪场生产区入口亦设相同的车辆消毒池，供生产区专用车辆进入消毒用。

四是人员和车辆携带小件物品的检查和消毒。重点检查从场外带入猪场的肉食，特别是家畜的生熟肉品，包括含有上述肉品的方便面等加工食品（场内只能自宰本场生猪供场内职工食用）；重点检查新招入的工作人员特别是饲养人员的随身物品的消毒管理，这些人在外场工作过，随身物品很有必要全部经过一次严格的消毒处理，应在进入生活区的时候，更换场里的专用备用工作服，将随身携带的衣服放在消毒室消毒。

（2）物资的消毒。进入场内的药物、饲料等生猪生产投入品及医疗器械等必要的更新生产用具进入本场生产区前，要对其采用熏蒸等方法进行消毒，因为这些投入品和生产用具经销的地方是猪场人员甚至是病猪场人员经常出入的地方，多数经销商还有退货的规定，往往场内出现了疫情后，余下的兽药、饲料及其他生产资料被退回，而这些生产资料很可能已被污染，而经销商为了自身利益或不知情，很难做到告知义务。因此，最好与生产资料供应商签订供货合同，要求其保证质量和防疫要求，同时，对这些生产资料进行必要的消毒处理。

2. 场区消毒

在搞好环境卫生，特别是清除杂草、清理垃圾的基础上，定期喷洒消毒药，消灭蚊、蝇、鼠，最好每周进行一次彻底的清洗消毒，场内车辆可用 0.3%～0.5%过氧乙酸等，道路可用烧碱，一般场地可用卤素类消毒液，堆放过粪污处用 0.5%的过氧乙酸消毒。

3. 猪舍的消毒

（1）工作人员的消毒。所有猪舍设脚踏消毒池，工作人员进入猪舍前要脚踏入消毒池内浸泡 2～3 分钟，经消毒盆洗手后才能进入猪舍。

（2）猪舍消毒主要有三部分。①全进全出单元式猪舍消毒。彻底清扫、冲洗下水道或排污沟；用 2%～3%氢氧化钠消毒液浸泡消毒 1～2 小时；高压清洗机清洗；干燥；消毒液喷雾消毒；干燥备用；进猪前用消毒液消毒一次，或在干燥后密闭猪舍，用福尔马林熏蒸24～48小时消毒。②空栏猪舍的消毒。将猪群转出空栏，清扫、清干下水道或排污沟；用2%～3%火碱液浸泡1～2小时；高压清洗机清洗；干燥；消毒液消毒；干燥备用；进猪前再用消毒液消毒一次。③带猪消毒。一是每天对猪舍进行冲洗，用氯制剂预防剂量配成消毒液，进行冲洗猪舍地面，既节省体力减少了污水排放，又达到了一定的消毒效果，连蚊、蝇都基本绝迹了。二是带猪喷雾消毒。选用毒性、刺激性和腐蚀性较小的消毒剂，用高压消毒机进行喷雾消毒雾滴要调到气雾剂的状态，雾滴悬浮时间长，既节省药水，而且也能增强灭菌效果。产仔舍、保育舍每周带猪消毒两次，但仔猪断奶后第一周不要带猪消毒。产术和保育床要经常用蘸有消毒液的拖把进行擦洗消毒。

(3)猪体保健消毒。妊娠母猪在分娩前5天，用热毛巾对全身皮肤进行清洁，后用0.1%高锰酸钾水擦洗全身，在临产前3天再消毒1次，重点要擦洗会阴部和乳头，保证仔猪在出生后和哺乳期间免受病原微生物的感染。

哺乳期母猪的乳房要定期清洗和消毒，一般每隔7天消毒1次，严重发病的可按照污染猪场的状况进行消毒处理。

新生仔猪，在分娩后用热毛巾对全身皮肤进行擦洗，在保证舍内温度25℃以上的前提下，然后用0.1%高锰酸钾水擦洗全身，再用毛巾擦干。

(4)饮水的消毒。使用漂白粉对独立加药饮水系统定期消毒，对肠道疾病的减少有很大帮助。

4. 尸体处理的消毒

尸体剖检室或剖检场所、运送尸体车辆及所经道路，使用后立即用2%～3%氢氧化钠消毒。

5. 工作人员和生产用具消毒

(1)工作人员要搞好自身防护，工作之后经过清洗、整理消毒后，方可就餐，这样既搞好了工作人员的自身防护，又做好了猪场的消毒工作。这两者就是密不可分的，一些人畜共患病对人猪均有危害，人与猪可互相传染。

(2)工作服应勤洗常换，定期消毒。工作服包括置于生产区和生活区入口消毒室的备用工作服及新进员工的衣物均进行严格的消毒处理，可用浸泡或熏蒸消毒。

(3)生产用具的消毒。主要包括以下三个方面：

①清扫和饲喂用具。清扫和饲喂用具要分开使用、存放，每次用完后，要清洗消毒。大体积的保温箱、补料槽、饲料车等一般先冲洗干净后，用0.1%新洁尔灭或0.2%～0.5%的过氧乙酸消毒，然后在密闭的室内进行熏蒸。

②医疗器械。使用后对其进行彻底冲刷，干净后再进行消毒，注射针头要用针

头内的药物将疫苗等遗留物质冲出去，注射器要松动螺旋，取出玻璃套管，皮垫，冲刷好。手术刀、剪、耳号钳、牙钳、止血钳等手术工具，用酒精擦去上面的血迹，然后把所有医疗器械放入高压灭菌锅中消毒或煮沸消毒 30 分钟，然后戴上医用手套拿起消毒过的镊子安装好注射器，取出针头，放到备好的器械盘中备用。体温表在每次使用后用酒精棉擦拭干净，浸泡于酒精中消毒。

③场内饲料包装袋。必须用场内专用饲料袋，饲料运输必须用场内专用运输工具，各栋饲料袋回收后，要用消毒液浸泡，或熏蒸消毒后才可连续使用。

(二)消毒要高效

通过严格科学、严谨的管理，所有消毒要达到预想的效果。

1. 合理选择消毒方法

(1)按消毒对象选择消毒方法。不同消毒方法在不同场合其消毒作用和效果有所差异。因此，猪场在消毒时应根据不同的目的和对象，选择相应的消毒方法并合理运用。如不怕热和湿的物品可煮沸消毒，怕热怕湿的可采用气体消毒剂，怕热而不怕湿的可选择消毒液浸泡消毒，以确保消毒效果。

(2)按疫病类型确定消毒方法。消毒的作用环节主要是在病原传播给猪群的途径。因此，针对每种病原的消毒重点也有所不用，经消化道传播的，应搞好环境卫生，注意加强饲料、饮水和饲养用具的消毒，经呼吸道传播的疫病，就要求有重点地对猪舍空气和物体表面加强消毒。

(3)按疫病流情况掌握消毒次数。加强疫病多发季节的消毒。

2. 有效控制环境条件

(1)搞好环境卫生。有机物的存在既对病原微生物起机械的保护作用，又可能会使部分消毒液与有机物发生化学反应，结合成不溶性的化合物，影响消毒液作用的发挥和降低消毒对病原微生物作用的浓度。因此，在消毒前应彻底清扫，并用水冲洗，清扫出来的粪污应做无害化处理，防止重新污染周围环境。

(2)掌握环境温度和湿度。在条件许可的情况下，最好在温、湿度都适宜时进行消毒，特别是对气体消毒剂的影响更大，温、湿度包括猪舍内外环境的和消毒物品的，一般温度相对高的消毒效果要好，因此开展高温季节消毒灭源，效果好。选择药液的温度必须考虑猪群所能承受的温度，以免引起烫伤。带猪消毒时，寒冷季节，药液温度应在 30℃以上，以防猪群受凉感冒，降低猪群抵抗力；炎热季节药液温度保持在 20～30℃，既可在消毒时起到防暑降温作用，又可避免因药液温度低，给猪群增加冷应激原，降低猪群免疫力。甲醛溶液和过氧乙酸用于熏蒸消毒时，除保证空舍的密闭外，最重要的就是保持 60％～80％的室内相对湿度，湿度的重要性可见一斑。消毒药物的适宜温湿度，一般在使用的说明书中都会标明很好掌握。

(3)控制环境酸碱度。消毒物品和环境的酸碱度直接影响消毒效果。一是对消毒剂,它可以改变消毒剂溶解度、离解程度和分子结构,如次氯酸、苯甲酸、三氯异氰脲酸钠等消毒药在酸性环境中的杀菌作用加强,生石灰在酸性环境下会被中和而减效。二是对微生物,微生物正常生长繁殖的酸碱度范围是pH值6～8,当pH值＞7时,细菌带的负电荷增多,有利于阳离子消毒剂(如消毒净等)杀菌,而阴离子型消毒剂则在酸性条件下效果好。

3. 科学选配药物

(1)科学选择药物。应根据病原微生物的种类和结构、特性、某些化学成分以及生长时期等选择相应的消毒药物。革兰氏阳性菌比革兰氏阴性菌对消毒剂更敏感,易被卤素类消毒剂灭活,对酚类也很敏感。许多消毒剂具有抗真菌作用,如酚类、卤素类等。大多数消毒剂对病毒都有很好的杀灭作用,但亲脂病毒对具有亲脂性的消毒剂更敏感,如酚及其衍生物类等。随着很多新型实用消毒剂的诞生,给交替使用不同消毒药物带来了更大的选择余地。

(2)掌握消毒剂浓度。不同的消毒剂量,其消毒效果不同,化学消毒方法的消毒剂量是指消毒药物的浓度。通常消毒药物的浓度和消毒效果成正比,但也不能一概而论,要视各种微生物的特点和生存条件而定,例如酒精,75％时消毒效果最好,而并非是100％的浓度。因此,在平时消毒时要详细阅读使用说明书,对症、对时、对物下药,以保证确实的消毒效果,同时减少药物浪费。

(3)严格配制药液。消毒药的分子能与硬水中的钙、镁离子结合而降低药效,同时硬水还会降低消毒药的溶解性,使药效进一步下降。因此,用自来水配制消毒液较好,当不得不使用硬水时,应添加适量的水质软化剂或适当加大配制浓度。此外,消毒液的稀释要均匀,对不易溶于水的消毒剂宜用温水稀释和充分搅拌促使其溶解,并注意消毒液的现配现用。

4. 同步进行消毒

无论是环境、空栏消毒还是带猪消毒,应尽可能在大致规定的时间范围内完成。

二、消毒效果监测

为了解猪场消毒措施的效果如何,必须对消毒效果进行检测。

1. 紫外线杀菌效果监测

测定紫外线灯管辐照度值。微生物监测法是用枯草芽孢杆菌黑色变种(ATCC9372)作为指示菌监测,确定杀菌有效的距离和时间后,杀菌率应达到99.9％以上为合格。

2. 化学消毒剂效果的监测

检测化学消毒剂对一定浓度的标准菌株（如金黄色葡萄球菌 ATCC6538），菌液终浓度为 106CFU/mL 的最低杀菌浓度（MBC），以及化学消毒剂的杀菌率和杀菌指数。根据对照组菌数（N_c）和消毒组回收菌数（N_d），以消毒剂作用时间 5 分钟，可计算出杀菌率和杀菌指数，杀菌率＝$\{(N_c-N_d)/N_c\}\times 100\%$，杀菌指数＝$\mathrm{Lg}N_c-\mathrm{Lg}N_d$，一般要求中效杀菌剂的杀菌率应＞99.9％，杀菌指数达到 3；高效杀菌剂的杀菌率应＞99.999％，杀菌指数达到 5。

三、消毒失败的原因分析

(1)消毒只针对进场的人、车、物，不注意场内、舍内的经常消毒，猪场有些病原体是猪体自带的，一旦猪体抵抗力降低，病原体数量达到一定程度，也会引起疫病的发作。

(2)认为生猪安全第一，只要有良好的消毒，病原微生物少了，疫病就不会发生了，拒绝免疫接种，只喂养中草药等保健。

(3)套用消毒程序，没有切实掌握猪场实际，有针对性地实施消毒，而是盲从专家推荐的消毒计划和措施。消毒药品只选贵的，只看商品名和说明书，不看实际成分及含量。常年使用同一种高效消毒药，未能根据场内的实际情况选择。导致一些该药物杀灭效果不好的病原微生物大量增殖。

(4)出入的人员和车辆及物品消毒管理不到位。①入场消毒形同虚设。猪贩或运猪车辆进入场内甚至生产区；消毒池清洗不及时，药物长期不更换；紫外线装在消毒室顶部，身体头、肩之外部位消毒难以到位；生产区出入人员、车辆及物品的消毒过程缺乏严格监督，出现净区和污区的双向互串。②人员消毒不到位。进场消毒池设置未做到与门同宽，导致人从车辆消毒池旁边进入；对特殊人员的放弃消毒管理，为表示尊重，放弃原则，仅用喷雾器往这些进场人员身上喷洒消毒液，或将消毒液倒在地上用脚踩几下，或不穿胶鞋，从消毒池上点一下甚至垫砖而过；服务人员在消毒不彻底的情况下进入生产区，车辆上的司机等人员经过消毒池时不下车但到场内后下车活动。③车辆消毒不到位。车辆消毒池过短或过浅，没有同时配置高压喷枪对车身进行消毒。④物品消毒不到位。猪贩接触过的但又不愿意购买的生猪又重新回到原栏舍；新进工作人员从外场带入的衣物未彻底消毒带入疫病；生产区和生活区大门的消毒室备用工作服长期未清洗消毒。

(5)消毒药使用不正确。①配制浓度过高或过低，不按照生产厂家的规定和说明，准确称量消毒药，将其完全溶解，混合均匀后使用，导致浓度配比过高消毒药损害生猪健康。如因氯的挥发对猪产生强烈的刺激作用，过高浓度的氯制剂消毒后诱发生猪呼吸道疾病；消毒药液浓度过低，则起不到消毒效果。②配制的溶剂不合理。如用硬水配制过氧乙酸消毒液，引起药物分解；用热水配制卤素消毒药，导致有效成分逸失。③消毒药用水稀释后长期保存使用。高锰酸钾、过氧乙酸及含氯消毒药等用水稀释后稳定性变差，应现配现用，一次用完。④忽视消毒药的性能，如用干的生石灰消毒，没有消毒效能。发生疫情时，先用三氯异氰尿酸钠喷雾消毒，然后用生石灰泼洒消毒，导致酸碱中和。⑤忽视消毒液对生猪和设备的影响，如用烧碱带猪消毒，导致生猪体表皮肤被腐蚀出很多小洞。

(6)操作不规范。①消毒区域不全面，留有死角。如对独立的加药饮水系统长期未进行清洁和消毒；对无法空舍的妊娠舍和配种舍，长期进行平时常规的消毒，未进行彻底清理；忽视手的清洗消毒，接触猪群、饲料、兽药前工作人员不洗手、不消毒；消毒药物泼洒、喷雾不均匀。②全场消毒不同步，出现交叉污染。③清洗不到位，猪舍和猪场环境含有大量有机污物。④带猪消毒时喷雾量过大或过少，导致猪感冒或消毒面未能达到100%。

第五节　主要疾病的特点及防治

一、猪口蹄疫

口蹄疫是由口蹄疫病毒引起的牛、猪、羊、鹿等偶蹄动物的急性、烈性、接触性传染病。以口腔黏膜、蹄部和乳房皮肤发生水疱和溃烂为特征，水疱严重者会蹄壳脱落，不能起立行走。

口蹄疫是世界流行性家畜传染病，传播速度很快，往往造成大流行，不易控制和扑灭。就其所造成的经济损失之大，政治影响之坏，又称之为“政治经济病”。世界粮农组织和世界动物卫生组织把口蹄疫列入A类传染病第一位。规定其成员国发生口蹄疫时，必须以最快的方式、方法报告疫情，通报毗邻地区和国家，共同采取措施，严格防范，尽快扑灭。

对口蹄疫除了严格检疫，防止疫情传入，加强饲养管理，做好全面消毒工作外，接种灭活疫苗是有效的预防办法。自然感染病愈的动物，可以获得比较坚强的免疫力，对口蹄疫再次自然感染有抵抗力。但病毒各型所产生的抗体各具有其特异性，各主型之间毫无交叉免疫力。同一主型的各亚型之间，存在不等的交叉免疫力。因此免疫时保证疫苗的血清型与病毒的血清型的吻合是至关重要的工作。

二、猪瘟

猪瘟是由猪瘟病毒引起的猪的一种急性、热性、接触性传染病，俗称“烂肠瘟”。以发病急、高热稽留和细小血管壁变性，从而引起泛发性小点状出血、梗死和坏死为特征。本病可感染各种年龄的猪只，一年四季流行，传染性极强，发病率和死亡率很高，危害极大，世界动物卫生组织将本病列入 A 类 16 种法定传染病之一，并规定为国际重要检疫对象。

1. 当前我国猪瘟流行的几个特点

(1)流行范围广。多数省、市、自治区都有猪瘟流行。

(2)散发流行。近年没有大规模暴发流行，呈散发流行。发病无季节性，取决于猪群的免疫状态与饲养管理水平，流行规模较小。

(3)发病年龄小，成年猪带毒现象严重。发病日龄偏小，多见于 3 月龄以下，断奶前后和出生 10 日龄以内的仔猪。成年猪(育肥猪、种猪)少见症状，但存在着带毒现象，带毒不能引起水平传播和垂直传播并造成恶性循环。

(4)非典型猪瘟成为常见病型。包括慢性、迟发型、母猪繁殖障碍型猪瘟。慢性猪瘟表现出体温升高不明显；贫血、消瘦和全身衰弱；食欲时好时坏，便秘和腹泻交替发生；耳尖、尾根和四脚皮肤发生坏死或脱落；慢性猪瘟存活者严重发育不良，为僵猪。迟发型猪瘟是先天感染的后遗症。感染猪在出生后一段时间内不表现症状，数月后出现轻度厌食、不活泼、结膜炎、皮肤病、腹泻、后躯麻痹，但体温正常。可存活半年左右而死亡。繁殖障碍型猪瘟表现为带毒母猪综合征，有的母猪眼角流脓性或血性分泌物，母猪流产、产死胎、产木乃伊、产畸形胎儿及产弱仔；仔猪有的出生后表现精神沉郁、震颤、间歇性腹泻；有的仔猪发生呕吐和运动失调，皮肤有出血斑块、皮下水肿等症状。病仔猪常在 2～30 天内死亡，致死率很高。

(5)混合感染严重。与蓝耳病、猪伪狂犬病、细小病毒病、圆环病毒病等的混合感染十分严重和普遍。

(6)免疫失败现象严重。养猪场十分重视猪瘟的免疫，80％以上猪群均注射过兔化弱毒疫苗，但免疫力低下却很普遍。说明我国当前猪瘟发生特别是仔猪最易感染的直接原因。免疫后保护水平不足以抵抗野毒感染。

2. 当前猪瘟防治中要注意的三个问题

(1)高度重视免疫监测，掌握猪群的整体免疫状态。做好免疫监测是降低我国现阶段猪瘟流行的重要手段，进行免疫监测，就是定期以免疫猪群中抽样检查注苗猪的抗体是否达到保护水平，这样既可评估猪群的整体免疫状态，又可制定适合于该猪场的合理免疫程序，有效免疫率达 85％以上的猪群发生猪瘟的概率较小。对注射疫苗后抗体达不到保护水平的猪应及时补免，如补免后抗体水平仍上不去的猪只很可能发生了先天感染或免疫耐受，要坚决淘汰，避免发生免疫失败现象，杜绝可能的传染源。

(2)净化种猪群。种猪(主要是繁殖母猪)的持续性感染是仔猪发生猪瘟的最大威胁，通过监测种猪群的感染和免疫状态，坚决淘汰感染母猪是有效控制仔猪发病的最佳途径，这点应受到猪场，特别是种猪场的高度重视，由于监测抗体比检测病毒容易，加上持续感染的母猪在注射疫苗后抗体水平通常不明显上升，也可以只进行抗体监测，淘汰无抗体反应或抗体反应低下的母猪，从而达到净化猪群的目的。

(3)制定个性化的免疫程序。由于母源抗体的干扰，许多仔猪(30 日龄内)注射疫苗后并不能产生有效的免疫力，此时感染病毒也可发生所谓的免疫失败现象。由于各猪场母猪群的免疫状态不尽一致，因此仔猪的母源抗体消长规律也不相同，因此为了获得较高的免疫保护率，各猪场应在免疫抗体监测的基础上，了解母源抗体降低时间，选定首免日龄，从而制定个性化免疫程序。

三、猪蓝耳病

猪蓝耳病又称猪繁殖与呼吸综合征，是由猪繁殖与呼吸综合征病毒引起的一种高度接触性传染病，不同年龄、品种和性别的猪均易感染，但以妊娠母猪和 1 月龄以内的仔猪最易感；该病以母猪流产、死胎、弱胎、木乃伊胎以及仔猪呼吸困难、败血症、高死亡率等为主要特征。高致病性猪蓝耳病是由猪繁殖与呼吸综合征病毒变异株引起的一种急性高致死性传染病。仔猪发病率可达 100%、死亡率可达 50%以上，母猪流产率可达 30%以上，育肥猪也可发病死亡。

1. 猪蓝耳病的特征

猪蓝耳病主要侵袭繁殖和呼吸系统，主要表现为母猪繁殖障碍、仔猪断奶前高死亡率、育成猪的呼吸道症状。经产和初产母猪多表现为高热、精神沉郁、厌食、呼吸困难，少数母猪耳朵、乳头、外阴、腹部、尾部发绀，以耳尖最为常见。出现这些症状后，大量怀孕母猪流产或早产，产下木乃伊、死胎和病弱仔猪，死产率可达80%～100%，早产母猪分娩不顺，少奶或无奶。仔猪特别是母猪，死亡率很高，可达 80%以上。临床症状与日龄有关，早产的仔猪出生时或数天内死亡。大多数新生仔猪出现腹式呼吸、肌肉震颤、后躯麻痹、共济失调、打喷嚏、嗜睡、精神沉郁、食欲不振。断奶仔猪感染后大多出现呼吸困难、咳嗽、肺炎症状，有些下痢、关节炎、皮肤有斑点。育肥猪体温可升高至 41℃左右，食欲明显减少或废绝，多数全身发红，呼吸加快，咳嗽明显，个别病猪流少量黏鼻液。无继发感染的病猪死亡率较低。种公猪发症时症状轻微，持续时间短，但精液品质下降，死精增多。

与普通猪蓝耳病相比，高致病性猪蓝耳病表现为发病率和死亡率高，母猪流产率更高，育肥猪也可发病，病猪体温升高，可达 41℃以上，伴有眼结膜炎、眼睑水肿，后肢无力等。确诊必须经实验室检测。

2. 高致病性蓝耳病的防治

实际生产中，高致病性猪蓝耳病往往与其他疫病一起发生，称为生猪高热病。生猪高热病的防控工作要把握两个要点：一是切实做好各种疫病的免疫接种工作。二是积极救治发病生猪，在发病高峰期，对受威胁的生猪喂服预防药物。邵阳市在生猪高热病防治工作中，总结了一套行之有效的药物防治方案，特介绍如下：

(1)组方。按下列重量比称取净料。

大黄粉 30 g，大青叶 30 g，蒲公英 30 g，青蒿 20 g，连翘 20 g，栀子 20 g，千里光 30 g，生石膏 50 g，黄芩 30 g，黄芪 30 g。

以上为一头 50 kg 重生猪用量，其他生猪依其体重对配伍药物的量进行加减。

(2)用法。大黄粉用开水浸泡 30 分钟，后取其浸出液、大青叶等煎汁候温，取其汁与大黄浸出液混合给猪服用或采取大黄后下，一起煎服的方法，取其煎汁候温给猪服用。也可将药加工成注射剂给猪注射用。每天 1 剂，连用 3～5 天，预防量为治疗量的 1/10。

(3)喂服技巧。为保证每头病猪服到必需的中药剂量，建议采取以下辅助措施。①煎汁中加入糖，增加药液适口性。②将同舍病猪按大小和病况进行分栏，体况与病情基本一致的病猪放在同一栏中饲喂，以保证每头病猪采药量的均匀性。③对饮欲废绝的发热病猪，在喂药前应先用双黄连注射液、柴黄注射液或柴胡注射液肌肉注射(忌用安乃近或安基比林)，体温恢复正常后，病猪饮欲即可恢复。对于顽固性体温升高者，可在用药的同时进行清肠处理(用肥皂水从肛门处注入大肠，将干硬粪便洗出)。

(4)注意事项。①大黄剂量以病猪出现腹泻为佳。喂服后，腹泻严重者，可适当减少大黄用量。②给病猪喂稀饭、豆浆和青饲料，少喂精料，少食多餐，忌喂得过饱。③保证充足干净的饮水，水中可加电解多维或口服补液盐，对呕吐严重者忌用口服补液盐，同时注射止呕药物，防止喂服药液呕出。④病程较长者，水中添加碳酸氢钠。⑤忌滥用西药，一般情况下使用本中药即可，发生继发感染者，可适当使用抗生素。⑥生猪高热病病程长，疗程为 3～5 天，长者可达半月，要有足够耐心。只要病情没有恶化，即可治愈，切忌中途改变方案。

四、猪链球菌病

猪链球菌病是由溶血性链球菌引起的急性发热性传染病。临床上以败血症、纤维素性浆膜炎和化脓性关节炎为特征。

随着我国规模化养殖猪业的发展，猪链球菌病已成为养猪生产中的常见病和多发病，特别是近十多年来，流行范围扩大，给我国养殖业造成了很大的经济损失。人感染猪链球菌病最先于1968年报告，2005年6月下旬我国四川省部分地区发生人感染猪链球菌疫情，死亡38人，引起了国家的高度重视。

1. 流行特征

猪链球菌分布广泛，常以共栖菌和致病菌的方式存在于健康的哺乳动物体内。其致病作用一般要在多种诱因作用下才能发生作用，本病流行无明显季节性，一年四季均可发生，但在夏秋炎热潮湿季节较为多发。本病流行多呈散发和地方性流行，偶有暴发。

病猪和带菌猪为主要传染源，病猪的血液、肌肉、内脏及肿胀的关节内均含有病原体，其排泄物和分泌液中亦可检出细菌。主要经消化道、呼吸道及破损组织感染。病猪或带菌猪与健康猪接触、病死猪处置不当、污染的饲料、污水和运输工具等器物均可引起猪只大批发病而造成流行。年龄对易感性无明显影响。

2. 临诊症状

败血型和脑膜炎型多见于仔猪，化脓性淋巴结炎型多发于中龄猪。败血型又分为最急性、急性和慢性三类。最急性型发病急、病程短，常无任何症状即突然死亡，体温高达41～43℃，呼吸迫促。急性型多突然发生，体温升高至40～43℃，呈稽留热，呼吸迫促，鼻镜干燥，从鼻腔中流出浆液性或脓性分泌物，结膜潮红，流泪，颈部、耳廓、腹下及四肢下端皮肤呈紫红色，并有出血点。多在1～3天死亡。慢性型表现为多发性关节炎，出现关节肿胀，跛行或瘫痪，最后因衰弱、麻痹致死。脑膜炎型主要表现为神经症状，如磨牙、口吐白沫，转圈运动，抽搐、倒地四肢划动似游泳状，最后麻痹而死，致死率极高。淋巴结脓肿型以颌下、咽部、颈部等处淋巴结化脓和形成脓肿为特征。

3. 防治

本病可用灭活疫苗进行预防。同时，必须采取隔离、消毒、处理污物等综合性防治措施预防本病。特别指出的是在对猪只进行断尾、去齿和去势等操作时加强局部的消毒，猪只出现外伤时及时进行外科处理对防止猪链球菌病的感染十分重要。另外淘汰带菌母猪，在本病易发生和流行地区及猪场饮料中适当添加一些抗菌性药物，也会收到一定的预防效果。

免疫程序：妊娠母猪可于产前 4 周进行接种；仔猪分别于 30 日龄和 45 日龄各接种 1 次。后备母猪于配种前接种 1 次。

五、猪伪狂犬病

猪伪狂犬病是由伪狂犬病毒引起的猪以及其他家畜和野生动物的急性传染病。其特征是成年猪呈隐性感染，妊娠母猪发生流产、死胎、木乃伊胎及呼吸道症状，新生仔猪大量死亡，种猪不育、母猪屡配不孕或不发情。本病国内外广泛流行，给养猪业造成巨大经济损失。

发生本病后，可在封锁、消毒、无害化处理等控制措施的基础上，实施紧急免疫接种。对发病母猪、种公猪，用基因缺失灭活疫苗做紧急免疫接种注射，第一次注射后间隔 4～6 周后再加强免疫一次，以后按种猪免疫程序进行，公猪每年免疫 3 次，每次间隔 4 个月。母猪配种前 25 天注射一次，产前 25 天再注射一次即可。

六、细小病毒感染

猪细小病毒是一种在猪中广泛感染的病毒。有的猪感染后不表现任何临床症状，有的头胎妊娠猪感染时发生死产，流产胎儿有头部皮肤出血淤血和“水脑”病症。本病无有效治疗办法，主要靠对猪群的免疫预防和加强对仔猪的饲养管理。对后备母猪于配种前接种灭活疫苗，对流产胎儿中的幸存者不能留作种用。猪只感染本病后可产生高滴度抗体，一般不会再发生流产、死胎，也不必再接种疫苗。

七、日本乙型脑炎

日本乙型脑炎是由日本乙型脑炎病毒引起的人畜共患传染病，病毒传播以三带喙库蚊为媒介。

妊娠猪常无前驱症状而突然发生死产，多数早产和产死胎。同一窝仔猪中有的正常，有的白化胎、有的黑化胎、有的木乃伊化胎儿，脑水肿胎儿是该病的特点，胎儿头皮水肿，皮下有出血和胶样浸润。妊娠早期感染时胎儿被吸收，产仔数减少。产下活胎儿可见精神沉郁、震颤、痉挛、麻痹、回旋等神经症状。种公猪性欲减退，精子活力降低，精子数减少，公猪发热，睾丸肿大。

根据发生死产、胎儿头皮下出血、淤血、水肿和水脑变化可作出初步诊断。常用日本乙型脑炎弱毒疫苗。

八、猪传染性胸膜肺炎

猪传染性胸膜肺炎是由胸膜肺炎放线杆菌引起的以胸膜肺炎和出血性坏死性

肺炎为主要特征的呼吸道传染病。

自然条件下，本病仅特异地发生于猪，所有年龄猪均易感，病猪是主要的传染源；在猪群中，由带菌猪引起的气源传染是主要而常见的途径；同时猪只之间的直接接触或通过污染的排泄物感染也可传播本病。潜伏期主要与菌株的毒力、感染猪群的免疫状态有关，从几个小时到几天，甚至更长的时间。

本病大致可分为最急性型、急性型和慢性型等 3 种类型。一般地，初次发生此病的养猪场往往表现为最急性型或急性型，随后演变为慢性型，表现出不同的临床症状。

(1)最急性型。猪群中通常只有少数猪无任何先兆症状，突然死亡；有时可见死亡前呼吸高度困难，急性死亡。猪口鼻流血，腹部鼓起。这种类型主要见于成年猪，如母猪、种公猪，也可发生于育肥猪。

(2)急性型。猪群中许多猪发生咳嗽、呼吸困难，体温升高，达 41℃，食欲不振，有时在耳部或腹部皮肤出现出血点等败血症的变化。

(3)慢性型。这种类型主要发生于保育或育肥阶段猪。猪消瘦、咳嗽，驱赶或运动后表现更加明显，腹式呼吸。猪生长缓慢，饲料报酬低。

抗生素对本病的预防和控制效果是可以肯定的，一般采用非经肠道给药。青霉素是首选药物，增效磺胺甲基异唑及四环素也有效，壮观霉素与林肯霉素联合使用效果令人满意。由于 APP 易产生耐药性，不同血清型之间的耐药性也不同，有报道先锋霉素、庆大霉素、磺胺和氟哌酸对该菌敏感。

血清型之间交叉保护力较低，主要应用当地分离菌研制单价或灭活疫苗，这些疫苗免疫效果较好，能提供针对同一血清型菌株感染的抵抗力，这是我国目前最常用的疫苗种类。疫苗的免疫程序没有统一的规定，主要根据各地的具体情况而定。由于感染或免疫猪群的后代仔猪在 3 周龄以内可具有被动免疫力，因此，3 周龄以内的猪可以不免疫。

九、猪传染性萎缩性鼻炎

猪萎缩性鼻炎是由产毒性多杀性巴氏杆菌单独或与支气管败血性波氏杆菌混合感染引起的一种传染病。以化脓性鼻炎、鼻甲骨萎缩，颜面部变形或歪斜和生产性能下降为特征。

市售的几种商品疫苗包含支气管败血性波氏杆菌，产毒和不产毒多杀性巴氏杆菌或多杀性巴氏菌类毒素，能特异性地抵抗本病所有主要症状的毒素作用，能减少多杀性巴氏杆菌的定居，并能抵抗本菌的感染。以前感染过萎缩性鼻炎的猪，用此菌也能控制本病的流行。免疫方法一般为母猪产前注 2 次和对 1～3 周龄仔猪进行免疫。

十、猪流感

猪流感是由 A 型流感病毒引起的急性呼吸道传染病。该病的特点是传播快、发热、衰竭及迅速康复,没有并发感染,很少死亡。

本病尚无理想的疫苗。因为 A 型流感病毒在自然界中亚型很多,经常发生变异且各亚型之间无交叉免疫力或交叉免疫力很小,依靠少数几个亚型的疫苗往往不能起作用,所以本病的防治仍以精心护理最为重要。如避免风窜入猪舍、保暖、消毒,保持猪舍清洁干燥,尽量减少各种应激。由于大部分猪会发烧,需要大量饮水,因此要给足清洁的水。在饮水中加入止咳化痰、清热解毒的药物和使用抗生素类药物,对减轻症状,控制并发症和继发感染有一定疗效。

十一、猪附红细胞体病

附红细胞体(简称附红体)病是由附红细胞体寄生猪、人等多种动物的红细胞或血浆中引起的一种人畜共患寄生虫病。国内外曾有人称之为黄疸性贫血病、类边虫病和红皮病等,猪附红体病特点是发热、贫血,有时黄疸,严重时导致死亡。

根据临床(发热、贫血、黄疸)、剖检(肝、脾肿大、淋巴结水肿)和血片检查,即可确诊。预防本病应从多方面入手,首先必须进行内、外寄生虫的防治,采用广谱驱虫药阿维菌素类是一种较好的方法。同时,加强饲养管理,减少不良应激都是防止本病发生的首要条件。目前用于治疗猪附红体病的药物有贝尼尔、咪唑苯脲、对氨基苯胂酸钠、土霉素或四环素。

十二、弓形虫病

弓形虫病又名弓浆虫病,由刚第弓形虫引起的人畜共患寄生虫病。

猪弓形虫病病初体温升高到 40.6～42.2℃,稽留热,精神委顿,食欲逐渐减退,最后废绝。多便秘,呼吸困难,呈腹式呼吸。有的有咳嗽和呕吐症状,体表淋巴结,尤其是腹股沟淋巴结明显地肿大。身体下部及耳部出现淤血斑,或有较大面积的发绀。病程 10～15 天。

磺胺类药物(磺胺六甲)治疗该病可获得较理想的效果。基因工程疫苗尚处于研究阶段,目前尚无生物学防治方法。

十三、猪气喘病

气喘病(猪地方性肺炎)是由猪肺炎霉形体(支原体)引起的呼吸道接触性传染

病，也称猪地方流行性肺炎或猪支原体性肺炎。特征为咳嗽和气喘，病变一般只限于肺，而以心叶及尖叶最为常见。

(1)免疫防治。猪气喘病乳兔弱毒菌苗，适用疫点(区)断奶后仔猪、后备架子猪、种猪及怀孕2个月以内的母猪，免疫期8个月。猪气喘病安宁168株弱毒苗，该苗对杂种猪较安全，免疫期9个月。

(2)治疗。药物治疗关键是早期用药。

(3)预防原则。无病猪场坚持自繁自养，引种时从外地购入种猪时，对于购入种猪进行血清学检查，认定阴性合格时，进场后应隔离观察3个月，并用X射线透视2～3次，确认未病时方可混群，有本病猪场，可利用康复母猪或培育无特定病原猪建立健康猪群，逐步清除病猪，以最终彻底消灭本病。

十四、断奶仔猪多系统衰竭综合征

断奶仔猪多系统衰竭综合征是由猪圆环病毒2型感染所致的一种新的病毒性疾病，猪圆环病毒2型感染除了引起断奶仔猪多系统衰竭综合征外，还可导致母猪繁殖障碍、断奶猪和育肥猪的呼吸道病、猪皮炎和肾病综合征以及猪的先天性震颤。猪圆环病毒2型是断奶仔猪多系统衰竭综合征的主要原因，但不是唯一病原。断奶仔猪多系统衰竭综合征很可能与猪小核糖核酸病毒、猪链球菌及猪蓝耳病病毒、猪肺炎支原体、多杀性巴氏杆菌、副猪、沙门杆菌、伪狂犬病毒的混合感染有关。另外，饲养管理不善，饲料霉变等可能是诱因。该病对养猪业危害大，需要引起我们的足够重视。

猪圆环病毒可通过呼吸道、消化道，也可通过精液或垂直感染。常见的断奶仔猪多系统衰竭综合征主要发生在哺乳期和保育舍的仔猪，尤其是5～12周龄的仔猪，一般于断奶后2～3天或1周开始发病，急性发病猪群中，病死率可达10%，但常常由于并发细菌或病毒感染而使死亡率大大增加，病死率可达25%以上。

该病具有六大症状：猪只渐进性消瘦或生长迟缓；呼吸困难；腹股沟淋巴结肿大；腹泻；贫血和黄疸等，比较少见的临床症状有咳嗽、发热、胃溃疡、中枢神经系统障碍和突然死亡，一些临床症状可能由继发感染所引起的。最显著的病理变化是全身淋巴结，特别是腹股沟淋巴结、肠系膜淋巴结、支气管淋巴结及颌下淋巴结肿大，有时可达10倍，切而硬度增大，可见均匀的白色、褐色。集合淋巴结肿大，发生细菌二重感染的，淋巴结可见炎症和化脓变化，使病变复杂。所有病例几乎每年都能看到肺萎缩不全，重量和硬度增加，部分病例有尖叶固质化和致病的病灶。自然感染病例中约半数猪在胃无腺部形成溃疡，少数病例还见到皮肤出血和坏死，肾衰竭，纤维素多发性浆膜炎。关于此病的诊断，必须将临床症状、病理变化和实验室的病原或血清学检测等相结合，才能得到可靠的结论。临床症状只是一个很重要的判断依据而已。

为做好该病毒防控工作，对于没有发病的猪场采取措施，做好免疫、消毒和保健工作，倡导全进全出的饲养模式，把应激降到最低。尽管该病有许多治疗措施，但是有效的不多，学界有称该病为猪的“艾滋病”，预防和治疗工作任重道远。提高猪群的营养水平，加强猪群的饲养管理，降低猪群的应激因素，早发现和有效的隔离，及早采取响应的生物安全措施，尽可能控制此病的横向传播也是非常重要的。

十五、霉菌毒素中毒

1. 霉菌毒素的危害

(1)引发生猪疾病。霉菌毒素可导致生猪急性或慢性中毒，其中毒的主要危害是造成生猪的肝脏、肾脏损害以及肠道出血，并出现腹水、消化机能障碍、神经症状和皮肤病变等，在临床上除了有大量的霉菌毒素可引发生猪急性中毒导致患猪死亡，以及引起母猪出现繁殖障碍、流产等外，霉菌毒素导致生猪慢性中毒一般均不具备特异性的中毒症状，在临床上很难确认是由于霉菌毒素中毒所致，同时轻微或少量的临床表现，在霉菌毒素中毒后很容易被养殖场户所忽视。

(2)破坏生猪的免疫系统。霉菌毒素对生猪机体免疫系统破坏造成的免疫抑制是其最本质的危害，许多霉菌毒素可直接破坏或降低生猪机体免疫系统中的结构和功能，这在动物实验和养猪生产中已经得到了充分的证实。如某些霉菌毒素可使生猪的胸腺萎缩，抑制或降低淋巴细胞和巨噬细胞的活性，抑制抗体和细胞质产物以及巨噬细胞和噬中型细胞反应器的功能，致使体液免疫和细胞免疫产生障碍等，从而严重降低抗体的免疫应答功能，如近年来众多生猪疾病的频发与难以防治，或大量使用疫苗免疫后抗体仍达不到应有的滴度，甚至造成免疫失败的现象，均与霉菌毒素的中毒有着密切的关系。另据专家分析，自 2006 年以来，我国中南部一些省份夏季发生严重的“生猪高热症”，其饲料霉菌毒素是促使生猪发病的元凶之一。

(3)降低饲料的品质。霉菌毒素除了可直接影响饲料的适口性，导致猪群的食欲下降外，还可直接导致饲料中的营养物质损失 14%～20%，高者损失可达 30%以上，同时霉菌毒素还可降低消化道内消化酶的活性，以致干扰生猪机体对营养物质的吸收，从而降低饲料的转化率，致使饲料的消耗增加，导致生猪养殖的生产效益下降。

2. 猪霉菌毒素中毒的预防措施

(1)防霉。料原料的采购、贮存、运输和加工配制等环节加以注意，不能采购霉变、虫蛀的原料，玉米籽实的水分应不超标。

(2)饲料存放要干燥通风，存放期要短。搞好饲料仓库杀虫灭鼠工作，防止虫蛀和鼠害，减少霉菌传播，避免毒素危害。

(3)加强对霉变原料的控制，严禁使用发霉变质的原料饲喂猪。不要图省事，一次添加全天的饲喂量，这样在高温高湿的舍内环境中，极易滋生霉菌。畜禽舍要充分通风排湿。

(4)对轻微霉变的原料使用15%的烧碱和草木灰水浸泡处理，再用清水多次浸泡，直致澄清为止。然后每吨可添加200～250 g的大蒜素，可减轻霉菌毒素的危害。

(5)选择有效的霉菌毒素吸附剂，吸附饲料中原有的毒素以及贮藏中产生的毒素，并一定程度上进入猪体血液清除体内毒素。目前这些产品较多，可根据饲料霉变程度以及受不同霉菌毒素污染的情况选择适合自己的脱霉剂。

发生霉菌毒素中毒以后，应立即停喂霉变的饲料，更换优质的饲料。同时，对症下药，加大脱毒剂用量，更换高效霉菌毒素祛除剂。

第六章　规模化猪场的经营管理

进入市场经济以来，许多规模化猪场在猪种、饲料、防疫、环境控制、饲养管理、经营管理等方面，不同程度地采用了先进的科学技术，因而生产成绩有了明显提高。但就经济效益来说，却高低不一，有赢有亏，主要原因在于经营管理水平的高低。规模化猪场要取得高产、高效、优质，不仅要提高养猪生产科学技术水平，同时要提高科学经营管理水平，二者不可缺一。

第一节　规模化猪场经营的基本要求

一、规模化猪场经营和管理的概念

规模化猪场的经营和管理是个辩证统一的整体，经营侧重解决生产方向、目标和产供销活动等有关发展养猪的一系列根本性问题，而管理侧重解决有关计划、组织、协调等发展养猪生产实践过程中的一系列具体问题。经营和管理是统一体，统一在整个生产经营活动中，是相互联系、相互制约、相互依存的统一体的两个组成部分。但两者又是有区别的：经营的重点是经济效益，而管理的重点是讲求效率；经营主要解决企业的生产方向和企业目标等根本性问题，偏重于宏观决策，而管理主要是在经营目标已定的前提下，如何组织和以怎样的效率实现的问题，偏重于微观调控。当今要全面搞好现代化养猪生产没有一定水平的经营管理能力是不会成功的。只有搞好经营管理，才能以最少的资源、资金取得最大的经济效益；才能合理地使用人、财、物，提高企业的生产和生存能力；才有更新设备、采用新技术的能力，才能有能力参与下一轮市场竞争；才能改善本企业职工待遇，才能吸引和留住人才，最大限度地调动广大员工的积极性，发挥他们的潜能，在员工个人价值得到实现的同时，实现规模化猪场的经营目标。

二、规模化猪场经营者应具备的条件和能力

1. 与时俱进的能力

在社会主义市场经济条件下要求规模化猪场经营者既要有领先于时代潮流的思想，又要具备科学决策和随机应变的能力。领先时代潮流的思想就要具有勇于

改革的精神，超前的意识，就要熟悉有关法律政策，善于判断政治和经济形势；具备市场预测和应变的能力，要善于抓住机遇，这是决定规模化猪场经营水平的前提。

2. 科技水平

规模化猪场生产是项复杂的生物系统工程。要想最大限度地发挥出猪的生产潜力和经济效益，必须不断提高养猪生产的科学技术水平。让每头猪都表现出良好的生产性能，才能带来整体的经济效果。规模化猪场的经营者既要有良好的职业操守，又要有一定的科学技术水平，实现养猪生产的高水平饲养管理。科技水平的高低是决定养猪经营水平的关键。

3. 管理水平

确定生产目标之后，规模化猪场的管理者一方面要制订周密的各项生产计划，实现计划生产、计划出栏、计划销售，使管理实现计划化。另一方面要合理调配本场资源，最大限度地发挥人、财、物的最优组合效能，特别应调动人的积极性和主观能动性，要具备快速鉴定并解决问题的能力，使管理做到最优化。管理水平的高低是决定猪场经营好坏的基础。

4. 营销水平

养猪的物质流动离不开市场交易，只有实现廉价购入饲料等消耗品，将维修等费用降到最低，以最适价格出售种猪、仔猪和肉猪等产品才能保证高效益。因此，在经销中能够及时掌握市场动向，抓住时机果断决定各项交易是很重要的。营销水平的高低是猪场特别是种猪场经营中的十分重要的环节。

5. 防疫保健水平

猪是有生命的家养动物，必须采取预防为主的卫生保健管理。力求参与经营的所有人员都能尽职尽责，共同保护好所有猪只的健康。养猪生产"效益多少看饲养，效益有无看防疫"，防疫保健水平如何是养猪经营效益的保障。

6. 财会水平

做好成本会计核算和猪场盈亏水平分析，并通过评估考量来进一步指导和改善生产经营。财会水平如何更是决定养猪经营好坏的重要环节之一。

具有上述条件和能力的养猪经营者才能对经营目标及其实现手段和措施作出科学的抉择。只有科学的经营决策才能保证完成用最小的人、财、物投入获得最大的经济利润经营目标。养猪经营者的才能和措施在商品生产中越来越重要，单纯会养猪和养好猪并不是一个优秀的养猪经营者。

综上所述，猪场经营者应该是一个投资商、是一个畜牧师、是一个兽医师、是一个会计师、是一个饲养员、是一个勤杂工，同时是一个精明的商人，最好还是一个起早贪黑、不知辛劳的农民。只有这样，才能驾驭好复杂多变的现代规模化养猪场，生产出市场需要的优质猪肉，取得骄人的成绩。

三、规模化猪场经营的四个原则

1. 选择优良品种

生猪的生产性能决定因素在于其先天的遗传基因，后天良好的饲养管理只不过是将先天的性能最大限度地表现出来，因此良好的品种是经营者必须坚持的一个基本原则。当然，这里说的良好的品种不单纯是指生产性能，更主要指经济性能，只有单价高，饲料报酬好，市场稳定的品种，才能获取较好的经济效益。

2. 提高饲料报酬

在规模化猪场经营中，降低每千克增重所需要的饲料费具有重要意义。饲料费用在一般饲养成本中可高达 65%～75%，能否控制好饲料转化率就显得尤为重要。

3. 加强防疫保健

各种疾病的侵袭会给养猪经营带来重大危害，往往使养猪经营陷入困难境地。对此必需加强防疫消毒措施，严格贯彻预防免疫程序，执行预防为主的健康养殖理念。重大疫病特别是近几年生猪高热病等全国性疫情的影响，使不少养猪户谈病色变，疫病特别是重大疫病的有效防控，已成为猪场经营的保障。收多收少靠饲养、有收无收靠疫病防控，因疫情发生而一夜破产的大型规模化猪场数不胜数，只有通过加强防疫卫生措施，克服麻痹大意思想，才能保证养猪经营顺利进行。

4. 确保管理到位

操纵养猪经营的人必须既要有经济头脑又要精通技术。经营者必须得控制住猪种、饲料和防疫、人员与财务等的合理配置，才能使生产、销售和管理同步并相互促进，最终实现其最佳经营目标。养猪经营者管理技能与技巧是非常重要的，只有养猪经营者掌握住各环节的平衡关系，才能顺利推动养猪经营的发展。

第二节　不同经营类型猪场提高经济效益的要点

一、独立经营场（自繁自养场）

此类猪场最大的特点是：自繁自养。它具有自己的核心繁殖种猪群，由优良的纯种母猪、二元母猪组成核心繁殖群。极少到外场引种，只有在更新血液时才从外引种。留为种用的除外，其余仔猪全部饲养成活大猪出栏，这是较理想的经营形式。我国南方各生猪主产省多采用此种经营方式。

独立经营场必须特别注意如下几点：

1. 繁殖母猪的选择

繁殖母猪不能单纯进行个体选择，必须从记载双亲性能的种猪登记中来挑选，至少是登记猪和杂交血统清楚的登记猪、繁殖力高的母猪（长×大、大×长等）当中严格选择。决不能见母就留，更不能从肉猪群里选留母猪。

2. 种公猪的选择

在考虑所饲养的繁殖母猪性能的同时，必须引入经过严格选择的种公猪，这些种公猪能够直接控制其后代肉猪生产性能。种公猪应有记载祖先性能的，至少应是登记猪，即使价格高些，也要购入性能优良的种公猪。

3. 提高繁殖性能

在独立经营中，饲养体格健壮、连产性强、产仔数多、哺育能力强的母猪是极其重要的，能使母猪不空怀，断奶后约1周出现发情并受胎是基本的技术。

4. 独立经营记录的管理

经营者要每天根据记录分析决定近期策略，主要经营者必须统管经营、制订计划并领导具体实施，其他人员分工负责猪的繁殖、育成、肉猪饲养，发挥每个人的主人翁精神，协助办好规模化猪场。

二、专业繁育场

此类猪场的特点是：其产品只有仔猪，没有活大猪出售。它需要饲养适应性较强的繁殖母猪，这种母猪多数为杂交一代母猪，通过三元杂交生产出售仔猪供应肉猪场和市场。饲养繁殖母猪的经济效益，取决于良种、饲养管理条件和技术水平。在具备优良种猪条件下，只有搞好母猪的配种、妊娠、分娩、哺乳、仔猪补料、断奶等项工作，才能培育出体格健壮、成活率高、增重快的仔猪，并能获得高的断奶窝重。繁殖母猪的经济效益又受到市场对仔猪的需求、仔猪价格、饲料价格和母猪饲养成本等因素的影响。

（一）高度重视仔猪断奶窝重/母猪耗料指标

仔猪断奶窝重的大小和母猪耗料成本的多少，直接影响繁殖母猪的经济效益。繁殖母猪和哺乳仔猪的饲养管理水平先进、市场上饲料价格低廉、仔猪单价高涨对饲养繁殖母猪越有利，但对饲料生产者和购入仔猪饲养肉猪者不利。相反地，当繁殖母猪和哺乳仔猪的饲养管理技术较落后，市场上饲料单价过高，仔猪单价过低，这对繁殖母猪的饲养者不利，但对饲料生产者和购进仔猪饲养肉猪者有利（肉猪的售价应维持在一定水平）。养猪生产经营者必须掌握上述知识，依据市场动态，采取有效措施，灵活地组织生产。合理的饲料单价与仔猪单价比应与繁殖母猪和哺乳仔猪的饲养管理水平相适应，并要兼顾饲养繁殖母猪出售仔猪者、饲料生产者和购入仔猪饲养肉猪者三者的经济利益，才能对养猪生产的发展起到促进作用。

（二）高度重视采用仔猪早期断奶技术的经济效益

饲料价格过高，饲养早期断奶仔猪技术水平差，仔猪断奶窝重低，则经济效益差或者亏损；相反，则增加经济效益，表明仔猪早期断奶补料的直接经济效益与技术经济之间的密切关系。此外，早期断奶母猪的淘汰率比 60 日龄断奶母猪降低33%左右，这也是一笔很大的经济收入。

（三）高度重视繁殖母猪标准化饲养的经济效益

所谓繁殖母猪的标准化饲养，即是按照饲养标准规定的营养水平饲养。繁殖母猪的主要产品是断奶仔猪，副产品是肥料和淘汰母猪。繁殖母猪的饲料消耗，包括母猪本身的直接消耗和仔猪的补料、后备猪和种公猪的间接耗料。繁殖母猪耗料和经济效益计算如下：

$$\text{母猪繁殖利用期窝平均直接耗料} = \frac{\text{初产窝耗料} + (\text{经产窝耗料} \times \text{经产窝数})}{\text{年产窝数} \times \text{利用年限}}$$

$$\text{后备母猪耗料分摊} = \frac{\text{后备猪耗料量}}{\text{年产窝数} \times \text{利用年限}}$$

$$\text{后备公猪耗料分摊} = \frac{\text{后备公猪耗料量}}{\text{母猪年产窝数} \times \text{种公猪利用年限} \times \text{年配种母猪数}}$$

$$\text{种公猪耗料分摊} = \frac{\text{种公猪耗料量}}{\text{母猪年产窝数} \times \text{种公猪年配种母猪数}}$$

繁殖母猪一个繁殖周期的总耗料，等于窝平均直接耗料量与窝平均间接耗料量之和。后备猪及种公猪因出售后备猪及公猪配种有收入，不再分摊饲料费于繁殖母猪。除饲料外的其他成本费不确定的因素较多，很难统一计算。为了便于比较，一般可设饲料费占总成本费的 80%或 70%，其他费用相应占成本费的 20%或30%，计算得出相应的保本窝重是合理饲养繁殖母猪的盈亏经济临界点。据此，可对饲养繁殖母猪的盈亏作出预测，以期更好地制订养猪生产经营计划。

三、专业肉猪场

在肉猪专门饲养中，也必须考虑肉猪生产的技术效果和经济效益。肉猪专门经营是猪群单一，饲养技术较简单，资金周转快，劳动量大，经营的经济效果较好。

（一）提高饲养肉猪的技术效果

肉猪的技术效果主要表现在增加产品的产量和提高它的质量，以及每千克增重的饲料费用等方面。肉猪群产品数量的增加率是每一头猪重量的增加率和饲养头数规模的扩大率之和，而这个总产量增加率乃是各项技术措施综合作用的结果。

从饲养头数扩大率来分析，随着饲养头数的扩大，同时会引起多种因素的变化，首先是要求技术条件发生相应的变化，少量饲养、多头饲养和大规模饲养所要求的各种技术条件是不同的，此外，还会引起投入新的劳动、流动资金和固定资产的变化。一般来说，饲养规模的扩大，由于机械设备能力的提高，能在饲料调制、饲喂、饮水、清除粪尿等生产环节上节省劳动力，能够大大减少新劳动力的投入。但是应该看到，规模扩大以后，如果没有相应的配套技术措施做基础，虽然能节省劳动力，但产品的数量和质量有可能下降，在这种情况下，就应当权衡节省了劳动与单位生产力降低的得失，技术效果表现在两方面：一方面是提高肉猪自身的生产性能；另一方面是提高各种资源的转化效率。

(二)高度重视每千克增重饲料费指标

在肉猪生产经营中，销售收入大于生产费用支出才能获利，要提高肉猪的经营收入，必须采取技术措施和提高经营管理水平以减少每千克增重的饲料费和每千克增重时仔猪增重部分的分摊额。

在构成每千克增重的毛收入项目中，活重单价和仔猪增重分摊额由外部因素决定，肉猪生产者可能控制的是千克增重的饲料费，而它与饲料转化率呈极强正相关。所以在猪种的选择和肉猪生产中都特别重视饲料转化率这一性状。饲料转化率又与饲料单价密切相关，而饲料单价又决定于饲料的质量和购入途径。如能依靠自产饲料，实行粮猪结合，比单纯依靠购入配合饲料有利于降低单位增重的饲料费，这是肉猪经营中必须重视的问题。

(三)认真做好出栏活重的测算

肉猪养到多大活重出栏直接关系到猪肉产品的数量和质量，关系到规模化猪场的经济效益。肉猪的适宜出栏活重受各种因素的影响，主要的影响因素有肉猪的生物学特性、市场对猪肉产品的规格需求和销售价格。肉猪最佳出栏活重的确定，要结合日增重、饲料转化率、每千克活重的售价、日饲料费、仔猪饲养成本的分担费等进行综合经济分析，不同情况下的结果是不一样的。目前，瘦肉型肉猪出栏活重普遍增加至 120～130 kg。

第三节　发展养猪业的高效途径——生态养猪

我国有发展生态农业的悠久历史和优良传统。传统养猪业还猪粪尿于农田，提出了猪多、肥多、粮多的猪粮结合模式，在相互承受的范围内维持养猪与环境生态平衡的一个良性循环。随着规模化猪场的发展，集约化程度的提高，机械操作逐步替代人工劳动，猪粪尿量与污水量大幅度增加，环境污染问题越来越大。运用传统的猪粮结合模式已不能适应养猪生产的需要。现代养猪业要求建立以规模化猪场为中心，开展生态养猪综合利用的配套系统工程。根据目前实践经验，生态养猪有下列几种类型。

一、养一养结合型

也称为养殖业的主体开发型，利用猪粪尿的科学处理，结合利用不同种类动物对食物和环境条件的需求差，进行合理的搭配、科学的组合，实行相互利用、相互促进、低投入、高产出，多层次的获取效益。这种模式主要有以下三种。

(一)养猪—养鱼

这是利用养猪废弃物和猪粪尿换取鲜鱼的模式。一般养一头 90 kg 肉猪产猪粪尿及污水2 500 kg 左右，每 40 kg 猪粪尿可养出 1 kg 鲜鱼，如果亩产 400 kg 鲜鱼，全年饲养 6～7 头肉猪即可，此类模式的鱼产量主要是指滤食性鱼类。要挖掘池塘生产潜力，可增放其他吞食性鱼类，增加青精饲料，达到精养高产的目的。

(二)养猪—猪粪尿厌氧发酵生产沼气

“做饭不用煤，照明不用电，沼液能养鱼，沼渣可种菜，农药化肥用得少，一年节约上千块，生活质量高不高，就看沼气搞不搞”。处理猪粪尿最科学最受益的是建立池气池，产生沼气后，可达到综合利用的目的。沼气燃烧产生热能，沼水、沼渣利用方式主要有以下几种：

1. 沼水沼渣→养鱼

新鲜猪粪便入池，在分解过程中要消耗大量氧，往往造成鱼池溶解氧幅度下降，引起鱼浮头，且肥效受气温、池温影响，不稳定，难控制；某些寄生虫、病原菌也随粪便入池，易引起鱼病发生。如果先将猪粪入沼气池发酵产气，再将沼肥投入鱼池，既能保持猪粪尿直接入池的优点，又能克服其缺点。试验结果充分证明，猪粪尿与沼肥喂鱼相比，施沼肥的鱼池里水解氮可提高 15.5％、铵盐氮提高 52.9％、磷酸盐提高 11.8％、溶解氧增加 13.8％。同时浮游生物特别是浮游植物的数量和重量均有增加，且没有鱼病发生。此施肥方法简单，容易推广。湖南省衡山县赵志强利用沼水沼渣养鱼，每亩成活率从过去的 85％提高到 98％，每亩鱼塘增产 20％。

2. 沼水、沼渣→养蚯蚓→养殖业饲料

黄鳝可投喂蚯蚓、蝇蛆、动物内脏等作饲料。泥鳅喜食浮游生物、藻类、小型甲壳类昆虫，植物碎屑、蚯蚓、畜禽内脏，也取食猪粪尿。泥蛙、牛蛙也利用蚯蚓、蝇蛆等作饲料。这均可采用猪粪尿沼气发酵，利用沼渣养蚯蚓，繁殖蝇蛆，养殖特种水产动物。利用食物链开展立体养殖业，是开发“养养结合型”的主要形式。

3. 沼水、沼渣→培育农作物、水果和中草药

施沼肥后，农作物病虫少，产量高，品质好，价格有优势。湖南省邵东县双凤乡水井村采用“猪—沼—稻，猪—沼—果，猪—沼—药材”的生态农业模式。全村年存栏生猪1 160 头，发展黄姜、丹皮、玉竹等药材 450 亩，优质水稻 410 亩，礼品西瓜 120 亩。村里因此新增经济收入 56.6 万元，人均增收 506 元。

(三)养猪—养胡子鲶

胡子鲶是杂食性鱼类，具有生长快、耐低氧、疾病少、离水不易死亡、便于运输等特点。每亩水面可放养 0.033 m 左右长的鱼苗4 000～7 000 尾，饲料可用蚯蚓、蝇蛆、猪粪尿等，每天投食量为鱼体总重量的 5%～10%。投食做到定位、定时、定量(每 10 kg 鱼可投猪粪尿 3 kg)。

二、养—种结合型

养种结合立体开发，是将养猪业与种植业有机地结合一起，形成食物链式利用，提高物质良性循环和转化速度。猪粪尿的科学处理和利用是实现养种结合立体开发的关键所在。当猪粪尿渗透进入土壤时，借着生物作用使废污中某些有机物被微生物分解，经过土壤的物理作用过滤除去细菌，而化学作用可使某些物质被氧化加以去除。

田间处理猪粪尿需掌握三条原则：一是不影响作物生长及其品质；二是不因为长期施用劣化土壤；三是不污染水源和空气造成公害。

养种结合型的模式很多，概括有：养猪—水稻；养猪—旱田粮食作物、牧草、蔬菜、经济作物等；养猪—果树；养猪—森林；养猪—猪粪尿加工成各种有机肥料。这是低投入持久农业的有效模式，既经济又环保。

三、养—种—养混合型

这是一种“养—种—养”或“养—养—种”结合型的立体开发，利用食物链的模式，将多种养种业有机地结合在一起，实行多层次的开发，物质多层次的转化，效益多层次的获得。这种类型主要有以下两种。

1. 养—养—种

邵阳市洞口县生态养殖场创出了养猪、猪粪尿养鱼、种植水稻的高效益的生态养殖场。

2. 养—种—养

用猪粪尿肥田，增产粮食和饲料作物，利用饲料再开发养殖业。这一循环是猪粮结合、相互依赖、相互促进的模式，在我国已有几千年的历史，如今已被更科学地利用。

总之,生态养猪业是一项现代养猪业的系统工程,需要多学科、多行业共同协调行动,既向自然索取,又保持自然生态平衡。生态养猪业地方性很强,需要因地制宜,从当地环境实际出发,探索循环规律,找出良性生态循环的现代养猪模式,获取最大限度的生态效益、经济效益和社会效益。

第四节　规模化猪场管理的要点

一、预测市场猪价

准确预测猪价是规模化猪场提高经济效益的重要手段。猪价波动一直是养猪生产经营者关注的焦点,使用科学方法,准确预测猪价峰谷,并据此合理调配生产计划,确保在各猪种价格高峰期能有最大数量猪只上市,而尽量避开价格低谷。这已成为决定猪场效益的重要方面。影响猪价格的主要因素有以下四个方面。

(一)猪的价值

构成猪价值的生产成本是影响猪价格的主要因素,同时养猪生产者为社会创造的价值只有成为价格的组成部分,猪的价格才能反映价值。例如目前通过绿色产品认证的某些地方特色猪种,风味和质量安全水平比普通商品肉猪高,生产成本也高,因此,售价应该比普通商品肉猪高。

(二)国家的政策

自2007年以来,国家出台了一系列稳定生猪生产的政策,实行了活猪储备、能繁母猪保险、规模化猪场补贴、良种补贴、调出大县奖励资金等一系列措施,对猪价的稳定起到了很大的作用。

(三)供求关系

(1)散户养猪的总头数。尽管近年来规模养殖迅猛发展,但千家万户副业养猪的总头数多与少,对我国猪肉市场供给影响依然极大,因而也影响猪的价格波动。而农民养猪数量的多少,与他们所在地区的自然资源和社会经济条件有密切关系,农村经济较发达地区,养猪的农户逐渐减少,养猪的数量也少,一般价格较高,而经济发展后进地区,养猪农户较多,则猪的价格也低些。

(2)猪粮比价。即同一市场,同一时间内肉猪单位重量价格与粮食价格之间的比例。我国多数以玉米为主,国外则以小麦为主。猪粮比价合理,养猪数量就增加,比价不合理,则养猪数量就会下降。根据我国目前发展水平,猪粮比价如能维持在(6～7)∶1,才有利于养猪生产的稳定发展,国外猪粮比价一般都在(8～10)∶1。

(3)消费者的需求。消费者经济收入和对猪肉质量安全的信心增加,对猪肉的需求也随之增加。2005 年四川等地发生猪Ⅱ型链球菌病，导致多人死亡，消费者对猪肉的消费大幅下降，猪肉价格跌至低谷，养猪行业全面亏损。

(4)养猪技术水平的高低，以及与市场相关的畜、禽、水产品的价格，也对肉猪市场供给量的变化和价格的波动产生影响。如禽肉、蛋和鱼的产量增加快而多，价格又低廉，从而影响到肉猪和猪肉产品的价格下滑；反之，则肉猪及猪肉价格上扬。

(四)疫病的流行

一般来说，疫病流行特别是重大生猪疫情大面积发生对生猪产业的打击是相当大的，若能在大灾之年，确保本地区、本场不发生疫情，则必然迎来高猪价的时期。

(五)猪的生物学特性

在肉猪市上，常会发生这样一种现象：即某一时期肉猪存栏总量减少，对市场猪价有利，养猪生产经营者就会根据当时市场价格和利润决定未来的生产。增加母猪饲养量，减少小母猪出栏，使当时市场肉猪的供给量进一步减少，小母猪生长发育到性成熟，配种后妊娠，产出的仔猪育成肉猪整个过程需要 18 个月。在这段时间内肉猪的市场供给量不会大幅增加，猪价一直维持较高水平(高于成本加平均利润)。一年半以后，肉猪出栏上市量快速增加，猪价出现下跌趋势，这是由于猪的生物学特性所影响的，使猪的供给对市场价格的反应呈现出滞后现象。

在相反情况下，某一时期肉猪存栏总量增加，市场价格就会下跌(低于成本加平均利润)，使得养猪生产经营者因担心猪价进一步下跌而提前出售肉猪，市场猪肉供给量继续增加，猪价必将进一步下滑，大约要经过半年时间(约相当于肉猪的饲养时间)，待养猪生产者存栏肉猪差不多出售完，才会表现出肉猪总供给量减少，猪价又会出上升，即猪的市场不利价格对猪总供给量减少的影响，也要经过一定的滞后期才能表现出来。据统计，上市猪的高峰大约总是出现在猪价高峰后的 2 年；上市猪数量的减少，大约出现在猪价格下跌后的 1～2 年。

我国短期内仍以千家万户分散养猪为主，致使肉猪价格机制的滞后特点表现得特别突出，但随着养猪生产规模的不断扩大，价格的波动影响肉猪供给量消长的滞后期将逐渐延长，只要国家从宏观总体上，养猪生产经营者从局部个体上，都能掌握和利用猪价格机制的滞后性，就可能避免肉猪市场供给量和价格的大幅度波动。国家建立的商品瘦肉猪生产基地和逐步扩大养猪专业户的规模，将对价格机制的滞后性产生积极的调控作用。

二、制订生产计划

规模化猪场的管理者对全年产多少窝猪，育成多少幼猪，每月出售多少种猪，多少头母猪配种妊娠，出售商品瘦肉猪等应做到胸中有数。计划管理是对下一年的猪场生产进行估计，按可能达到的指标逐月落实计划，计划管理对全场各项工作有监督作用，对每一位职工有显示成绩、鼓舞士气的作用。其内容有生产计划、饲料供应计划等。

要制订好这些计划，首先应当了解有关指标的计算方法和生产水平，而后方能制订适用的计划。

(一)若干指标的计算

1. 繁殖指标

$$\text{配种率}=\frac{\text{已参加配种的母猪数}}{\text{能参加配种的母猪数}}\times 100\%$$

$$\text{空怀率}=\frac{\text{能繁殖母猪数}-\text{受胎猪数}}{\text{能繁殖母猪数}}\times 100\%$$

$$\text{受胎率}=\frac{\text{受胎母猪数}+\text{流产头数}}{\text{配种母猪数}}\times 100\%$$

$$\text{受胎指数}=\frac{\text{受胎母猪数}+\text{流产头数}}{\text{配种母猪数}}$$

$$\text{情期受胎率}=\frac{\text{一个发情期配种受胎数}}{\text{同一个情期配种母猪总数}}\times 100\%$$

$$\text{分娩率}=\frac{\text{产仔窝数}}{\text{配种受胎数}}\times 100\%$$

$$\text{产活仔率}=\frac{\text{产活仔猪数}}{\text{总产仔数}}\times 100\%$$

$$\text{成活率}=\frac{\text{断奶时成活仔猪数}}{\text{出生时活仔猪数}}\times 100\%$$

$$\text{哺育率(育成率)}=\frac{\text{育成仔猪数}}{\text{产活仔猪数寄出仔猪数}+\text{寄入仔猪数}}\times 100\%$$

$$\text{成年母猪年产仔窝数}=\frac{\text{产仔总窝数}}{\text{成年母猪头数(按饲养日计)}}$$

$$\text{繁殖力}=\frac{\text{出生仔猪数}}{\text{年初适龄母猪数}}$$

$$\text{繁育率}=\frac{\text{断奶仔猪数}}{\text{能繁殖母猪数}}\times 100\%$$

$$\text{成年母猪死亡率}=\frac{\text{成年母猪死亡数}}{\text{年初适龄母猪数}}\times 100\%$$

2. 生长发育指标

$$生长率(累计生长率)=\frac{断奶仔猪数}{能繁殖母猪数}\times 100\%$$

$$绝对增重=\frac{第二次测定的重量-第一次测定的重量}{第二次测定时日龄-第一次测定时日龄}$$

$$相对增重=\frac{末重(体尺)-初重(体尺)}{末重(体尺)}\times 100\%$$

$$日增重(g/天)=\frac{末重-初重}{饲养天数}$$

$$肉猪率=\frac{实际育成肉猪数}{可育成(进栏)猪数}\times 100\%$$

$$出栏率=\frac{期内出售商品肉猪数}{可育成(进栏)猪数}\times 100\%(其中包括自宰猪头数)$$

3. 产肉与肉质指标

$$存栏猪平均产肉量=\frac{全年总产肉量}{年初存栏猪头数}$$

$$屠宰率=\frac{胴体重}{宰前活重}\times 100\%$$

$$瘦肉率=\frac{瘦肉量}{胴体重-板油和肾脏-作业损耗}\times 100\%$$

$$肉脂率=\frac{瘦肉量}{脂肪量}\times 100\%$$

$$分割肉比例=\frac{1、2、3、4号肉总重}{胴体重-板油和肾脏重}\times 100\%$$

$$净肉率=\frac{净肉重}{胴体重}\times 100\%$$

$$大腿比例=\frac{大腿重}{胴体重}\times 100\%(腿臀比例)$$

腿臀应从最后腰椎之间处与胴体长轴呈垂直切下。

$$平均背腰厚(cm)=\frac{甲+乙+丙}{3}$$

其中甲是肩部背腰最厚处厚度(cm),乙是最后肋骨处背腰厚(cm),丙是腰荐结合处背腰厚(cm)。

眼肌面积(cm^2)=最后肋骨处背最长肌横断面高×宽×0.7。

4. 饲料利用效率指标

$$饲料报酬(饲料利用率)=\frac{饲料消耗量}{猪体增重}(X:1)$$

$$全群饲料报酬=\frac{全场总消耗饲料量}{全场各类猪群总增重}(X:1)$$

$$每天应喂料量(kg)=\frac{能量需要量}{饲料浓度}$$

例如:体重180 kg哺乳母猪按饲养标准日需消化能64.31 MJ,而每1 kg混合料含有12.54 MJ,每天应喂多少千克饲料?

$$\frac{64.31}{12.54}=5.13(kg)$$

在估计各项指标时,一定要贯彻实事求是的原则,否则,就不可能实现有计划的生产和"全进全出"的流水式生产工艺。100头成年母猪年产1 700～2 000头商品瘦肉猪的猪场主要工艺参数见表6-1。

表6-1 100头母猪规模养猪生产参数

项目	一般水平	较高水平	项目	一般水平	较高水平
繁殖(生产)节律(天)	7	7	不同龄猪的增重		
情期配种受胎率(%)	80	85	0～35日龄	155	165
分娩率(%)	85	95	35～70日龄	400	450
窝产仔总数(头)	11	11.5	70～180日龄	645	750
窝产活仔数(头)	10	10.5	两胎间隔时间(天)	176	146
不同幼龄猪死亡率(%)	15	10	断奶→配种(天)	20	15
0～35日龄	10	6	妊娠期(天)	114	114
35～70日龄	3	2	母猪年产仔窝数	2.0	2.2
71～180日龄	2	2	一头母猪年出栏商品肉猪	17.0	20.86
各年龄猪活重(kg)			一头母猪年产肉猪重(kg)	1 271	1 877
初生	1.25	1.25	屠宰率(%)	71	73
35日龄	6.70	7.00	胴体重/头(kg)	63.9	76.65
70日龄	19.25	22.50	一头母猪年产胴体重(kg)	1 086	1 599
180日龄	90.00	105.00	胴体瘦肉率(%)	56	58
			一头母猪年生产瘦肉量(kg)	608	927

(二)各种计划的制订

在各种生产计划中，最主要的是猪的配种分娩计划和猪群周转计划。制订配种分娩计划时需要以下资料：上一年最后4个月母猪配种妊娠记录，母猪本年度分娩胎数，每胎产仔数，仔猪成活率，计划淘汰公、母猪数和具体月份。根据各种猪只淘汰、选留、出售计划，累计出各月份猪只头数的变化情况，并填入猪群周转计划表。种猪淘汰率约占基础群的25%～30%。后备公、母猪在初配妊娠后即转入检定公、母猪群；检定母猪在头胎产仔断奶后经鉴定合格者转入基础母猪群，不合格的淘汰；检定公猪可等到与配母猪产仔后经鉴定转入基础公猪群或淘汰。猪的配种分娩计划和猪群周转计划分别见表6-2和表6-3。

表6-2 ______年度猪配种分娩计划

年度	月份	配种数			分娩数			产仔数			育成仔猪数		
		基础母猪	检定母猪	小计	基础母猪	检定母猪	小计	基础母猪	检定母猪	小计	基础母猪	检定母猪	小计
上年度	9												
	10												
	11												
	12												
本年度	1												
	2												
	3												
	4												
	5												
	6												
	7												
	8												
	9												
	10												
	11												
	12												
全年合计													

鉴于上表的重要性，特举例说明如下：某猪场有基础母猪100头，检定母猪20头，去年10月份有30头基础母猪和13头检定母猪参加配种，11月份有20头基础母猪和7头后备母猪参加配种。本年度4月份有检定母猪参加配种，计划淘

汰基础母猪 7 头。10 月份计划淘汰基础母猪 7 头，有 10 头检定母猪(4 月份选留的)参加配种，检定母猪每窝产仔 6 头，基础母猪为 8 头，成活率为 90%，检定母猪产后经鉴定即转入基础母猪群。

表 6-3　________年猪群周转计划

项目		月份													
		上年存栏	1	2	3	4	5	6	7	8	9	10	11	12	合计
基础公猪	月初数														
	淘汰数														
	转入数														
检定公猪	月初数														
	淘汰数														
	转入数														
后备公猪	月初数														
	出售淘汰数														
	转出数														
	转入数														
基础母猪	月初数														
	淘汰数														
	转入数														
检定母猪	月初数														
	淘汰数														
	转出数														
	转入数														
哺乳仔猪	0～1 月龄														
	1～2 月龄														
断奶仔猪	2～3 月龄														
	3～4 月龄														
后备母猪	4～5 月龄														
	5～6 月龄														
	6～7 月龄														
	7～8 月龄														
	8～9 月龄														

续表 6-3

项目		上年存栏	1	2	3	4	5	6	7	8	9	10	11	12	合计
商品肉猪	5～6 月龄														
	6～7 月龄														
	7～8 月龄														
	8～9 月龄														
	9～10 月龄														
	10～11 月龄														
	11～12 月龄														
月末存栏总数															
出售淘汰总数	出售断奶仔猪														
	出售后备公猪														
	出售后备母猪														
	出售肉猪														
	淘汰成年猪														

该猪场去年末有基础公猪 2 头，检定公猪 3 头，后备公猪 5 头，基础母猪 100 头，检定母猪 20 头，9 月龄后备猪 30 头。已知本年度 4 月份淘汰基础母猪 7 头，10 月份淘汰 7 头。4 月份选留后备母猪 70 头，到 10 月份出售 60 头。最后选留10 头。10 月份选留后备母猪 100 头。已知 1 月份出售后备母猪 10 头(即年初 9 月龄的后备母猪)，3 月份出售后备公猪 2 头。4 月份 2 头检定公猪转入基础公猪群。上年存栏 5～6 月龄商品肉猪 40 头，10～11 月龄肉猪 10 头。本年 4 月份留肉猪 40 头，节假日自宰肉猪也应考虑进去。然后，把上述基本数据和配种分娩计划表中的有关数据填入猪群周转计划表，结果见表 6-4、表 6-5。

表 6-4 母猪配种分娩计划

年度	月份	配种数			分娩数			产仔数			育成仔猪数		
		基础母猪	检定母猪	小计	基础母猪	检定母猪	小计	基础母猪	检定母猪	小计	基础母猪	检定母猪	小计
上年度	9	30	13	43	30	13	43	240	78	318			
	10	20	7	27	20	7	27	160	42	202			
	11												

续表 6-4

年度	月份	配种数			分娩数			产仔数			育成仔猪数		
		基础母猪	检定母猪	小计	基础母猪	检定母猪	小计	基础母猪	检定母猪	小计	基础母猪	检定母猪	小计
本年度	1												
	2												
	3												
	4	36	20	56							216.0	70.2	286.2
	5	27		27							144.0	37.8	181.8
	6												
	7												
	8				36	20	56	288	120	408	259.2	108.0	367.2
	9				27		27	216	216	432	194.4	194.4	388.8
	10		10	59									
	11	49		27									
	12	27											
全年合计		189	50	239	113	40	153	904	456	1 360	813.6	410.4	1 224

表 6-5　猪群周转示意表

项	目	月份													
		上年存栏	1	2	3	4	5	6	7	8	9	10	11	12	合计
基础公猪	月初	2	2	2	2	4	4	4	4	4	4	4	4	4	4
	淘汰														
	转入				2										
指定公猪	月初	3	3	3	1	1	1	1	1	1	1	1	1	1	1
	淘汰														
	转入				2										
后备公猪	月初	5	5	5	5	3	3	3	3	3	3	3	3	3	3
	出售或淘汰				2										
	转出转入														
基础母猪	月初	50	50	50	50	56	62	69	69	69	69	69	72	72	72
	淘汰					7						7			
	转入				6	13	7					10			

续表 6-5

项目		上年存栏	1	2	3	4	5	6	7	8	9	10	11	12	合计
		月份													
检定母猪	月初	20	20	40	40	34	21	14	14	14	14	14	14	14	14
	淘汰				6	13	7					10			
	转入		20										10		
哺乳仔猪	0～1 月龄			318	202					408	432				1 355
	1～2 月龄				318	202					408	432			1 355
断奶仔猪	2～3 月龄					110						140			250
	3～4 月龄						110						140		250
后备母猪	4～5 月龄							110						100	
	5～6 月龄								70						
	6～7 月龄									70					
	7～8 月龄										70				
	8～9 月龄	30										10			
商品肉猪	5～6 月龄	40	40						40					40	120
	6～7 月龄			30						40					
	7～8 月龄				25						30	25			
	8～9 月龄	10				20									
	9～10 月底						15						20	10	10
	10～11 月底							10							
	11～12 月龄								5						
	淘汰成年猪					7						7			
月末存栏猪			140	448	643	432	216	211	206	609	1 031	698	354	244	
出售淘汰总数	出售断奶仔猪						181.2					227.2	388.8		9 734
	出售后备公猪				2	176.2									
	出售后备母猪		10												
	出售肉猪		10	10	5	5	5	5	5		10	5	5	10	75
	淘汰成年猪					7						7			14

根据猪群周转计划中各月份不同猪存栏数，按各类猪群饲养日粮的定额，制订饲料需要计划。猪群饲料需求计划见表 6-6。

表 6-6　猪群饲料需求计划表

			种公猪（10 月龄以上）	种母猪（10 月龄以上）	后备猪（4～10 月龄）	断奶仔猪（2～4 月龄）	哺乳仔猪（2 月龄内）	肉猪（各月龄平均）	合计	饲料费金额
1月	31天	头数								
		种猪料								
		母猪料								
		仔猪料								
		育成 1 号								
		育成 2 号								
		合计								
2月	28天	头数								
		种猪数								
		母猪数								
		仔猪数								
		育成 1 号								
		育成 2 号								
		合计								
全年全群总数			饲料总需要量(kg)：			（其中　　）				
			种猪需要量(kg)：			（其中　　）				
			母猪需要量(kg)：			（其中　　）				
			母猪需要量(kg)：							
			仔猪需要量(kg)：			饲料费总金额：				
			育成猪需要量(kg)：							
			育成猪饲料需要量(kg)：							

注：表中所需饲料种类，可根据本场具体情况填写。在配种分娩计划、猪群周转计划、饲料消耗计划以及物资购置，基本建设等系列计划提出以后，即可制订财务收支计划。

（三）计算的定额基础

各种计划都由计算求得的，而计算的基础则是各种定额，它包括如下几个方面内容：

(1)劳动手段定额。即完成一定生产任务所规定的机器设备或其他劳动手段应配备的数量标准。如汽车、拖拉机、饲料加工机具、饲喂工具及设备、猪栏等。

(2)劳动力配备定额。即按生产实际需要和管理工作需要所规定的人员配备标准。如每个饲养人员应负担的种类猪群头数、机务人员的配备定额、管理人员的编制定额等。

(3)劳动定额。即在一定质量要求下规定的单位工作时间内应完成的工作量或产量,如机械作业组工作定额、人力日作业定额、工副业单位工作时间内应完成的产量定额等。

(4)物质消耗定额。为生产一定产品或完成某项工作所规定的原材料、燃料、工具、电力等的消耗标准。如饲料消耗定额,药品消耗、使用定额,工具消耗定额,产肉率定额等。

(5)工作质量和产品质量定额。如母猪的受胎率、产仔率、成活率、肉猪出栏率;产品等级品率定额;机械设备的完好率、人员出勤率等。

(6)财务收支定额。即在一定的生产经营条件下,允许占用消耗财力的标准,以及应达到财务标准。如资金占用定额、成本定额、各项费用定额以及产值、收入、支出、利润定额。

三、管好猪群结构

在规模化猪场里,猪群是主要的生产条件,猪群管理得好坏,直接关系到生产效益的高低。因此,猪群管理是猪场管理的重要环节之一。

养猪场里繁殖猪群一般分为:母猪、公猪、后备公母猪。这些猪在猪群中所占比例多少叫做猪群结构。规模化猪场以生产为主,按生产分工把猪群中母猪分为空怀、妊娠母猪群,分娩和哺乳母猪群,种公猪群,育成猪群和肉猪群。无论是什么规模化猪场,都需要按照生产要求科学地确定猪群结构,这是保证有计划地迅速增殖猪群、提高生产水平的重要措施。

(一)猪群类别的划分

要根据各类猪群特点进行饲养管理,就必须将不同年龄、体重、性别和用途的猪只划分为不同的群。划分的方法和名称均应统一,以便猪场间彼此交流和统计管理。

(1)哺乳仔猪:初生到断奶的仔猪。

(2)育成猪:一般指断奶至生后 4 个月的幼猪。

(3)后备猪:生后 5 个月至初配(8～9 月龄)前留做种用公母猪,公猪称为后备公猪,母猪称为后备母猪。

(4)检定公猪:从第一次配种至所配母猪产生仔猪断奶阶段的公猪,年龄一般在 1.0～1.5 岁。它们虽已参加配种,但须根据仔代后续的鉴定,才能决定是否留做种用。

(5)检定母猪:从初配妊娠开始至第一胎仔猪断奶的母猪(1.2～1.4 岁),根据其生产性能，鉴定其是否留做种用。检定合格的第一胎母猪，第二胎开始参加成年母猪群。

(6)成年种公猪：又称为基础公猪，是指经生长发育、体质外形、配种成绩、后裔生产性能等鉴定合格的1.5岁以上的种用公猪。

(7)成年母猪：又称做基础母猪，是指经一胎产仔鉴定成绩合格留做种用的1.5岁以上的母猪。

从成年母猪群中选出若干优秀个体，具有较高的生产性能和育种价值的母猪组成核心群，以供选育和生产上更新种猪用。核心群种猪一般年龄在2～5岁为宜。

(8)肉猪群：专门用来生产猪肉的猪统称为肉猪，也叫生长育肥猪或生长发育猪。根据其生长阶段，又可分为架子猪和肉猪。架子猪一般指生后4～5月龄的去势公猪和未去势的母猪。肉猪又叫做大肉猪，是指出栏前1～2个月的肉猪。

(二)猪群的结构(各年龄比例)

周转良好的猪群结构，要求各猪群之间保持着既具有高生产性能，又能承前启后，经济合理的比例关系。繁殖猪群中各年龄猪应占的比例见表6-7。

表6-7　繁殖猪群中各年龄猪应占的比例

类别	基础母猪群的总头数									基础公猪总头数				
	占基础母猪(%)	10	20	30	40	50	80	100	200	占基础公猪(%)	5	10	15	20
检定猪(1～1.5岁)	40	4	8	12	16	20	32	40	80	40	2	4	6	8
基础猪	100	—	—	—	—	—	—	—	—	100	—	—	—	—
其中1.5～2岁	35	3	6	10	14	17	28	35	70	30	2	3	5	6
2～3岁	30	3	6	9	12	15	24	30	60	20	1	3	3	4
3～4岁	20	2	4	6	8	10	16	20	40	20	1	2	3	4
4～5岁	10	1	2	3	4	5	8	10	20	20	1	2	3	4
5岁以上	5	1	2	2	2	3	4	5	10	10	—	1	1	2
核心群母猪2～5岁	25	3	5	7	10	13	20	25	50	—	—	—	—	—

注：①检定猪不包括在基础猪内，经鉴定合格者转入基础猪群；

②检定猪生产性能不合格者可转入肉猪群；

③核心群母猪包括在基础母猪内，主要为提供种用后备猪；

④品质优良的青壮公、母猪(1.544岁)在基础猪群中保持80%～85%的比例；

⑤公猪与基础母猪的比例，本交时一般为1∶(20～30)，人工授精时则公猪数量可酌情减少。

扩大再生产的规模、速度与繁殖猪群所占的比例大小，决定着猪群的增长速度。因此，公猪、母猪、后备猪群在全部繁殖猪群中占的比例以基础母猪群为转移的，后备母猪和检定母猪选留比例见表6-8。而基础母猪群的大小，又与猪场的性质、规模以及年度内母猪分娩的胎次和每胎的繁殖存活仔猪数有关。

表6-8 后备母猪和检定母猪选留比例

选留阶段	占基础母猪(%)	基础母猪总头数							
		10	20	30	40	50	80	100	200
断奶时选留数	60	6	12	18	24	30	48	60	120
配种时选留头数	50	5	10	15	20	25	40	50	100
检定母猪头数	40	4	8	12	16	20	32	40	80

注：后备猪为每年应淘汰和补充的基础母猪数的1～2倍。

规模化养猪场的种猪群应处于经常变动的状态下，不断用经过鉴定的优良青年母猪，更新老年的、生产性能低下的母猪。种公猪群也是如此。

猪群的变动一般称之为猪群周转，猪群周转一般应遵守如下原则：

(1)后备猪达到体成熟以后(8～10月龄)，经配种妊娠转为检定猪群。检定母猪分娩产仔后，根据其生产性能(产仔数、初生重、泌乳力和仔猪育成率等情况)，确定转入一般繁殖母猪群或基础母猪群，或作核心群母猪，或淘汰作肉猪(一产母猪育肥)。检定公猪生产性能优良者转入基础公猪群，不合格者淘汰去势作为肥猪。

(2)一产母猪经鉴定符合基础母猪要求者，可转入基础母猪群，不符合要求者淘汰作商品猪。

(3)基础母猪5岁以后，生产性能下降者淘汰育肥。种公猪在利用3～4年后也做同样处理。

四、控制生产成本

(一)成本核算

养猪生产中的各项消耗，有的直接与产品生产有关，这种开支叫直接生产费，如饲养人员的工资和福利费，饲料、猪舍折旧费等；另外还有一些间接费用，如场长、技术员和其他管理人员的工资、各项管理费等。

1. 成本项目与费用

(1)劳务费：是指直接从事养猪生产的饲养人员的工资和福利费。

(2)饲料费：指饲养各猪群直接消耗各种精饲料、粗饲料、动物性饲料、矿物质饲料、多种维生素、微量元素和药物添加剂等的费用。

(3)燃料和动力费。

(4)医药费、猪群直接消耗的药品和疫苗费用。

(5)固定资产折旧费。

(6)固定资产维修费。

(7)低值易耗品费:指当年报销的低值工具和劳保用品的价值。

(8)其他直接费:不能直接列入以上各项的直接费用,如接待费和推销费等。

(9)管理费:非直接生产费,即共同生产费,如领导层的工资及其他管理费。

以上各项成本费的总和,就是该猪场的总成本。

2. 成本的计算

根据成本项目核算出各类猪群的成本后,并计算出各猪群头数、活重、增重、主副产品产量等资料,便可以计算出各猪群的饲养成本和产品成本。在养猪生产中,一般要计算猪群的饲养日成本、增重成本、活重成本和主产品成本等,其计算公式如下:

$$\text{猪群饲养日成本} = \frac{\text{猪群饲养费用}}{\text{猪群饲养头日数}}$$

$$\text{断奶仔猪活重单位成本} = \frac{\text{断奶仔猪群饲养费用}}{\text{断奶仔猪总活重}}$$

$$\text{商品瘦肉猪单位增重成本} = \frac{\text{肉猪群饲养费用} - \text{副产品价值}}{\text{肉猪群总增重}}$$

$$\text{该猪群幼猪和肉猪活重单位成本} = \frac{\text{本期初活重总成本} + \text{本期增重总成本} + \text{购入转入总成本} - \text{死猪残值}}{\text{期末存栏活重} + \text{其内离群猪活重(不包括死猪重)}}$$

$$\text{主产品单位成本} = \frac{\text{各猪群饲养费用} - \text{副产品价值}}{\text{各群猪产品总产量}}$$

养猪生产中以出售的断奶仔猪、肉猪及种猪为主产品,副产品一般为粪肥、自产饲料、自配的混合饲料等。

3. 盈亏核算

$$\text{总利润(或亏损)额} = \text{销售收入} - \text{生产成本} - \text{销售费用} - \text{税金} \pm \text{营业外收支净额}$$

(二)降低养猪生产成本与提高经济效益

规模化养猪场,要使自己处于不败之地,就要降低养猪生产成本和提高经济效益,否则将失去规模化养猪生产的意义,规模化猪场生产必需获得规模效益。要提高规模效益,需从三个方面来抓,即提高饲料利用效率降低饲料费用、提高母猪单产和经营管理水平。提高规模化猪场经济效益的途径见图 6-1。

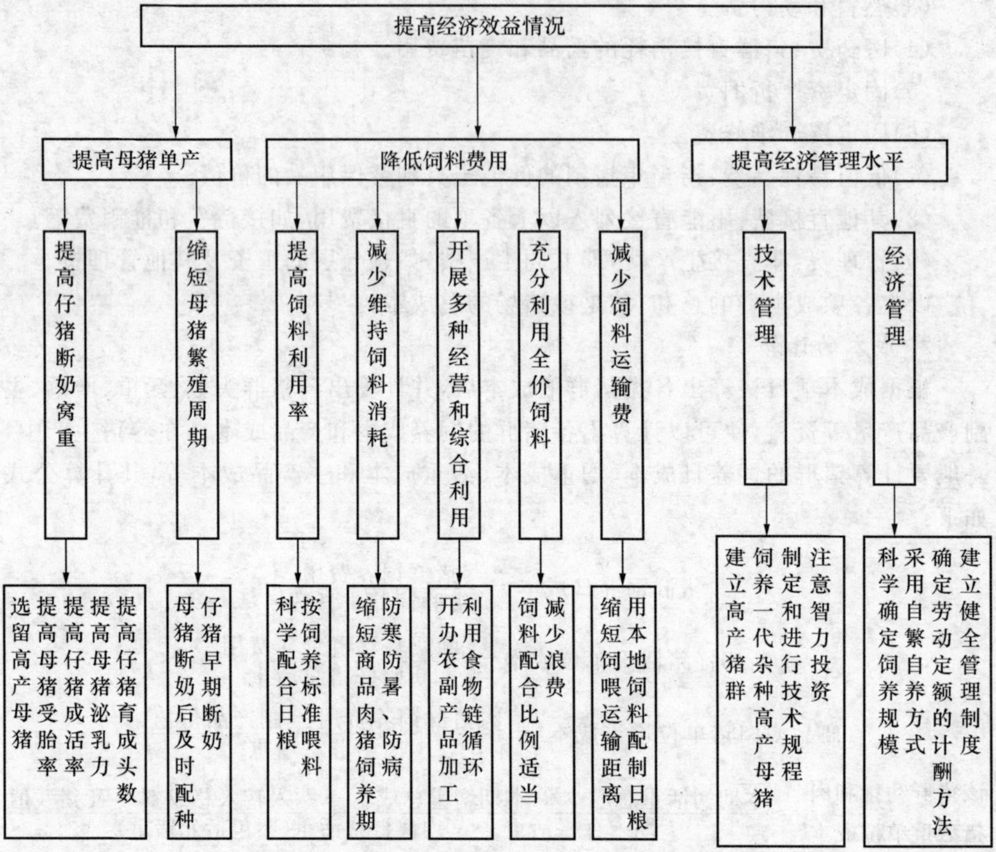

图 6-1 提高规模化猪场经济效益的途径示意图

五、做好畜禽标识和养殖档案管理

猪群的各种生产记录，是规模化猪场生产不能缺少的工作内容，要管理好猪场必须做好各项生产记录，并及时进行整理与分析，一方面有利于总结经验，评价每头猪的生产性能和每群猪的生产状况，不断提高生产水平和改进猪群的管理工作；另一方面，也是遵照国家对畜禽产品实施可追溯管理，保障农产品质量安全的法定要求。《中华人民共和国畜牧法》第四十一条规定，畜禽养殖场应当建立养殖档案，载明以下内容：①畜禽的品种、数量、繁殖记录、标识情况、来源和进出场日期；②饲料、饲料添加剂、兽药等投入品的来源、名称、使用对象、时间和用量；③检疫、免疫、消毒情况；④畜禽发病、死亡和无害化处理情况；⑤国务院畜牧兽医行政管理部门规定的其他内容。《中华人民共和国畜牧法》第四十五条规定，畜禽养殖者应当按照国家关于畜禽标识管理的规定，在应当加施标识的畜禽的指定部位加施标识。规模化猪场应当按照国务院畜牧兽医行政主管部门制定的畜禽标识管理办法的规定，在生猪耳部佩戴明确其来源的标识，国家建有全国统一的畜禽标识的管理数据库。通过标识号码及其对应的数据库信息，可以立即查明该畜禽的来源地、户主、免疫标识、养殖档案、流转记录等信息，实现畜禽产品的质量安全追溯目标。

在养殖档案的建立上，目前存在两大误区，一是对国家畜牧兽医行政管理部门印发的养殖档案的登记流于形式，而场里对自认为重要的记录仍按传统的方式进行记录，造成监管信息失真而场方自我分析的数据不全。二是对国家畜牧兽医部门印发的养殖档案只记录国家强制记录部分，如免疫接种部分只记录强制免疫病种的接种情况，而非强制免疫病种的接种情况自行设计表格记录，造成登记任务繁重，而很难坚持，最后自行记录部分中途夭折。同时，当前养殖档案记录部分尚无全国统一的规范的版本，各地畜牧兽医行政管理部门在设计中往往存在设计不科学，导致信息无法填写全面的问题，特别是没有以栏舍为单位注明猪群周转情况，畜禽标识在佩戴时没及时记录好耳标号，在目前规模化猪场识读器配置不到位的情况下，根本没有可能在出栏检疫申报时，按国务院畜牧兽医行政管理部门的要求准确填写好申报检疫生猪的耳标号。据此，我们受湖南省质量技术监督局的委托，建立了相对规范的规模化猪场养殖档案记录规范。设计的 7 种专业繁育场主要记录表格分别见表 6 - 9 至表 6 - 15，设计的 10 种独立经营场重要记录表格分别见表 6 - 16 至表 6 - 25。

表 6 - 9 配种记录

母猪			计划与配公猪				配种记录																		预产日期		分娩日期	
			主配		后补		第一个情期						第二个情期						第三个情期									
耳号	品种	胎次	耳号	品种	耳号	品种	月	日	时	与配公猪	交配方式	配种员	月	日	时	与配公猪	交配方式	配种员	月	日	时	与配公猪	交配方式	配种员	月	日	月	日

表 6-10　产仔哺乳记录

序号	耳号	性别	乳头数		初生重(kg)	20日龄重(kg)	乳断(日龄)体重(kg)	毛色	带乳母猪号		推广			地点	备注
			左	右					出	入	月	日	离群时重(kg)		
1															
2															
3															
4															
5															
6															
7															
8															
9															
10															
11															
12															
13															
14															
15															
16															
17															
18															
19															
20															
合计															
平均															

母猪号				
品种				
胎次				
与配公猪	耳号			
	品种			
配种方式				
近交程度				
配种日期				
分娩日期		预		
妊娠天数		实		
配种次数				
仔猪		公	母	合计
初生时	正常			
	死胎			
	畸形			
带乳				
断奶时				
留种				
备注				

表 6-11　种猪生产发育记录

测定日期			猪号	品种	日龄(天)	体重(kg)	体长(cm)	胸围(cm)	体高(cm)				体况(即膘情)
年	月	日											

注：体尺项目可根据各场具体情况增减。

表 6-12　种公猪系谱卡　　公猪号______

<table>
<tr><td>出生日期</td><td></td><td>出生地点</td><td></td><td>进场日期</td><td></td><td>离场日期</td><td></td><td>离场原因</td><td colspan="3"></td></tr>
<tr><td rowspan="2">品种</td><td rowspan="2"></td><td rowspan="2">品系</td><td rowspan="2"></td><td rowspan="2">近交程度</td><td rowspan="2"></td><td rowspan="2">初生重</td><td rowspan="2"></td><td rowspan="2">断奶重</td><td rowspan="2"></td><td rowspan="2">乳头数</td><td>左</td><td></td></tr>
<tr><td>右</td><td></td></tr>
<tr><td>外形特征</td><td colspan="12"></td></tr>
</table>

一、系谱

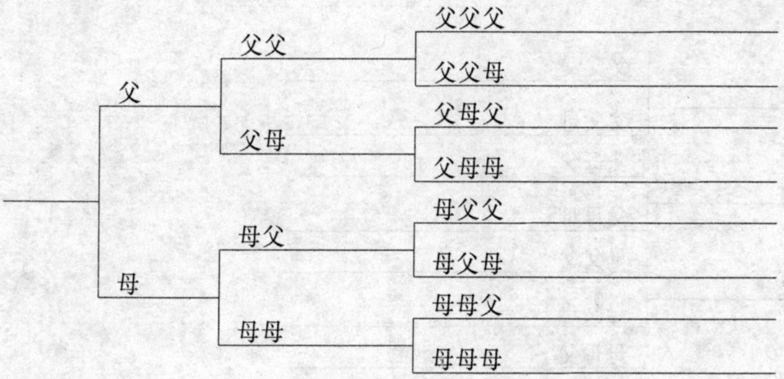

二、生产发育

测定日期	月龄	体重	体长	体高	胸围	

三、备注

表 6-13　配种繁殖记录

公猪号______　初配日龄______　初配体重______　配种成绩______

<table>
<tr><td rowspan="3">年度</td><td colspan="4">与配母猪</td><td colspan="6">产仔数</td><td colspan="5">初生重</td><td colspan="5">日龄断奶重</td><td rowspan="3">留种仔猪数</td><td rowspan="3">备注</td></tr>
<tr><td rowspan="2">总数</td><td rowspan="2">正常分娩</td><td rowspan="2">流产</td><td rowspan="2">受胎率</td><td rowspan="2">窝数</td><td colspan="3">产仔数</td><td colspan="2">平均每窝</td><td rowspan="2">窝数</td><td rowspan="2">头数</td><td rowspan="2">总重</td><td colspan="2">平均</td><td rowspan="2">窝数</td><td rowspan="2">头数</td><td rowspan="2">总重</td><td colspan="2">平均</td></tr>
<tr><td>总</td><td>活</td><td>畸形</td><td>总</td><td>活</td><td>每头</td><td>每窝</td><td>每头</td><td>每窝</td></tr>
<tr><td></td><td></td><td></td><td></td><td></td><td></td><td></td><td></td><td></td><td></td><td></td><td></td><td></td><td></td><td></td><td></td><td></td><td></td><td></td><td></td><td></td><td></td><td></td></tr>
</table>

表 6-14　母猪系谱卡

母猪号________

出生日期		出生地点		进场日期		离场日期		离场原因				
品种		品系		近交程度		初生重		断奶重		乳头数	左	
											右	
外形特征												

一、系谱

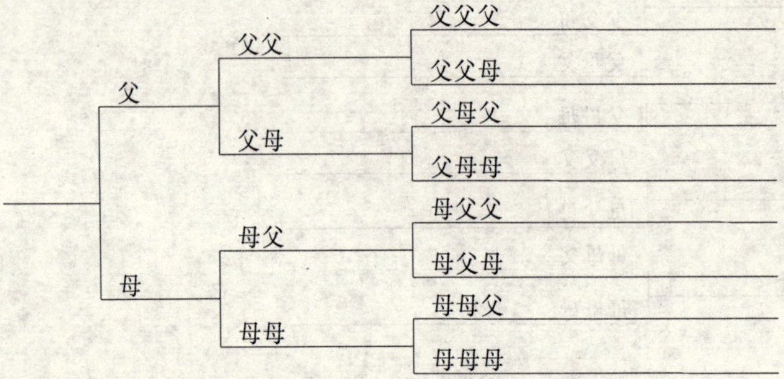

二、生产发育

测定日期	月龄	体重	体长	体高	胸围	

三、备注

表 6-15　产仔哺育成绩

初娩日龄________　　初娩日期________　　母猪号________

胎次	与配公猪		分娩日期			产仔数				初生重			20日龄重			日龄断奶重			失配次数	寄养头数	留种仔数	备注
	耳号	品种	年	月	日	总	活	死胎	畸形	头数	窝重	头重	头数	窝重	头重	头数	窝重	头重				

表 6-16　引种记录

进场日期	品种	引种数量（头）	供种（畜禽）场	联系方式	检疫合格证明编号	隔离天数	并群日期	并入栏舍号	跨省调种审批表编号	监管单位代表签名

记录人：　　　　　　　　　　负责人：

表 6-17 畜禽群异动记录

日期	栏舍号	异动情况(头)				存栏数(头)	备注
		出生数	调入数	调出数	死亡数		

记录人：　　　　负责人：

表 6-18 销售检疫记录

出售日期	申报检疫日期	申报受理人	受理人电话	销售品种	销售数量（头/kg）	畜禽标识编码	检验报告编号	检疫合格证明编号	购买方	联系方式	检疫员签名

记录人： 负责人：

表 6-19 饲料、饲料添加剂使用记录

名称	生产厂家	批号或生产日期	使用日期	使用数量(kg)	操作员	备注

记录人： 负责人：

表 6 - 20 兽药使用记录

用药日期	栏舍号	畜禽日龄	兽药名称	生产厂家	批号	用药方式	用药畜禽数	用药量（g、mL）	用药目的（防病或治病）	操作员	兽医签名

记录人： 负责人：

表 6-21 免疫记录

疫苗名称	免疫日期	生产厂家	批号	失效日期	栏舍号	畜禽日龄	存栏数量（头）	免疫数量（头）	免疫剂量（头份/头）	免疫方法	未免数量（头）	未免原因	操作员	防疫员签名

记录人： 负责人：

表 6-22　消毒记录

日期	消毒对象	消毒药名称	消毒方法	使用浓度	用量（mL、g）	操作员

记录人：　　　　　　负责人：

表 6-23 诊疗记录

发病日期	栏舍号	发病数量（头）	病名	畜禽标识编码	用药名称	治疗结果	诊疗人员	备注

记录人：　　　　负责人：

表 6-24　免疫抗体监测记录

采样日期	栏舍号	采样数量（份）	监测病种	监测单位	监测结果	处理情况	备注

记录人：　　　　负责人：

表 6-25 病、死畜禽无害化处理记录

日期	栏舍号	畜禽日龄	发病数（头）	死亡数（头）	发病、死亡主要原因	畜禽标识编码	无害化处理方法	操作员	兽医签名

记录人：　　　　负责人：

六、做好市场营销

规模化猪场要想在市场经济浪潮中求得生存和发展并获利，不仅有赖于它的技术能力和生产能力，还有赖于它的营销能力，俗话说“会养不如会卖”，道出了养猪企业营销的重要性，只有通过营销，猪产品的价值才能得以实现，企业才能创造经济效益和社会效益。

(一)市场营销的概念及作用

市场营销简称“营销”，台湾地区常称作“行销”，是指个人或集体通过交易其创造的产品或价值，以获得所需之物，实现双赢或多赢的过程。市场营销与传统的销售具有明显的区别：一是目的不同。市场营销活动是满足顾客需求，同时实现企业目标；销售活动是推销产品。二是出发点不同。市场营销活动从顾客的需求出发；销售活动从企业已有的产品出发。三是活动的起点不同。市场营销活动从产前环节开始，从需求调查、产品选型、产品设计开始；销售活动从产后环节开始，从产品销售开始。四是结果不同。市场营销活动满足顾客需求的同时企业实现自身目标；销售活动是单纯的销售产品。五是顾客反应不同。市场营销活动需求被满足，顾客满意；销售活动强制性接受产品，顾客可能不满意。市场营销主要作用体现在四个方面：①解决生产与消费的矛盾，满足生活消费和生产消费的需要。在商品经济条件下，社会的生产和消费之间存在着空间和时间上的分离、产品、价格、双方信息不对称等多方面的矛盾。市场营销的任务就是使生产和消费的不同的需要和欲望相适应，实现生产与消费的统一。②实现商品的价值和增值。市场营销通过产品创新、分销、促销、定价、服务方便和加速相互满意的交换关系，使商品中的价值和附加值得到社会的承认。③避免社会资源和企业资源的浪费。市场营销从顾客需求的角度出发，根据需求条件安排生产，最大限度地减少产品无法销售的情况出现，避免了社会资源和企业资源的浪费。④满足顾客要求，提高人民的生活水平和生存质量。市场营销活动的目标是通过各种手段最大限度地满足顾客需求，最终提高社会总体生活水平和人民的生存质量。

(二)规模化猪场市场营销的要点

1. 市场调查和自身分析

为了使生产出来的猪能完全符合客户的需要，并以市场的需求为中心，规模化猪场必须定期进行周密的市场调研。首先调查市场的发展趋势，政治因素、政策因素对本行业的影响，本行业高科技发展的方向，各个地区需求量，不同养猪户的不同购买心理；其次应调查同行业各个主要竞争对手状况、实力、产品的优缺点及发展趋势，市场占有率、广告、价格、销售渠道、服务质量等营销策略各方面的调查，并调查近期内是否有新的竞争对手进入市场。猪场自身分析应包括本场的竞争环境、市场知名度、促销效果、猪的质量和用户使用效果，本场猪的市场潜力，员工的素质和接受新观念、新技术的能力，技术力量及其应用，企业文化、管理水平、生产成本等做透彻地了解，采取相应的对策，做到知己知彼，以求百战不殆。

2. 市场细分与目标市场的选择

根据顾客产品的用途，市场可细分为外销型猪场和内销型猪场，规模化猪场可根据本身的实际情况决定选择哪一类或几类，甚至整体市场为本企业的目标市场的决策，从而发挥本企业的有利条件，制定最佳的营销策略，提高市场占有率，以期取得更好的经济效益。

3. 市场定位

作为规模化猪场，应该突出本场猪产品哪方面具有独特性能或体形，或者服务优于其他猪场。猪产品的市场定位包括：突出体形外貌、繁殖性能、生长速度、抗病力、肉质或各方面的服务等。塑造出本企业猪产品与众不同的形象和内在的“气质”。

(三)市场营销策略

在猪的营销过程中，明确了本场定位之后，就要根据客户的需要和有关的环境因素制订营销组合方案。

1. 产品策略

产品策略是营销活动的核心内容，是规模化猪场市场营销策略的出发点。规模养猪企业为了更好地组织市场营销，就必须研究和制定产品策略，特别是产品质量策略。使用者在选择购买哪一家猪场的产品时，首先考虑的是猪的质量。品质优良的猪对企业赢得信誉，树立形象，占领市场和增加收益，都具有决定性的意义，因此，规模化猪场必须高度重视本场的猪质量问题，并将质量意识灌输于企业管理的每一个环节。定期评估本场猪的质量水平和优缺点；定期进行市场调查，倾听专家和客户的意见；了解国内外种猪的发展方向，及时掌握先进的育种技术；保证销售的猪质量长期稳定；让技术人员知道种猪使用者如何使用本场的种猪，了解使用效果，想方设法使本场的猪质量保持同行业的领先水平，用质量托起企业销售市场。种猪场还要有种猪产品策略。种猪产品包括三个层次：核心产品——指种猪有正常的繁殖力，能满足种猪使用者的需要；有形产品——包括种猪的质量、品种、特点，还有发展中的种猪品牌等；附加产品——主要指种猪场为种猪使用者提供的各种服务。种猪产品的整体概念，不仅指种猪本身，而且包括各种服务，以满足种猪使用者的需求。

2. 服务策略

服务在种猪场的营销管理中占有十分重要的位置。企业经营进入顾客满意经营年代,假设生猪供求平衡,质量、价格竞争已难分高低的状况中,养猪企业靠什么去获取竞争优势?靠服务。企业向客户提供优质猪的同时,应伴以规范的全面服务,使客户得到最大的满足,进而成为猪场最忠实的和最长久的主顾,养猪企业应以"想方设法使养猪企业和养猪户盈利"为存身立世的根本理由。通过服务,消除客户的各种顾虑,维护产品在他们心目中的形象,提高本企业的信誉。养猪企业应制定企业服务理念,并将理念灌输到全体员工的思想和行动中去。完善服务机构,提供全面的服务项目,做好售前、售中、售后服务。售前服务——为新建猪场提供规划、设计服务,提供生产人员的生产技术培训;售中服务——为用户提供优质猪,解决运输问题,提供少量本场饲料,避免猪到目的地后因饲料改变而应激;售后服务——实行质量保证承诺,对售出的猪的使用情况进行跟踪,对其出售的种猪质量给予保证,如果所售出的种公猪在正常管理条件下不能配种,经鉴定后,种猪场应以商品猪价格提供优良公猪给予补偿,为用户提供管理和技术咨询,解决生产上出现的一些问题,帮助种猪使用者养好种猪,并向用户推荐使用效果较好的养猪用品,如饲料、消毒药、设备等。商品猪场的售后服务虽不像种猪场那么明显,但也不是不存在的,当生猪销售市场疲软,处于买方市场时,这种服务的必要性尤为突出,主要表现在各种检疫检测证明的快捷、真实、可靠及猪的应激防控,以减少售后麻烦的出现。

3. 品牌策略

虽然中国养猪企业的品牌建立仍处于起步阶段,但作为规模化猪场来说,品牌的作用绝不能低估,尤其是在当前疫病频发、质量安全形势严峻的情况下,以质量创品牌显得愈发重要。事实证明,品牌可以帮助养猪企业占领市场、扩大产品销售,在市场竞争中,品牌作为产品甚至企业的代号而成为销售竞争的工具,在使用者中影响大,为他们所熟悉、所接受的品牌就销售得快。

4. 新产品的开发策略

猪场应致力于使各个品种的猪的各项性能和指标一年上一个新台阶。投入大量的资金和精力通过科学的选育种技术,坚持不懈地进行品种的改良,提高各品种猪各个世代的性能,不断探索最佳的品种组合,提高猪的各个经济指标。养猪企业要达到"生产第一代,掌握第二代,研究第三代,构思第四代",才能使本企业的产品质量处于领先水平。

5. 销售渠道策略

销售渠道策略包括两个方面的内容:一是猪的销售途径,二是猪的运输。由于猪属于鲜活商品，一般采用猪场直销型的销售渠道，不利用任何中间商，直接将猪销售给养猪企业和养猪户。也有由中间商介绍客户前来购买或由中间商转手销售给养猪户的间接销售渠道。近几年，养猪企业和养猪户还可以通过种猪拍卖活动购买优质种猪。采用直销型的销售渠道销售猪，需要掌握猪现场销售技巧，具备一定的配套设施方便客户选购。

6. 定价策略

定价首先必须按企业的战略目标来制定。如果猪场已选定目标市场，并进行市场定位，定价策略主要由早先的市场策略来决定，一般养猪生产企业应根据猪品种、质量、市场受欢迎程度、生产成本、地区性、级别、竞争对手价格来决定猪的价格，但猪价格有时还受政府行政干预的影响。目前，我国有机猪的价格就比普通肉猪高出不少。

7. 促销策略

促销活动提高养猪企业的知名度，影响市场，但促销第一步是推销自己，将自己的诚意奉献给对方；第二步是推销企业，将企业的形象展示给对方，取得客户的信任后，才推销猪。切忌单纯就产品本身进行推销，促销策略可分为人员推销、产品广告、营业推广、企业形象等。

(1)人员推销。每一个成功的种猪企业背后，都有一批成功的推销员，企业除了组建一支以最新的、具有先进科技知识和强烈市场竞争观念武装起来的育种技术队伍，更重要的是必须组建一支以最新的、具有先进市场营销策略观念和熟悉养猪生产技术等专业知识武装起来的市场营销队伍。优秀的推销员应热爱本企业，具有强烈的事业心和责任感，保守本企业的秘密，能吃苦耐劳、勤奋工作；具有丰富的知识；明确本场猪的质量、性能以及哪些方面优于竞争者生产的猪；熟悉本企业各类顾客的情况，深入了解竞争对手的策略和近来动向；善于从种猪使用者的角度考虑问题，使顾客理解你的诚意；具备端庄的仪表和良好的风度。

(2)产品广告。在竞争激烈的生猪市场上开拓发展，广告是沟通企业及其产品与客户的桥梁。由于猪产品较为专业化，农产品的产值和利润不高，广告价昂贵的电视等媒体暂时不适合养猪企业选择，一般来说，养猪企业的广告活动应在本企业支付能力范围内选择专业性强，在本行业内影响面大、范围广的杂志、报纸刊登广告；印刷广告材料，通过邮寄、专业会议派发等形式进行宣传，能取得较好的效果。广告内容要有创意，力求引起顾客的注意，并留下深刻的印象。通过广告宣传，把种猪各品种的性能质量、价格、购买地点和各项服务等信息及时传递给用户，争取更多的购买者，以提高市场的占有率。

(3)企业形象。企业形象是企业的一种无形资产，养猪企业要想在市场竞争中处于有利地位，就需要从更长远的意义上来考虑自己的营销活动，塑造良好的企业形象、树立客户的信心，为猪场将来创造良好的营销环境，对猪场的长期销售有明显的促进作用。不断提高产品质量和新技术含量，建立良好的产品形象；想方设法提高企业的知名度、美誉度；撰写专业文章和通过学术交流影响目标市场，提高企业知名度；参与、赞助各种社会和部门的公益活动；协调好与政府的关系，创造良好的营销环境。养猪生产企业要和政府部门保持良好的关系，以求得到政府各部门的大力支持和扶持，充分利用各种有利因素，创造企业良好的外部环境，抓住时机，促进营销策略的顺利实施。以湖南省邵阳市郊东猪场为例，该场共存栏能繁母猪1 000头，肥猪2万头，场主是个极为憨厚的大智若愚者，跟政府、行业和销售客户坚持诚信为本，从不想到走捷径"捞偏门"，得到了各级政府、银信部门和社会各界的广泛认可。该场的猪长期供应出口，企业形象建立后，不仅对公司的产品营销起到了巨大的推动作用，更增强了企业自身的发展后劲。

七、申报生猪扶植项目

（一）生猪良种繁育项目

1. 申报品种及区域重点

扶持国家级和省级畜禽遗传资源保护目录中生猪品种的开发利用，以开发促保护，其中国家级畜禽遗传资源保护名录的生猪品种优先。

2. 申报条件

(1)以完善畜禽良种扩繁体系为主，重点扶持已有基础的扩建或续建项目。

(2)项目具有良好的经济效益，且辐射带动能力强，促进周边群众增收作用显著。

(3)项目申报单位须为2007年12月31日之前注册成立且注册资本在300万元(含)以上，并从事国家级和省级畜禽遗传资源保护目录中畜禽品种经营的企业。其中申报猪和水禽品种的企业须为2009年12月31日前认定的地市级(含)以上农业产业化龙头企业或国家级扶贫龙头企业。

(4)项目申报单位资产结构及经营状况良好，具有较强的资金筹措能力。上年度净资产不低于所申请财政补助资金总额的3倍，资产负债率低于65%。

(5)永久性建筑物用地须为自有土地，良种扩繁基地可为租赁或承包土地，租赁或承包合同剩余期限不少于10年。

(6)项目申报单位必须依托有一定技术及推广力量的机构利用部分项目资金(控制在项目财政资金总额的8%以内)开展技术推广、技术培训、品种改良等公益性服务。

(7)2008—2011 年期间承担过农业基本建设畜禽良种工程项目的企业不在本次申报范围内。

3. 建设内容和投资控制规模

主要建设内容为畜禽良种繁育基地生产性基础设施建设、良种引进及相关仪器设备的购置,具体包括:棚舍、孵化厅、兽医室、采精室、质检室、胚胎室、药浴池、库房、加工车间、青贮窖等生产性基础设施建设;场区道路、污水处理池、输变电线路、电增容设备、围墙等生产性辅助设施建设;生产、污水处理、质检(医疗)等方面的仪器设备以及种禽、种畜、胚胎引进等。

每个项目申请中央财政资金规模应控制在 150 万元以内。地方财政配套比例按照《财政部关于印发〈农业综合开发资金若干投入比例的规定〉的通知》(财发[2010]46 号)执行所在省的配套比例政策;项目单位自筹资金不得低于财政补助资金总规模(即中央财政补助资金与地方财政补助配套资金之和)。

4. 证明材料目录

(1)省级种畜禽生产经营许可证;省级(含)以上畜禽遗传资源保护目录文件。

(2)项目单位营业执照复印件、地市级(含)以上农业产业化龙头企业或国家级扶贫龙头企业认定文件复印件。

(3)经中介机构审计的项目申报单位上一年度财务报表(须包括资产负债表、损益表、现金流量表及财务报表附注)及审计报告;项目申报单位企业所得税税收缴款书或免税证明复印件;项目申报单位开户银行出具的存款证明以及项目单位自筹资金承诺函。

(4)项目申报单位现有繁育基地、养殖设施情况及仪器设备清单(须注明具体规格、数量、单价等);现有基地土地使用证明或协议复印件;技术依托单位的基本情况及双方签订的正式协议书复印件或企业自身技术力量情况说明。

(5)项目建设需占用土地的土地使用证明或协议复印件;建设地点规划设计平面图,单项工程设计平面图等。

(二)生猪标准化规模养殖场(小区)建设项目

根据《国家发展改革委办公厅、农业部办公厅关于申报生猪标准化规模养殖场(小区)、生猪扩繁场和种鸡场建设项目投资计划的通知》(发改办农经[2008]524 号)文件精神,各地生猪标准化规模养殖场(小区)建设项目认真对照规定的各类项目申报条件,结合各地发展重点,会同本级财政部门认真组织项目申报工作。要本着科学严谨、宁缺毋滥的原则,对拟申报项目进行评审把关。在实地考察的基础上,对项目建设条件、建设内容、仪器设备选型等方面开展评估论证,并对报送材料的真实性负责。

1. 项目申报条件

(1)生猪扩繁场。基础母猪饲养规模在 500 头以上;未发生过口蹄疫、猪瘟、高致病性猪蓝耳病等疫情;远离城乡居民居住区、隔离条件较好;经营状况良好、项目资本金充足;具有地市级以上种畜禽生产经营许可证的各种所有制企业。

(2)生猪标准化规模养殖场(小区、重点户)。实行人畜分离、集中饲养、封闭管理;符合乡镇土地利用总体规划,不在法律法规规定的禁养区内;经改造后粪污集中处理、达标排放,实现饲养标准化。优先支持农民专业合作组织的规模养殖场(小区)。

2. 各类项目的中央投资补助标准

(1)生猪扩繁场。根据规模大小,每个生猪扩繁场中央补助投资 80 万元。

(2)生猪标准化规模养殖场(小区、重点户)。分年出栏 500～999 头、1 000～1 999 头、2 000～2 999 头和3 000 头以上四个档次予以补助。

年出栏 500～999 头的养殖场(小区)每个中央平均补助投资 20 万元,其中:苏浙粤每个补助 15 万元,西部 12 省(区)每个补助 25 万元,其他地区每个补助 20 万元,京津沪地区不安排。

年出栏1 000～1 999头的养殖场(小区)每个中央平均补助投资 40 万元,其中:京津沪苏浙粤每个补助 30 万元,西部 12 省(区)每个补助 50 万元,其他地区每个补助 40 万元。

年出栏2 000～2 999头的养殖场(小区)每个中央平均补助投资 60 万元,其中:京津沪苏浙粤每个补助 50 万元,西部 12 省(区)每个补助 70 万元,其他地区每个补助 60 万元。

年出栏3 000头以上的养殖场(小区)每个中央平均补助投资 80 万元。

考虑到云南、贵州两省的特殊情况,云南、贵州两省可适当降低年出栏规模,安排部分 300～499 头的养殖场(小区、重点户),中央平均补助投资仍为 10 万元。

中央补助投资必须专款专用,严禁挤占、挪用。地方政府要根据项目改扩建实际的规模大小,安排必要的配套资金,支持项目建设。

3. 生猪标准化规模养殖场(小区)建设标准

为提高生猪标准化规模生产水平,以“资源节约、质量安全、环境友好”为基本目标,按照相对统一,同时兼顾南方与北方、丘陵山区与平原的条件差别,特制定本标准。

(1)选址适宜,布局合理。①养殖场(小区)选址位于法律法规明确规定的禁养区以外,通风良好,给排水相对方便。②距主要交通干线和居民区的距离满足防疫要求,有供电稳定的电源。③在总体布局上做到生产区与生活区分开,净道污道分开，正常猪与病猪分开，种猪与商品猪分开。

(2)设施完善，设备配套。①圈舍朝向、规格合乎标准化要求，饲养密度合理。②有猪栏、食槽、自动饮水装置、通风系统、降温和采暖设施设备。③大门口有车辆消毒池、人员消毒室和高压喷枪等消毒设施；有兽医室、常规防疫检测设备。④有污水排放、粪便堆放及无害化处理设施。

(3)防疫严格，管理规范。①有生产管理制度、防疫消毒制度、档案管理制度和科学合理的饲养管理操作规程。②养殖场从业人员无人畜共患传染病。③建立规范的档案和生产记录，内容包括猪的品种、来源和数量、繁殖情况、生产性能、饲料来源及消耗情况、淘汰情况、发病用药情况、疫苗免疫种类及免疫时间、死亡率及死亡原因、无害化处理情况、生猪销售记录等，记录资料应保存 2 年以上。④小区内部应尽量推行自繁自养、单栋全进全出的生产模式，其品种应大体一致，外购种猪应从有《种畜禽经营许可证》的种猪场进。⑤仔猪、育肥猪销售出场时有动检部门出具的检疫证明，病死猪能够使用锅炉焚烧或深埋处理。

(4)废污利用，排放达标。①养猪场污水和粪便应进行集中处理，其处理能力、有机负荷和处理效率应根据建场规模计算和设计，处理后应符合 GB 18596 规定。②猪场粪污无害化处理工艺应根据养殖规模、清粪方式和当地自然地理条件，选择达标排放技术模式或综合利用技术模式。宜采用沼气工程对粪污进行无害化处理，经济发达、土地紧张、没有足够的农田消纳粪污的地区宜采用达标排放技术模式；具备可利用污水的地区宜采用综合利用技术模式。

(三)沼气工程项目

1. 申报条件

(1)经营状况正常，有良好的信誉，有相应的资金自筹能力和建设大中型沼气工程的意愿。

(2)申报 100 m^3 的，养殖存栏量：猪不低于 100 头、牛不低于 10 头、鸡不低于 0.5 万羽；申报 200 m^3 的，养殖存栏量：猪不低于 200 头、牛不低于 20 头、鸡不低于 1 万羽；申报 300 m^3 的，养殖存栏量：猪不低于 300 头、牛不低于 30 头、鸡不低于 1.5 万羽。

(3)有一定的土地面积消纳沼渣、沼液，具备推广循环农业生态模式的条件。

2. 补助标准

按照工程项目建设规模、投资数额及预期效益，由市级财政进行适当补助。发酵容积 100～300 m^3 的小型沼气工程每处补助 10 万～15 万元，发酵容积 300 m^3以上的中型沼气工程每处补助 30 万～50 万元。补助资金主要用于沼气发酵装置、原料预处理设施、沼气利用设施、沼肥利用设施建设、相关设备购置、技工工资支付等。

3. 申报程序

(1)建设单位提出申请。

(2)县(市)区能源站对其建设条件进行现场考察。

(3)市能源办对申报单位建设条件进行复核。

(4)申报单位委托有资质的单位编制可行性研究报告。

(5)县(市)区农业局、发改委联合行文上报省厅。

(6)省厅组织专家对各市上报的可行性研究报告进行论证后审批或上报农业部。

(7)批准的可行性报告可委托有资质的设计单位进行初步设计,省厅专家组对项目初设文本进行论证。

(8)省发改委批复初设文本;建设单位委托有资质的招标公司进行公开招标。

(9)中标施工单位与建设单位签订施工合同,农业、发改、财政等部门监管工程进度、质量、资金使用情况。

(10)县(市)区农业、发改、财政等部门进行初验,省能源局验收。

(四)生猪调出大县奖励资金项目

1. 调出大县奖励资金的管理

奖励资金的管理主要以统计系统公开发布的分县分年数据为基础,对统计数据达到规定标准的县予以奖励。对达不到规定标准,但对区域内的生猪生产和猪肉供应起着重大影响作用的县(如 36 个大中城市周边的产猪大县),可以纳入奖励范围。

奖励资金以生猪调出量、出栏量和存栏量作为测算因素,所占权重分别为50%、25%、25%。分县的生猪出栏量、存栏量按前 3 年的数据进行算术平均。调出量按生猪出栏量扣除当地生猪消费量计算。

调出量=出栏数-当地消费生猪数量;其中,当地消费生猪数量=(当地农村人口数×农村人均消费猪肉数量+当地城镇人口数×城镇人均消费猪肉数量)/平均每头猪产肉量。

财政部根据每年地方报送数据及当年奖励资金规模等情况,确定当年生猪调出大县后,按奖励因素及各自所占权重计算,将奖励资金直接分配到县。

为增强产业抵御市场风险、维护消费安全,对大型生猪产业化龙头企业(含专业合作社)实施整合生猪产业链,引导产销有效衔接的项目予以支持。此项目由中央财政统一实施,不包括下达至县级财政的奖励资金。

2. 奖励资金实行专款专用

(1)规模化生猪养殖户(场)猪舍改造、良种引进、粪污处理的支出。

(2)生猪生产方面的支出,包括养殖大户购买种公猪、母猪、仔猪和饲料等的贷款贴息,生猪防疫服务费用及保险保费补助支出,采用先进养殖技术等。

(3)生猪流通和加工方面的贷款贴息等支出。

(4)支持生猪产业化龙头企业实施自建基地、帮助合同养殖场(户、合作社)发展生猪生产,建设猪肉产品质量安全可追溯系统,改善加工流通条件等项目的支出。

(5)规范无害化处理支出。

(6)经财政部批准的其他支出。

3. 奖励资金的申报和拨付

(1)财政部每年印发申报指南,明确当年申报工作有关规定和要求。

(2)各省、自治区、直辖市、计划单列市财政厅(局)根据申报指南,组织本省的资金申报工作。

(3)生猪调出大县奖励资金通过专项转移支付拨付到省级财政。省级财政在收到奖励资金后,必须在10个工作日内拨付到县级财政及相关企业,不得滞留、截留和挪用。

(五)2011年能繁母猪补贴

1. 补贴对象

全国所有饲养能繁母猪的场(户),包括规模养殖场、养殖户、种猪场和散养户。纳入补贴范围的能繁母猪指产过一胎仔猪、能继续繁殖仔猪的母猪,又称成年母猪或经产母猪。

2. 补贴标准

每头能繁母猪补贴100元,补贴资金由国家承担。其中东部地区由地方财政负担;中西部地区由中央财政负担60%,地方财政负担40%。新疆生产建设兵团以及黑龙江省农垦总局、广东省农垦总局的补贴资金全部由中央财政负担。有条件的地方,地方财政部门可结合本地实际,适当提高补贴标准。

东部地区:包括北京、天津、上海、江苏、浙江、山东、福建、广东、辽宁等9个省(市)。

中部地区:包括河北、山西、吉林、黑龙江、安徽、江西、河南、湖北、湖南、海南等10个省。

西部地区:包括重庆、四川、贵州、云南、西藏、陕西、甘肃、青海、宁夏、新疆、广西、内蒙古等12个省(区、市)。

3. 补贴发放方式

能繁母猪饲养补贴资金由县级财政部门通过“一卡通”或“一折通”的形式将补贴资金直接兑付到养殖场(户)。暂时不具备实行“一卡通”或“一折通”的地方,可以采取直接发放现金的方式兑现补贴资金。

(六)良种补贴项目

为推广人工授精技术,提高我国生猪良种化水平,减少生猪疫病传播,国家对购买良种猪精液给予补贴。

1. 补贴范围

生猪人工授精普及率30%以上,技术服务网络比较健全,能繁母猪存栏2万头以上的县(区、农场)。

2. 补贴对象

项目区内使用良种猪精液开展人工授精的母猪散养户和规模养殖户(场)。

3. 补贴标准

按每头能繁母猪年繁殖两胎,每胎配种使用2份精液,每份精液补贴10元算,每头能繁母猪年补贴40元。

4. 补贴品种和补贴程序

(1)补贴品种为大白、长白、杜洛克良种公猪精液。

(2)补贴程序。①县级畜牧水产局会同财政局、监察局、政府采购办在省畜牧兽医局公示的单位中,通过招标采购的方式,确定县级供精单位,供精单位按照补贴后的优惠价格向养殖场提供精液。②县级财政局根据区畜牧水产局、财政局检查核定的配种情况及供精单位提供的有关凭证,按季度与供精单位结算补贴资金。

5. 补贴方式与结算

供精单位按照补贴后的优惠价格向养殖者提供精液,每份精液向配种户收取费用不得超过10元。县财政局根据县畜牧局核定的配种情况及供精单位提供的有关凭证,农业局签发审核意见与供精单位结算补贴资金,每月结算一次。

(七)活猪储备项目

活体储备费用由中央财政专项安排。活体储备费用包括活猪生产环节的费用补贴和生猪出栏的收购资金利息。活猪生产环节的费用实行定额管理,每头30元,根据活体储备出栏计划计算拨付,由中国食品公司再据实按季拨付给代储单位或代储猪场。收购资金贷款利息按实际收购活猪所占用的资金、银行规定的贷款利率和合理的占用时间计算,根据活体储备出栏计划拨付给国内贸易部。活体储备费用由中央财政拨付给国内贸易部,采取按季预拨、年终清算的办法。代储企业发生的上述费用由国内贸易部按季度拨补，并将拨补情况及时通报给财政部备案。

(八)病死猪无害化处理费用补助

国务院总理温家宝 2011 年 7 月 12 日主持召开国务院常务会议，研究确定促进生猪生产持续健康发展的政策措施，决定对标准化规模养殖场和小区的病死猪无害化处理费用每头补助 80 元。

第七章　规模化猪场的行政监管

第一节　猪场监管总体要求

一、猪场的建设

（一）猪场建设的应备条件

根据《中华人民共和国畜牧法》第三十九条规定，畜禽养殖场、养殖小区应当具备下列五个条件：①有与其饲养规模相适应的生产场所和配套的生产设施；②有为其服务的畜牧兽医技术人员；③具备法律、行政法规和国务院畜牧兽医行政主管部门规定的防疫条件；④有对畜禽粪便、废水和其他固体废弃物进行综合利用的沼气池等设施或者其他无害化处理设施；⑤具备法律、行政法规规定的其他条件。

（二）猪场建设的禁止区域

根据《中华人民共和国畜牧法》第四十条规定，禁止在下列三种区域内建设畜禽养殖场、养殖小区：①生活饮用水的水源保护区，风景名胜区，以及自然保护区的核心区和缓冲区；②城镇居民区、文化教育科学研究区等人口集中区域；③法律、法规规定的其他禁养区域。

二、猪场的备案

根据《中华人民共和国畜牧法》第三十九条规定，养猪场（小区）兴办者应当将养猪场（小区）的名称、养殖地址、畜禽品种和养殖规模，向养猪场（小区）所在地县级人民政府畜牧兽医行政主管部门备案，取得畜禽标识代码。

三、猪场的生产

（一）应当的作为

根据《中华人民共和国畜牧法》第四十二条规定，养猪场应当为其饲养的生猪提供适当的繁殖条件和生存、生长环境。

（二）禁止的作为

根据《中华人民共和国畜牧法》第四十三条规定，从事畜禽养殖，不得有下列四项行为:①违反法律、行政法规的规定和国家技术规范的强制性要求使用饲料、饲料添加剂、兽药;②使用未经高温处理的餐馆、食堂的泔水饲喂家畜;③在垃圾场或者使用垃圾场中的物质饲养畜禽;④法律、行政法规和国务院畜牧兽医行政主管部门规定的危害人和畜禽健康的其他行为。

第二节 种猪生产经营

一、种猪生产经营许可

根据《中华人民共和国畜牧法》第二十二条规定,从事种猪生产经营或者生产商品代仔猪的单位、个人,应当取得种猪生产经营许可证。申请人持种猪生产经营许可证依法办理工商登记,取得营业执照后,方可从事生产经营活动。申请取得种猪生产经营许可证,应当具备下列六个条件:①生产经营的种猪必须是通过国家畜禽遗传资源委员会审定或者鉴定的品种、配套系,或者是经批准引进的境外品种、配套系;②有与生产经营规模相适应的畜牧兽医技术人员;③有与生产经营规模相适应的繁育设施设备;④具备法律、行政法规和国务院畜牧兽医行政主管部门规定的种猪防疫条件;⑤有完善的质量管理和育种记录制度;⑥具备法律、行政法规规定的其他条件。

根据《中华人民共和国畜牧法》第二十三条规定,申请取得生产生猪卵子、冷冻精液、胚胎等遗传材料的生产经营许可证,除应当符合种猪生产经营许可证应当具备的六个条件外,还应当具备下列四个条件:①符合国务院畜牧兽医行政主管部门规定的实验室、保存和运输条件;②符合国务院畜牧兽医行政主管部门规定的种猪数量和质量要求;③体外授精取得的胚胎、使用的卵子来源明确,供体畜符合国家规定的种猪健康标准和质量要求;④符合国务院畜牧兽医行政主管部门规定的其他技术要求。

根据《中华人民共和国畜牧法》第二十四条规定,申请取得生产生猪卵子、冷冻精液、胚胎等遗传材料的生产经营许可证,应当向省级人民政府畜牧兽医行政主管部门提出申请。受理申请的畜牧兽医行政主管部门应当自收到申请之日起三十个工作日内完成审核,并报国务院畜牧兽医行政主管部门审批;国务院畜牧兽医行政主管部门应当自收到申请之日起六十个工作日内依法决定是否发给生产经营许可证。其他种猪的生产经营许可证由县级以上地方人民政府畜牧兽医行政主管部门审核发放,具体审核发放办法由省级人民政府规定。

根据《中华人民共和国畜牧法》第二十五条规定,禁止任何单位、个人无种猪生产经营许可证或者违反种猪生产经营许可证的规定生产经营种猪。禁止伪造、变造、转让、租借种猪生产经营许可证。

二、工作人员的资格认证

根据《中华人民共和国畜牧法》第二十七条规定，专门从事家畜人工授精、胚胎移植等繁殖工作的人员，应当取得相应的国家职业资格证书。

三、种猪广告的发布

根据《中华人民共和国畜牧法》第二十八条规定，发布种畜禽广告的，广告主应当提供种畜禽生产经营许可证和营业执照。广告内容应当符合有关法律、行政法规的规定，并注明种畜禽品种、配套系的审定或者鉴定名称；对主要性状的描述应当符合该品种、配套系的标准。

四、种猪和遗传物质的销售

根据《中华人民共和国畜牧法》第二十九条规定，销售的种猪和生猪配种站(点)使用的种公猪，必须符合种用标准。销售种猪时，应当附具种猪场出具的种猪合格证明、动物防疫监督机构出具的检疫合格证明，销售的种猪还应当附具种猪场出具的生猪系谱。生产生猪卵子、冷冻精液、胚胎等遗传材料，应当有完整的采集、销售、移植等记录，记录应当保存二年。

根据《中华人民共和国畜牧法》第三十条规定，销售种猪，不得有下列六项行为：①以其他生猪品种、配套系冒充所销售的种猪品种、配套系；②以低代别种猪冒充高代别种猪；③以不符合种用标准的生猪冒充种猪；④销售未经批准进口的种猪；⑤销售未附具该法第二十九条规定的种猪合格证明、检疫合格证明的种猪或者未附具生猪系谱的种猪；⑥销售未经审定或者鉴定的种猪品种、配套系。

五、种猪的进出口

根据《中华人民共和国畜牧法》第三十一条规定，申请进口种猪的，应当持有种猪生产经营许可证。进口种猪的批准文件有效期为六个月。进口的种猪应当符合国务院畜牧兽医行政主管部门规定的技术要求。首次进口的种猪还应当由国家畜禽遗传资源委员会进行种用性能的评估。

根据《中华人民共和国畜牧法》第十五条规定，从境外引进生猪遗传资源的，应当向省级人民政府畜牧兽医行政主管部门提出申请；受理申请的畜牧兽医行政主管部门经审核，报国务院畜牧兽医行政主管部门经评估论证后批准。经批准的，依照《中华人民共和国进出境动植物检疫法》的规定办理相关手续并实施检疫。从境外引进的生猪遗传资源被发现对境内生猪遗传资源、生态环境有危害或者可能产生危害的，国务院畜牧兽医行政主管部门应当采取相应的安全控制措施。

根据《中华人民共和国畜牧法》第十六条规定，向境外输出或者在境内与境外机构、个人合作研究利用列入保护名录的生猪遗传资源的，应当向省级人民政府畜牧兽医行政主管部门提出申请，同时提出国家共享惠益的方案；受理申请的畜牧兽医行政主管部门经审核，报国务院畜牧兽医行政主管部门批准。向境外输出生猪遗传资源的，还应当依照《中华人民共和国进出境动植物检疫法》的规定办理相关手续并实施检疫。新发现的生猪遗传资源在国家畜禽遗传资源委员会鉴定前，不得向境外输出，不得与境外机构、个人合作研究利用。

六、商品代仔猪的销售

根据《中华人民共和国畜牧法》第三十二条规定，种猪场销售商品代仔猪，应当向购买者提供其销售的商品代仔猪的主要生产性能指标、免疫情况、饲养技术要求和有关咨询服务，并附具动物卫生监督机构出具的检疫合格证明。销售种猪和商品代仔猪，因质量问题给生猪养殖者造成损失的，应当依法赔偿损失。

第三节 动物产品质量安全监督管理

一、追溯体系建设的监督管理

（一）养殖档案建立

根据《中华人民共和国畜牧法》第四十一条规定，生猪养殖场应当建立养殖档案，载明以下五项内容：生猪的品种、数量、繁殖记录、标识情况、来源和进出场日期；饲料、饲料添加剂、兽药等投入品的来源、名称、使用对象、时间和用量；检疫、免疫、消毒情况；生猪发病、死亡和无害化处理情况；国务院畜牧兽医行政主管部门规定的其他内容。

（二）畜禽标识的管理

根据《中华人民共和国畜牧法》第四十五条规定，生猪养殖者应当按照国家关于畜禽标识管理的规定，在生猪的指定部位加施标识。畜牧兽医行政主管部门提供标识不得收费，所需费用列入省级人民政府财政预算。

二、投入品的管理

(一)兽药使用的监督管理

1. 用药记录制度

根据《兽药管理条例》第三十八条和第三十九条规定,兽药使用单位,应当遵守国务院兽医行政管理部门制定的兽药安全使用规定,并建立用药记录。禁止使用假、劣兽药以及国务院兽医行政管理部门规定禁止使用的药品和其他化合物。

2. 休药期制度

《兽药管理条例》第四十条规定,有休药期规定的兽药用于食用动物时,饲养者应当向购买者或者屠宰者提供准确、真实的用药记录;购买者或者屠宰者应当确保动物及其产品在用药期、休药期内不被用于食品消费。

3. 禁用药品制度

《兽药管理条例》第四十一条规定:禁止在饲料和动物饮用水中添加激素类药品和国务院兽医行政管理部门规定的其他禁用药品。经批准可以在饲料中添加的兽药,应当由兽药生产企业制成药物饲料添加剂后方可添加。禁止将原料药直接添加到饲料及动物饮用水中或者直接饲喂动物。禁止将人用药品用于动物。

4. 兽药不良反应报告制度

《兽药管理条例》第五十条规定:兽药使用单位和开具处方的兽医人员发现可能与兽药使用有关的严重不良反应时,应当立即向当地人民政府畜牧兽医行政管理部门报告。

5. 处方药的使用制度

《兽药管理条例》第四十九条规定:禁止未经兽医开具处方销售、购买、使用国务院兽医行政管理部门规定实行处方药管理的兽药。

6. 违法使用兽药的食用生猪产品禁售制度

《兽药管理条例》第四十三条规定:禁止销售含有违禁药物或者兽药残留超过标准的食用动物产品。

(二)饲料的管理

《饲料和饲料添加剂管理条例》第十九条规定:“使用饲料添加剂应当遵守国务院农业行政主管部门制定的安全使用规范。”并规定:“禁止使用本条例第十八条规定的饲料、饲料添加剂。禁止在饲料和动物饮用水中添加激素类药品和国务院农业行政主管部门规定的其他禁用药品。”该条例第十八条规定:“禁止生产、经营停用、禁止或者淘汰的饲料、饲料添加剂以及未经审定公布的饲料、饲料添加剂。禁止经营未经国务院农业行政主管部门登记的进口饲料、进口饲料添加剂。”

第四节　动物防疫监督管理

一、疫病预防的监督管理

（一）生猪的强制免疫

《中华人民共和国动物防疫法》有关规定对生猪疫病的强制免疫作出了明确规定，如该法第十三条第一款规定："国家对严重危害养殖业生产和人体健康的动物疫病实施强制免疫。国务院兽医主管部门确定强制免疫的动物疫病病种和区域，并会同国务院有关部门制定国家动物疫病强制免疫计划。"第二款规定："省、自治区、直辖市人民政府兽医主管部门根据国家动物疫病强制免疫计划，制订本行政区域的强制免疫计划，并可以根据本行政区域内动物疫病流行情况增加实施强制免疫的动物疫病病种和区域。"该法第十四条第二款规定："饲养动物的单位和个人应当依法履行动物疫病强制免疫义务，按照兽医主管部门的要求做好强制免疫工作。"也就是说，规模化猪场如果在国务院和省、自治区、直辖市人民政府兽医主管部门确定的强制免疫的动物疫病病种和区域范围内，就应当依照动物疫病强制免疫计划和国务院兽医主管部门的规定做好强制免疫工作，应定期或在疫病发生、流行时及时对饲养的生猪进行免疫接种。目前，国家对生猪的强制免疫有高致病性猪蓝耳病、口蹄疫和猪瘟等三个病种。平时做好免疫接种工作，一旦疫病流行，也可以起到预防和抵御的作用。

（二）生猪疫病监测、检测

根据《动物防疫法》第十五条第四款的规定，生猪疫病预防控制机构应当按照国务院兽医主管部门的规定，对生猪疫病的发生、流行等情况进行监测；从事生猪饲养、屠宰、经营、隔离、运输以及生猪产品生产、经营、加工、贮藏等活动的单位和个人不得拒绝或者阻碍。

（三）种用生猪的检测

《中华人民共和国动物防疫法》第十八条规定："种用、乳用动物应当符合国务院兽医主管部门规定的健康标准，并接受动物疫病预防控制机构的定期检测；检测不合格的，应当按照国务院兽医主管部门的规定予以处理。"种用生猪经济价值较高，与商品生猪不同，饲养期长，发生动物疫病后产生的损失大。动物疫病预防控制机构根据国务院兽医主管部门的规定，结合当地动物疫情形势，对种用生猪进行口蹄疫、蓝耳病等动物疫病的定期检测，种用生猪的饲养者应当按当地动物疫病预防控制机构的安排和要求，主动报检，予以配合；对检测不合格的，应当按照国务院兽医主管部门的规定予以处理。

(四)动物防疫条件管理

根据《中华人民共和国动物防疫法》第二十条规定，兴办动物饲养场（养殖小区)，应当向县级以上地方人民政府兽医主管部门提出申请，并附具相关材料。受理申请的兽医主管部门应当依照动物防疫法和《中华人民共和国行政许可法》的规定进行审查。经审查合格的，发给动物防疫条件合格证；不合格的，应当通知申请人并说明理由。需要办理工商登记的，申请人凭动物防疫条件合格证向工商行政管理部门申请办理登记注册手续。动物防疫条件合格证应当载明申请人的名称、场(厂)址等事项。

(五)生猪运载工具的消毒

根据《中华人民共和国动物防疫法》第二十一条第一款规定，动物、动物产品的运载工具应当符合国务院兽医主管部门规定的动物防疫要求。根据《中华人民共和国动物防疫法》第四十四条第二款规定，运载工具在装载前和卸载后应当及时清洗、消毒。在生猪运输的过程中，运载工具需要与生猪频繁接触，可能成为生猪疫病的传染源，不及时清洗、消毒就有可能造成生猪疫病的传播，因此，需要对运输动物和动物产品的运载工具加强管理，货主或者承运人必须在装载前和卸载后及时进行清洗、消毒。

(六)相关动物和动物产品的防疫要求

根据《中华人民共和国动物防疫法》第二十一条第二款规定，染疫动物及其排泄物，染疫动物产品，病死或者死因不明的动物尸体，运载工具中的动物排泄物以及垫料、包装物、容器等污染物应当按照国务院兽医主管部门的规定处理，不得随意处置。

(七)相关生猪和生猪产品经营等行为的禁止

根据《中华人民共和国动物防疫法》第二十五条规定，禁止屠宰、经营、运输的生猪和生产、经营、加工、贮藏、运输封锁疫区内与所发生动物疫病有关的生猪和生猪产品，疫区内易感染的生猪和生猪产品、未经检疫或经检疫不合格的生猪、生猪产品，染疫或者疑似染疫的生猪和生猪产品、病死或者死因不明的生猪和生猪产品。

二、生猪疫情的报告和公布

(一)疫情的报告

根据《中华人民共和国动物防疫法》第二十六条的规定，规模化猪场发现生猪染疫或者疑似染疫的，应当立即向当地兽医主管部门、动物卫生监督机构或者动物疫病预防控制机构报告,并采取隔离等控制措施,防止生猪疫情扩散。根据《中华人民共和国动物防疫法》第三十条规定,任何单位和个人不得瞒报、谎报、迟报、漏报动物疫情,不得授意他人瞒报、谎报、迟报动物疫情,不得阻碍他人报告动物疫情。

(二)生猪疫情的发布

《中华人民共和国动物防疫法》第二十九条对动物疫情的发布作出了规定:“国务院兽医主管部门负责向社会及时公布全国生猪疫情,也可以根据需要授权省、自治区、直辖市人民政府兽医主管部门公布本行政区域内的生猪疫情。其他单位和个人不得发布生猪疫情。”根据此规定,生猪疫情的公布权限在国务院兽医主管部门,或者受国务院兽医主管部门授权的省、自治区、直辖市人民政府兽医主管部门,其他单位和个人不得擅自发布生猪疫情。

三、生猪疫情的控制和扑灭

(一)重大动物疫情病料的采集

《重大动物疫情应急条例》第二十一条第一款规定:“重大动物疫病应当由动物防疫监督机构采集病料,未经国务院兽医主管部门或者省、自治区、直辖市人民政府兽医主管部门批准,其他单位和个人不得擅自采集病料。”

(二)疫情控制、扑灭规定的遵守

《中华人民共和国动物防疫法》第三十八条规定:“疫区内有关单位和个人,应当遵守县级以上人民政府及其兽医主管部门依法作出的有关控制、扑灭生猪疫病的规定。任何单位和个人不得藏匿、转移、盗掘已被依法隔离、封存、处理的生猪和生猪产品。”同时,《中华人民共和国动物防疫法》第四章的相关条款对有关控制、扑灭生猪疫病的措施作出了明确规定。依据这些规定,有关单位和个人遵守县级以上人民政府及其兽医主管部门依法作出的有关控制、扑灭生猪疫病规定的行为主要是指:①遵守封锁疫区的规定,不经营、运输封锁疫区内与所发生生猪疫病有关的生猪和生猪产品,以及疫区内易感染的生猪和生猪产品;②执行隔离决定;③配合扑杀决定;④对有关场所、物品进行消毒;⑤按规定进行无害化处理;⑥按规定进行紧急免疫接种;⑦进出封锁疫区配合消毒和其他限制性措施规定;⑧遵守动物疫病净化等控制措施;⑨接受动物卫生监督检查站的监督检查。

四、生猪检疫的监督管理

(一)生猪的检疫

根据《中华人民共和国动物防疫法》第四十二条规定,屠宰、出售或者运输生猪以及出售或者运输生猪产品前，货主应当按照国务院兽医主管部门的规定向当地动物卫生监督机构申报检疫。相关条款明确规定，经检疫合格并由动物卫生监督机构出具检疫证明的生猪、生猪产品，方可屠宰、生产、加工、经营、贮藏、运输；经检疫不合格的生猪、生猪产品，由货主在动物卫生监督机构的监督下按照国务院兽医主管部门的规定处理，处理费用由货主承担。禁止屠宰、经营、运输的生猪和生产、经营、加工、贮藏、运输依法应当检疫而未经检疫或者检疫不合格的生猪、生猪产品。

(二)跨省级行政区域引进用于饲养的生猪及种用生猪精液、胚胎的审批

1. 跨省、自治区、直辖市引进乳用动物、种用动物及其精液、胚胎

根据《中华人民共和国动物防疫法》第四十六条第一款规定，跨省、自治区、直辖市引进种用生猪及其精液、胚胎的，应当向输入地省、自治区、直辖市动物卫生监督机构申请办理审批手续，并依照该法第四十二条的规定取得检疫证明。

2. 跨省、自治区、直辖市引进的乳用、种用动物到达输入地后的隔离观察

根据《动物检疫管理办法》第二十条规定，跨省、自治区、直辖市引进的种用生猪到达输入地后，在所在地动物卫生监督机构的监督下，应当在隔离场或饲养场(养殖小区)内的隔离舍进行隔离观察，隔离期为45天。经隔离观察合格的方可混群饲养；不合格的，按照有关规定进行处理。隔离观察合格后需继续在省内运输的，货主应当申请更换《动物检疫合格证明》。动物卫生监督机构更换《动物检疫合格证明》不得收费。

3. 跨省、自治区、直辖市引进用于饲养的非乳用、非种用动物和水产苗种到达目的地后的报告

跨省级行政区域引进饲养的非种用生猪虽不需办理引进审批手续，但《动物检疫管理办法》第十九条规定了到达目的地后的报告和接受监督检查的义务。

(三)输入到无规定动物疫病区的生猪检疫

根据《中华人民共和国动物防疫法》第四十五条规定，输入到无规定动物疫病区的生猪、生猪产品，货主应当按照国务院兽医主管部门的规定向无规定动物疫病区所在地动物卫生监督机构申报检疫，经检疫合格的，方可进入；检疫所需费用纳入无规定动物疫病区所在地地方人民政府财政预算。

(四)检疫不合格生猪的处理

根据《中华人民共和国动物防疫法》第四十八条规定，经检疫不合格的生猪、生猪产品，货主应当在动物卫生监督机构监督下按照国务院兽医主管部门的规定处理，处理费用由货主承担。

(五)检疫证明、标示的使用管理

《中华人民共和国动物防疫法》第六十一条第一款规定："禁止转让、伪造或者变造检疫证明、检疫标志或者畜禽标识。"

五、监督检查的配合

根据《中华人民共和国动物防疫法》第五十九条第一款规定，动物卫生监督机构执行监督检查任务，可以采取下列六项措施，有关单位和个人不得拒绝或者阻碍。①对动物、动物产品按照规定采样、留验、抽检；②对染疫或者疑似染疫的动物、动物产品及相关物品进行隔离、查封、扣押和处理；③对依法应当检疫而未经检疫的动物实施补检；④对依法应当检疫而未经检疫的动物产品，具备补检条件的实施补检，不具备补检条件的予以没收销毁；⑤查验检疫证明、检疫标志和畜禽标识；⑥进入有关场所调查取证、查阅、复制与动物防疫有关的资料。

第五节 环境保护监督管理

一、《中华人民共和国畜牧法》的规定

根据《中华人民共和国畜牧法》第四十六条第一款规定，生猪养殖场、养殖小区应当保证畜禽粪便、废水及其他固体废弃物综合利用或者无害化处理设施的正常运转，保证污染物达标排放，防止污染环境。

二、《中华人民共和国环境保护法》的规定

(一)环境影响报告制度

根据《中华人民共和国环境保护法》第十三条规定，建设污染环境的项目，必须遵守国家有关建设项目环境保护管理的规定。建设项目的环境影响报告书，必须对建设项目产生的污染和对环境的影响作出评价，规定防治措施，经项目主管部门预审并依照规定的程序报环境保护行政主管部门批准。环境影响报告书经批准后，计划部门方可批准建设项目设计任务书。

(二)接受环境监督管理制度

根据《中华人民共和国环境保护法》第十四条规定，县级以上人民政府环境保护行政主管部门或者其他依照法律规定行使环境监督管理权的部门；有权对管辖范围内的排污单位进行现场检查。被检查的单位应当如实反映情况，提供必要的资料。检察机关应当为检查的单位保守技术秘密和业务秘密。

(三)环境保护责任制度

根据《中华人民共和国环境保护法》第二十四条规定，产生污染和其他公害的单位，必须把环境保护工作纳入计划，建立环境保护责任制度；采取有效措施，防治在生产建设或者其他活动中产生的废气、废水、废渣、粉尘、恶臭气体、放射性物质以及噪声、振动、电磁波辐射等对环境的污染和危害。

三、《畜禽养殖污染防治管理办法》的规定

(一)猪场新建、改建和扩建环境影响评价审批制度

根据《畜禽养殖污染防治管理办法》第六条的规定，新建、改建和扩建畜禽养殖场，必须按建设项目环境保护法律、法规的规定，进行环境影响评价，办理有关审批手续。畜禽养殖场的环境影响评价报告书(表)中，应规定畜禽废渣综合利用方案和措施。

(二)排污申报登记制度

根据《畜禽养殖污染防治管理办法》第九条的规定，畜禽养殖场必须按有关规定向所在地的环境保护行政主管部门进行排污申报登记。

(三)主动防治污染制度

根据《畜禽养殖污染防治管理办法》第十三条、第十四条、第十五条、第十六条的规定，畜禽养殖场必须设置畜禽废渣的储存设施和场所，采取对储存场所地面进行水泥硬化等措施，防止畜禽废渣渗漏、散落、溢流、雨水淋失、恶臭气味等对周围环境造成污染和危害。畜禽养殖场应当保持环境整洁，采取清污分流和粪尿的干湿分离等措施，实现清洁养殖。畜禽养殖场应采取将畜禽废渣还田、生产沼气、制造有机肥料、制造再生饲料等方法进行综合利用。用于直接还田利用的畜禽粪便，应当经处理达到规定的无害化标准，防止病菌传播。禁止向水体倒畜禽废渣。运输畜禽废渣，必须采取防渗漏、防流失、防遗撒及其他防止污染环境的措施，妥善处置贮运工具清洗废水。

(四)限期治理计划实施情况定期报告制度

根据《畜禽养殖污染防治管理办法》第十七条的规定，被责令限期治理的畜禽养殖场应向作出限期治理决定的人民政府的环境保护行政主管部门提交限期治理计划，并定期报告实施情况。提交的限期治理计划中，应规定畜禽废渣综合利用方案。环境保护行政主管部门在对畜禽养殖场限期治理项目进行验收时，其验收内容中应包括上述综合利用方案的落实情况。

四、建设项目环境保护管理的规定

(一)建设项目环境影响评价制度

《建设项目环境保护管理条例》第六条规定，国家实行建设项目环境影响评价制度，根据《湖南省建设项目环境保护管理办法》第七条规定，建设项目经环境保护行政主管部门依法审查批准环境影响评价文件后，发展和改革等部门方可审批或核准立项，国土资源部门方可批准用地、发放采矿许可证，规划部门方可发放规划选址意见书，建设部门方可发放施工许可证，安全生产监管部门方可发放安全生产许可证。

(二)与建设项目配套的环境保护设施验收制度

《建设项目环境保护管理条例》第十六条和第二十条规定，建设项目需要配套建设的环境保护设施，必须与主体工程同时设计、同时施工、同时投产使用。环境保护设施竣工验收，应当与主体工程竣工验收同时进行。根据《湖南省建设项目环境保护管理办法》第二十二条规定，建设项目竣工后，对与建设项目配套的环境保护设施，建设单位必须书面向负责审批的环境保护行政主管部门申请验收。未经验收或者验收不合格的，建设项目主体工程不得投入生产或者使用。分批建设、分期投入生产或者使用的建设项目，其环境保护设施应当分期验收。

第六节　劳动人事监管

一、劳动合同

(一)劳动合同的订立

1. 劳动关系建立的时间

根据《中华人民共和国劳动合同法》第七条规定，用人单位自用工之日起即与劳动者建立劳动关系。用人单位应当建立职工名册备查。

2. 招用劳动者时的要求

根据《中华人民共和国劳动合同法》第八条规定，用人单位招用劳动者时，应当如实告知劳动者工作内容、工作条件、工作地点、职业危害、安全生产状况、劳动报酬，以及劳动者要求了解的其他情况；用人单位有权了解劳动者与劳动合同直接相关的基本情况，劳动者应当如实说明。

根据《中华人民共和国劳动合同法》第九条规定，用人单位招用劳动者，不得扣押劳动者的居民身份证和其他证件，不得要求劳动者提供担保或者以其他名义向劳动者收取财物。

3. 书面劳动合同订立的时限

根据《中华人民共和国劳动合同法》第十条规定，建立劳动关系，应当订立书面劳动合同。已建立劳动关系，未同时订立书面劳动合同的，应当自用工之日起一个月内订立书面劳动合同。用人单位与劳动者在用工前订立劳动合同的，劳动关系自用工之日起建立。根据《中华人民共和国劳动合同法》第十一条规定，用人单位未在用工的同时订立书面劳动合同，与劳动者约定的劳动报酬不明确的，新招用的劳动者的劳动报酬按照集体合同规定的标准执行；没有集体合同或者集体合同未规定的，实行同工同酬。

4. 劳动合同的期限

根据《中华人民共和国劳动合同法》第十二条、第十三条、第十四条和第十五条规定，劳动合同分为固定期限劳动合同、无固定期限劳动合同和以完成一定工作任务为期限的劳动合同。固定期限劳动合同，是指用人单位与劳动者约定合同终止时间的劳动合同。用人单位与劳动者协商一致，可以订立固定期限劳动合同。无固定期限劳动合同，是指用人单位与劳动者约定无确定终止时间的劳动合同。用人单位与劳动者协商一致，可以订立无固定期限劳动合同。有下列情形之一，劳动者提出或者同意续订、订立劳动合同的，除劳动者提出订立固定期限劳动合同外，应当订立无固定期限劳动合同：①劳动者在该用人单位连续工作满十年的；②用人单位初次实行劳动合同制度或者国有企业改制重新订立劳动合同时，劳动者在该用人单位连续工作满十年且距法定退休年龄不足十年的；③连续订立二次固定期限劳动合同，且劳动者没有本法第三十九条和第四十条第一项、第二项规定的情形，续订劳动合同的。用人单位自用工之日起满一年不与劳动者订立书面劳动合同的，视为用人单位与劳动者已订立无固定期限劳动合同。以完成一定工作任务为期限的劳动合同，是指用人单位与劳动者约定以某项工作的完成为合同期限的劳动合同。用人单位与劳动者协商一致，可以订立以完成一定工作任务为期限的劳动合同。

5. 劳动合同的生效和应备条款

根据《中华人民共和国劳动合同法》第十六条规定，劳动合同由用人单位与劳动者协商一致，并经用人单位与劳动者在劳动合同文本上签字或者盖章生效。劳动合同文本由用人单位和劳动者各执一份。

根据《中华人民共和国劳动合同法》第十七条第一款规定，劳动合同应当具备以下条款：①用人单位的名称、住所和法定代表人或者主要负责人；②劳动者的姓名、住址和居民身份证或者其他有效身份证件号码；③劳动合同期限；④工作内容和工作地点；⑤工作时间和休息休假；⑥劳动报酬；⑦社会保险；⑧劳动保护、劳动条件和职业危害防护；⑨法律、法规规定应当纳入劳动合同的其他事项。根据《中华人民共和国劳动合同法》第十七条第二款规定，劳动合同除前款规定的必备条款外，用人单位与劳动者可以约定试用期、培训、保守秘密、补充保险和福利待遇等其他事项。

6. 劳动合同条款争议的处理

根据《中华人民共和国劳动合同法》第十八条规定，劳动合同对劳动报酬和劳动条件等标准约定不明确，引发争议的，用人单位与劳动者可以重新协商；协商不成的，适用集体合同规定；没有集体合同或者集体合同未规定劳动报酬的，实行同工同酬；没有集体合同或者集体合同未规定劳动条件等标准的，适用国家有关规定。

7. 试用期的规定

根据《中华人民共和国劳动合同法》第十九条规定，劳动合同期限三个月以上不满一年的，试用期不得超过一个月；劳动合同期限一年以上不满三年的，试用期不得超过二个月；三年以上固定期限和无固定期限的劳动合同，试用期不得超过六个月。同一用人单位与同一劳动者只能约定一次试用期。以完成一定工作任务为期限的劳动合同或者劳动合同期限不满三个月的，不得约定试用期。试用期包含在劳动合同期限内。劳动合同仅约定试用期的，试用期不成立，该期限为劳动合同期限。

根据《中华人民共和国劳动合同法》第二十条规定，劳动者在试用期的工资不得低于本单位相同岗位最低档工资或者劳动合同约定工资的百分之八十，并不得低于用人单位所在地的最低工资标准。

根据《中华人民共和国劳动合同法》第二十一条规定，在试用期中，除劳动者有本法第三十九条和第四十条第一项、第二项规定的情形外，用人单位不得解除劳动合同。用人单位在试用期解除劳动合同的，应当向劳动者说明理由。

8. 服务期的规定

根据《中华人民共和国劳动合同法》第二十二条规定，用人单位为劳动者提供专项培训费用，对其进行专业技术培训的，可以与该劳动者订立协议，约定服务期。劳动者违反服务期约定的，应当按照约定向用人单位支付违约金。违约金的数额不得超过用人单位提供的培训费用。用人单位要求劳动者支付的违约金不得超过服务期尚未履行部分所应分摊的培训费用。用人单位与劳动者约定服务期的，不影响按照正常的工资调整机制提高劳动者在服务期期间的劳动报酬。

9. 保密的约定

根据《中华人民共和国劳动合同法》第二十三条规定，用人单位与劳动者可以在劳动合同中约定保守用人单位的商业秘密和与知识产权相关的保密事项。对负有保密义务的劳动者，用人单位可以在劳动合同或者保密协议中与劳动者约定竞业限制条款，并约定在解除或者终止劳动合同后，在竞业限制期限内按月给予劳动者经济补偿。劳动者违反竞业限制约定的，应当按照约定向用人单位支付违约金。

根据《中华人民共和国劳动合同法》第二十四条规定，竞业限制的人员限于用人单位的高级管理人员、高级技术人员和其他负有保密义务的人员。竞业限制的范围、地域、期限由用人单位与劳动者约定，竞业限制的约定不得违反法律、法规的规定。在解除或者终止劳动合同后，前款规定的人员到与本单位生产或者经营同类产品、从事同类业务的有竞争关系的其他用人单位，或者自己开业生产或者经营同类产品、从事同类业务的竞业限制期限，不得超过两年。

10. 违约金的约定

根据《中华人民共和国劳动合同法》第二十五条规定，除本法第二十二条和第二十三条规定的情形外，用人单位不得与劳动者约定由劳动者承担违约金。

根据《中华人民共和国劳动合同法实施条例》第二十六条规定，用人单位与劳动者约定了服务期，劳动者依照劳动合同法第三十八条的规定解除劳动合同的，不属于违反服务期的约定，用人单位不得要求劳动者支付违约金。有下列情形之一，用人单位与劳动者解除约定服务期的劳动合同的，劳动者应当按照劳动合同的约定向用人单位支付违约金：①劳动者严重违反用人单位的规章制度的；②劳动者严重失职，营私舞弊，给用人单位造成重大损害的；③劳动者同时与其他用人单位建立劳动关系，对完成本单位的工作任务造成严重影响，或者经用人单位提出，拒不改正的；④劳动者以欺诈、胁迫的手段或者乘人之危，使用人单位在违背真实意思的情况下订立或者变更劳动合同的；⑤劳动者被依法追究刑事责任的。

11. 劳动合同的无效

根据《中华人民共和国劳动合同法》第二十六条规定，下列劳动合同无效或者部分无效：①以欺诈、胁迫的手段或者乘人之危，使对方在违背真实意思的情况下订立或者变更劳动合同的；②用人单位免除自己的法定责任、排除劳动者权利的；③违反法律、行政法规强制性规定的。对劳动合同的无效或者部分无效有争议的，由劳动争议仲裁机构或者人民法院确认。根据《中华人民共和国劳动合同法》第二十七条规定，劳动合同部分无效，不影响其他部分效力的，其他部分仍然有效。根据《中华人民共和国劳动合同法》第二十八条规定，劳动合同被确认无效，劳动者已付出劳动的，用人单位应当向劳动者支付劳动报酬。劳动报酬的数额，参照本单位相同或者相近岗位劳动者的劳动报酬确定。

(二)劳动合同的履行和变更

1. 劳动合同的全面履行

根据《中华人民共和国劳动合同法》第二十九条规定，用人单位与劳动者应当按照劳动合同的约定，全面履行各自的义务。根据《中华人民共和国劳动合同法》第三十条规定，用人单位应当按照劳动合同约定和国家规定，向劳动者及时足额支付劳动报酬。用人单位拖欠或者未足额支付劳动报酬的，劳动者可以依法向当地人民法院申请支付令，人民法院应当依法发出支付令。根据《中华人民共和国劳动合同法》第三十一条规定，用人单位应当严格执行劳动定额标准，不得强迫或者变相强迫劳动者加班。用人单位安排加班的，应当按照国家有关规定向劳动者支付加班费。根据《中华人民共和国劳动合同法》第三十二条规定，劳动者拒绝用人单位管理人员违章指挥、强令冒险作业的，不视为违反劳动合同。劳动者对危害生命安全和身体健康的劳动条件，有权对用人单位提出批评、检举和控告。

2. 劳动合同的变更

根据《中华人民共和国劳动合同法》第三十五条规定，用人单位与劳动者协商一致，可以变更劳动合同约定的内容。变更劳动合同，应当采用书面形式。变更后的劳动合同文本由用人单位和劳动者各执一份。根据《中华人民共和国劳动合同法》第三十三条和第三十四条规定，用人单位变更名称、法定代表人、主要负责人或者投资人等事项，不影响劳动合同的履行。

用人单位发生合并或者分立等情况，原劳动合同继续有效，劳动合同由承继其权利和义务的用人单位继续履行。

(三)劳动合同的解除和终止

1. 双方协商解除劳动合同

根据《中华人民共和国劳动合同法》第三十六条规定，用人单位与劳动者协商一致，可以解除劳动合同。

2. 劳动者解除劳动合同

根据《中华人民共和国劳动合同法》第三十七条规定，劳动者提前三十日以书面形式通知用人单位，可以解除劳动合同。劳动者在试用期内提前三日通知用人单位，可以解除劳动合同。

根据《中华人民共和国劳动合同法》第三十八条规定，用人单位有下列情形之一的，劳动者可以解除劳动合同：①未按照劳动合同约定提供劳动保护或者劳动条件的；②未及时足额支付劳动报酬的；③未依法为劳动者缴纳社会保险费的；④用人单位的规章制度违反法律、法规的规定，损害劳动者权益的；⑤因本法第二十六条第一款规定的情形致使劳动合同无效的；⑥法律、行政法规规定劳动者可以解除劳动合同的其他情形。用人单位以暴力、威胁或者非法限制人身自由的手段强迫劳动者劳动的，或者用人单位违章指挥、强令冒险作业危及劳动者人身安全的，劳动者可以立即解除劳动合同，不需事先告知用人单位。

3. 用人单位解除劳动合同

根据《中华人民共和国劳动合同法》第三十九条规定，劳动者有下列情形之一的，用人单位可以解除劳动合同：①在试用期间被证明不符合录用条件的；②严重违反用人单位的规章制度的；③严重失职，营私舞弊，给用人单位造成重大损害的；④劳动者同时与其他用人单位建立劳动关系，对完成本单位的工作任务造成严重影响，或者经用人单位提出，拒不改正的；⑤因本法第二十六条第一款第一项规定的情形致使劳动合同无效的；⑥被依法追究刑事责任的。

根据《中华人民共和国劳动合同法》第四十条规定，有下列情形之一的，用人单位提前三十日以书面形式通知劳动者本人或者额外支付劳动者一个月工资后，可以解除劳动合同：①劳动者患病或者非因工负伤，在规定的医疗期满后不能从事原工作，也不能从事由用人单位另行安排的工作的；②劳动者不能胜任工作，经过培训或者调整工作岗位，仍不能胜任工作的；③劳动合同订立时所依据的客观情况发生重大变化，致使劳动合同无法履行，经用人单位与劳动者协商，未能就变更劳动合同内容达成协议的。

根据《中华人民共和国劳动合同法》第四十一条规定，有下列情形之一，需要裁减人员二十人以上或者裁减不足二十人但占企业职工总数百分之十以上的，用人单位提前三十日向工会或者全体职工说明情况，听取工会或者职工的意见后，裁减人员方案经向劳动行政部门报告，可以裁减人员：①依照企业破产法规定进行重整的；②生产经营发生严重困难的；③企业转产、重大技术革新或者经营方式调整，经变更劳动合同后，仍需裁减人员的；④其他因劳动合同订立时所依据的客观经济情况发生重大变化，致使劳动合同无法履行的。裁减人员时，应当优先留用下列人员：①与本单位订立较长期限的固定期限劳动合同的；②与本单位订立无固定期限劳动合同的；③家庭无其他就业人员，有需要扶养的老人或者未成年人的。用人单位依照本条规定裁减人员，在六个月内重新招用人员的，应当通知被裁减的人员，并在同等条件下优先招用被裁减的人员。

根据《中华人民共和国劳动合同法》第四十二条规定，劳动者有下列情形之一的，用人单位不得依照本法第四十条、第四十一条的规定解除劳动合同：①从事接触职业病危害作业的劳动者未进行离岗前职业健康检查，或者疑似职业病病人在诊断或者医学观察期间的；②在本单位患职业病或者因工负伤并被确认丧失或者部分丧失劳动能力的;③患病或者非因工负伤,在规定的医疗期内的;④女职工在孕期、产期、哺乳期的;⑤在本单位连续工作满十五年,且距法定退休年龄不足五年的;⑥法律、行政法规规定的其他情形。

根据《中华人民共和国劳动合同法》第四十三条规定,用人单位单方解除劳动合同,应当事先将理由通知工会。用人单位违反法律、行政法规规定或者劳动合同约定的,工会有权要求用人单位纠正。用人单位应当研究工会的意见,并将处理结果书面通知工会。

4. 劳动合同的终止

根据《中华人民共和国劳动合同法》第四十四条规定,有下列情形之一的,劳动合同终止:一是劳动合同期满的;二是劳动者开始依法享受基本养老保险待遇的;三是劳动者死亡,或者被人民法院宣告死亡或者宣告失踪的;四是用人单位被依法宣告破产的;五是用人单位被吊销营业执照、责令关闭、撤销或者用人单位决定提前解散的;六是法律、行政法规规定的其他情形。

5. 劳动合同的续延

根据《中华人民共和国劳动合同法》第四十五条规定,劳动合同期满,有本法第四十二条规定情形之一的,劳动合同应当续延至相应的情形消失时终止。但是,本法第四十二条第二项规定丧失或者部分丧失劳动能力劳动者的劳动合同的终止,按照国家有关工伤保险的规定执行。

6. 经济补偿的支付

根据《中华人民共和国劳动合同法》第四十六条规定,有下列情形之一的,用人单位应当向劳动者支付经济补偿:①劳动者依照本法第三十八条规定解除劳动合同的;②用人单位依照本法第三十六条规定向劳动者提出解除劳动合同并与劳动者协商一致解除劳动合同的;③用人单位依照本法第四十条规定解除劳动合同的;④用人单位依照本法第四十一条第一款规定解除劳动合同的;⑤除用人单位维持或者提高劳动合同约定条件续订劳动合同,劳动者不同意续订的情形外,依照本法第四十四条第一项规定终止固定期限劳动合同的;⑥是依照本法第四十四条第四项、第五项规定终止劳动合同的;⑦法律、行政法规规定的其他情形。

根据《中华人民共和国劳动合同法》第四十七条规定,经济补偿按劳动者在本单位工作的年限,每满一年支付一个月工资的标准向劳动者支付。六个月以上不满一年的,按一年计算;不满六个月的,向劳动者支付半个月工资的经济补偿。劳动者月工资高于用人单位所在直辖市、设区的市级人民政府公布的本地区上年度职工月平均工资三倍的,向其支付经济补偿的标准按职工月平均工资三倍的数额支付,向其支付经济补偿的年限最高不超过十二年。本条所称月工资是指劳动者在劳动合同解除或者终止前十二个月的平均工资。

根据《中华人民共和国劳动合同法实施条例》第二十二条规定，以完成一定工作任务为期限的劳动合同因任务完成而终止的，用人单位应当依照劳动合同法第四十七条的规定向劳动者支付经济补偿。

7. 赔偿金的支付

根据《中华人民共和国劳动合同法》第四十八条规定，用人单位违反本法规定解除或者终止劳动合同，劳动者要求继续履行劳动合同的，用人单位应当继续履行；劳动者不要求继续履行劳动合同或者劳动合同已经不能继续履行的，用人单位应当依照本法第八十七条规定支付赔偿金。

8. 档案和社会保险关系转移及工作交接的办理

根据《中华人民共和国劳动合同法》第五十条规定，用人单位应当在解除或者终止劳动合同时出具解除或者终止劳动合同的证明，并在十五日内为劳动者办理档案和社会保险关系转移手续。劳动者应当按照双方约定，办理工作交接。用人单位依照本法有关规定应当向劳动者支付经济补偿的，在办结工作交接时支付。用人单位对已经解除或者终止的劳动合同的文本，至少保存二年备查。

二、工作时间和工资

(一)正常工作时间

根据《中华人民共和国劳动法》的第三十六条、第三十七条、第三十八条、第三十九条和第四十条规定，国家实行劳动者每天工作时间不超过八小时、平均每周工作时间不超过四十四小时的工时制度。对实行计件工作的劳动者，用人单位应当根据本法第三十六条规定的工时制度合理确定其劳动定额和计件报酬标准。用人单位应当保证劳动者每周至少休息一日。企业因生产特点不能实行本法第三十六条、第三十八条规定的，经劳动行政部门批准，可以实行其他工作和休息办法。用人单位在元旦、春节、国际劳动节、国庆节、法律、法规规定的其他休假节日期间应当依法安排劳动者休假。

(二)工作时间的延长

根据《中华人民共和国劳动法》第四十一条规定，用人单位由于生产经营需要，经与工会和劳动者协商后可以延长工作时间，一般每天不得超过一小时；因特殊原因需要延长工作时间的，在保障劳动者身体健康的条件下延长工作时间每天不得超过三小时，但是每月不得超过三十六小时。

根据《中华人民共和国劳动法》第四十二条规定，有下列情形之一的，延长工作时间不受本法第四十一条规定的限制：①发生自然灾害、事故或者因其他原因，威胁劳动者生命健康和财产安全，需要紧急处理的；②生产设备、交通运输线路、公共设施发生故障，影响生产和公众利益，必须及时抢修的；③法律、行政法规规定的其他情形。

根据《中华人民共和国劳动法》第四十三条规定，用人单位不得违反本法规定延长劳动者的工作时间。

（三）支付高于劳动者正常工作时间工资的工资报酬和带薪年休假制度

根据《中华人民共和国劳动法》第四十四条规定，有下列情形之一的，用人单位应当按照下列标准支付高于劳动者正常工作时间工资的工资报酬：①安排劳动者延长工作时间的，支付不低于工资的百分之一百五十的工资报酬；②休息日安排劳动者工作又不能安排补休的，支付不低于工资的百分之二百的工资报酬；③法定休假日安排劳动者工作的，支付不低于工资的百分之三百的工资报酬。

根据《中华人民共和国劳动法》第四十五条规定，国家实行带薪年休假制度。劳动者连续工作一年以上的，享受带薪年休假。具体办法由国务院规定。

（四）工资

根据《中华人民共和国劳动法》第四十六条和第四十七条规定，工资分配应当遵循按劳分配原则，实行同工同酬。工资水平在经济发展的基础上逐步提高。国家对工资总量实行宏观调控。用人单位根据本单位的生产经营特点和经济效益，依法自主确定本单位的工资分配方式和工资。根据《中华人民共和国劳动法》第四十八条规定，国家实行最低工资保障制度。最低工资的具体标准由省、自治区、直辖市人民政府规定，报国务院备案。用人单位支付劳动者的工资不得低于当地最低工资标准。根据《中华人民共和国劳动法》第五十条规定，工资应当以货币形式按月支付给劳动者本人。不得克扣或者无故拖欠劳动者的工资。根据《中华人民共和国劳动法》第五十一条规定，劳动者在法定休假日和婚丧假期间以及依法参加社会活动期间，用人单位应当依法支付工资。

三、劳动安全卫生

根据《中华人民共和国劳动法》第五十二条、第五十三条和第五十四条规定，用人单位必须建立、健全劳动卫生制度，严格执行国家劳动安全卫生规程和标准，对劳动者进行劳动安全卫生教育，防止劳动过程中的事故，减少职业危害。劳动安全卫生设施必须符合国家规定的标准。新建、改建、扩建工程的劳动安全卫生设施必须与主题同时设计、同时施工、同时投入生产和使用。用人单位必须为劳动者提供符合国家规定的劳动安全卫生条件和必要的劳动防护用品，对从事有职业危害作业的劳动者应当定期进行健康检查。

根据《中华人民共和国劳动合同法实施条例》第二十三条规定，用人单位依法终止工伤职工的劳动合同的，除依照劳动合同法第四十七条的规定支付经济补偿外，还应当依照国家有关工伤保险的规定支付一次性工伤医疗补助金和伤残就业补助金。

四、女职工和未成年工特殊保护

根据《中华人民共和国劳动法》第五十八条、第五十九条、第六十条、第六十一条、第六十二条、第六十三条、第六十四条和第六十五条规定，国家对女职工和未成年工(年满十六周岁未满十八周岁的劳动者)实行特殊劳动保护。禁止安排女职工从事矿山井下、国家规定的第四级体力劳动强度的劳动和其他禁忌从事的劳动。不得安排女职工在经期从事高处、低温、冷水作业和国家规定的第三级体力劳动强度的劳动。不得安排女职工在怀孕期间从事国家规定的第三级体力劳动强度的劳动和孕期禁忌从事的劳动。对怀孕七个月以上的女职工，不得安排其延长工作时间和夜班劳动。女职工生育享受不少于九十天的产假。不得安排女职工在哺乳未满一周岁的婴儿期间从事国家规定的第三级体力劳动强度的劳动和哺乳期禁忌从事的其他劳动，不得安排其延长工作时间和夜班劳动。不得安排未成年工从事矿山井下、有毒有害、国家规定的第四级体力劳动强度的劳动和其他禁忌从事的劳动。用人单位应当对未成年工定期进行健康检查。

五、职业培训

根据《中华人民共和国劳动法》第六十八条规定，用人单位应当建立职业培训制度，按照国家规定提取和使用职业培训经费，根据本单位实际，有计划地对劳动者进行职业培训。从事技术工种的劳动者，上岗前必须经过培训。

六、社会保险和福利

根据《中华人民共和国劳动法》第七十二条和第七十六条规定，用人单位和劳动者必须依法参加社会保险，缴纳社会保险费。用人单位应当创造条件，改善集体福利，提高劳动者的福利待遇。

七、劳动合同的监督管理

县级以上地方人民政府劳动行政部门依法对下列实施劳动合同制度的情况进行监督检查：①用人单位制定直接涉及劳动者切身利益的规章制度及其执行的情况；②用人单位与劳动者订立和解除劳动合同的情况；③劳务派遣单位和用工单位

遵守劳务派遣有关规定的情况；④用人单位遵守国家关于劳动者工作时间和休息休假规定的情况；⑤用人单位支付劳动合同约定的劳动报酬和执行最低工资标准的情况；⑥用人单位参加各项社会保险和缴纳社会保险费的情况；⑦法律、法规规定的其他劳动监察事项。

县级以上地方人民政府劳动行政部门实施监督检查时，有权查阅与劳动合同、集体合同有关的材料，有权对劳动场所进行实地检查，用人单位和劳动者都应当如实提供有关情况和材料。

第八章　规模化猪场的法律责任

第一节　违反养猪生产禁止性规定的行为及处罚措施

根据《中华人民共和国畜牧法》第六十七条规定，违反《中华人民共和国畜牧法》第四十三条规定，从事生猪养殖，有下列行为之一者，依照有关法律、行政法规的规定处罚：①违反法律、行政法规的规定和国家技术规范的强制性要求使用饲料、饲料添加剂、兽药；②使用未经高温处理的餐馆、食堂的泔水饲喂生猪；③在垃圾或者使用垃圾场中的物质饲养生猪；④法律、行政法规和国务院畜牧兽医行政主管部门规定的危害人和生猪健康的其他行为。

第二节　种猪生产经营的法律责任

一、未取得种猪生产经营许可证的处罚措施

未取得种猪生产经营许可证，而从事种猪生产经营活动，根据《中华人民共和国畜牧法》第六十二条，由畜牧兽医行政主管部门责令停止违法行为，没收违法所得；违法所得在三万元以上的，并处违法所得一倍以上三倍以下罚款；没有违法所得或者违法所得不足三万元的，并处三千元以上三万元以下罚款。违反种猪生产经营许可证的规定生产经营种猪或者转让、租借种猪生产经营许可证，情节严重的，并处吊销种猪生产经营许可证。

二、发布种猪广告必须遵守相关法规

根据《中华人民共和国畜牧法》第六十三条规定，发布种猪广告必须依照《中华人民共和国广告法》的有关规定。

三、违法销售种猪和遗传物质的行为及处罚措施

1. 销售、推广未经审定或者鉴定生猪品种

根据《中华人民共和国畜牧法》第六十一条规定，由畜牧兽医行政主管部门责令停止违法行为，没收生猪和违法所得；违法所得在五万元以上的，并处违法所得

一倍以上三倍以下罚款；没有违法所得或者违法所得不足五万元的，并处五千元以上五万元以下罚款。

2. 使用种猪不符合种用标准

根据《中华人民共和国畜牧法》第六十四条规定，由畜牧兽医行政主管部门责令停止违法行为，没收违法所得；违法所得在五千元以上的，并处违法所得一倍以上二倍以下罚款；没有违法所得或者违法所得不足五千元的，并处一千元以上五千元以下罚款。

3. 销售假冒伪劣种猪

根据《中华人民共和国畜牧法》第六十五条规定，由畜牧兽医行政主管部门或者工商行政管理部门责令停止销售，没收违法销售的生猪和违法所得；违法所得在五万元以上的，并处违法所得一倍以上五倍以下罚款；没有违法所得或者违法所得不足五万元的，并处五千元以上五万元以下罚款；情节严重的，并处吊销种猪生产经营许可证或者营业执照。

4. 销售的种猪未附相关资料

根据《中华人民共和国畜牧法》第六十八条规定，销售的种猪未附具种猪合格证明、检疫合格证明、家畜系谱的，由县级以上地方人民政府畜牧兽医行政主管部门或者工商行政管理部门责令改正，可以处二千元以下罚款。

5. 销售不符合国家技术规范的强制性要求生猪

根据《中华人民共和国畜牧法》第六十九条规定，由畜牧兽医行政主管部门或者工商行政管理部门责令停止违法行为，没收违法销售的生猪和违法所得，并处违法所得一倍以上三倍以下罚款；情节严重的，由工商行政管理部门并处吊销营业执照。进行交易的生猪必须符合国家技术规范的强制性要求。

四、违反种猪的进出口规定的行为及处罚措施

1. 未经审核批准，从境外引进生猪遗传资源的；未经审核批准，在境内与境外机构、个人合作研究利用列入保护名录的生猪遗传资源的；在境内与境外机构、个人合作研究利用未经国家生猪遗传资源委员会鉴定的新发现的生猪遗传资源

根据《中华人民共和国畜牧法》第五十九条规定，有上述行为之一的，由省级以上人民政府畜牧兽医行政主管部门责令停止违法行为，没收生猪遗传资源和违法所得，并处一万元以上五万元以下罚款。

2. 私自向境外输出生猪遗传资源

根据《中华人民共和国畜牧法》第六十条规定，未经国务院畜牧兽医行政主管部门批准，向境外输出生猪遗传资源的，依照《中华人民共和国海关法》的有关规定

追究法律责任。海关应当将扣留的生猪遗传资源移送至省级人民政府畜牧兽医行政主管部门处理。

第三节　违反动物产品质量安全规定的行为及处罚措施

一、违反追溯体系建设规定的行为及处罚措施

1. 猪场未建立养殖档案或者未按照规定保存

根据《中华人民共和国畜牧法》第六十六条的规定，由畜牧兽医行政主管部门责令限期改正，可以处一万元以下罚款。

2. 没有标识的生猪或重复使用生猪标识

根据《中华人民共和国畜牧法》第六十八条第一款规定，销售、收购国务院畜牧兽医行政主管部门规定应当加施标识而没有标识的生猪的，或者重复使用生猪标识的，由畜牧兽医行政主管部门或者工商行政管理部门责令改正，可以处二千元以下罚款。

二、违反投入品的管理规定的行为及处罚措施

(一)兽药使用

1. 未按规定使用兽药的、未建立用药记录或者记录不完整、不真实的，或者使用禁止使用的药品和其他化合物的，或者将人用药品用于生猪

根据《兽药管理条例》第六十二条规定，由兽医行政管理部门责令其立即改正，并对饲喂了违禁药物及其他化合物的生猪及其产品进行无害化处理；对违法单位处一万元以上五万元以下罚款；给他人造成损失的，依法承担赔偿责任。

2. 销售尚在用药期、休药期内的生猪用于食品消费

根据《兽药管理条例》第六十三条规定，由兽医行政管理部门责令其对含有违禁药物和兽药残留超标的生猪产品进行无害化处理，没收违法所得，并处三万元以上十万元以下罚款；构成犯罪的，依法追究刑事责任；给他人造成损失的，依法承担赔偿责任。

3. 擅自使用被查封或者扣押的兽药

根据《兽药管理条例》第六十四条规定，由兽医行政管理部门责令其停止违法行为，给予警告，并处五万元以上十万元以下罚款。

4. 发现可能与兽药使用有关的严重反应不及时报告

根据《兽药管理条例》第六十五条规定，由兽医行政管理部门给予警告，并处五

千元以上一万元以下罚款。

5. 未使用兽用处方药

根据《兽药管理条例》第六十六条规定，由兽医行政管理部门责令其限期改正，没收违法所得，并处五万元以下罚款；给他人造成损失的，依法承担赔偿责任。

6. 违法使用兽用原料药

直接将原料药添加到饲料及生猪饮水中，或者饲喂生猪的。根据《兽药管理条例》第六十八条规定，由兽医行政管理部门责令其立即改正，并处一万元以上三万元以下罚款；给他人造成损失的，依法承担赔偿责任。

(二)饲料的管理

1. 不按规定使用饲料添加剂

根据《饲料和饲料添加剂管理条例》第二十九条第一款规定，由饲料管理部门责令立即改正，可以处三万元以下罚款。

2. 使用了禁用或淘汰的及未经审定公布的饲料及饲料添加剂或者在饲料和动物饮水中添加激素类药品和其他禁用药品

根据《饲料和饲料添加剂管理条例》第二十九条第二款规定，由饲料管理部门没收违禁药品，可以并处一万元以上五万元以下的罚款。

第四节 违反动物防疫规定的行为及处罚措施

一、违反动物疫病预防规定的行为及处罚措施

(一)不按规定实施强制免疫

根据《中华人民共和国动物防疫法》第七十三条规定，由动物卫生监督机构责令改正，给予警告；拒不改正的，由动物卫生监督机构代作处理，所需处理费用由违法行为人承担，可以处一千元以下罚款。

(二)违反生猪疫病监测、检测规定

1. 拒绝兽医工作机构疫病监测、检测

根据《中华人民共和国动物防疫法》第八十三条规定，由动物卫生监督机构责令改正；拒不改正的，对违法行为单位处一千元以上一万元以下罚款，对违法行为个人可以处五百元以下罚款。

2. 拒绝、阻碍兽医工作机构进行重大动物疫情监测

根据《重大动物疫情应急条例》第四十六条规定，由动物卫生监督机构给予警告，并处二千元以上五千元以下罚款；构成犯罪的，依法追究刑事责任。

3. 不按规定对种(乳)用动物进行检测和处理

根据《中华人民共和国动物防疫法》第七十三条规定，由动物卫生监督机构责令改正，给予警告；拒不改正的，由动物卫生监督机构代作处理，所需处理费用由违法行为人承担，可以处一千元以下罚款。

(三)未取得动物防疫条件合格证

根据《中华人民共和国动物防疫法》第七十七条规定，由动物卫生监督机构责令改正，处一千元以上一万元以下罚款；情节严重的，处一万元以上十万元以下罚款。动物饲养场等场所是防疫管理工作的重点，这些地方的地理位置和设备、设施条件必须符合法定的动物防疫条件，否则极易成为传播动物疫病的集中点。动物防疫条件包括选址、工程设计、工艺流程、防疫制度和人员等。因此新办养殖场必须办理动物防疫合格证。

(四)不按规定对生猪运载工具消毒

不按规定处置运载工具中的生猪排泄物以及垫料、包装物、容器等污染物的，根据《中华人民共和国动物防疫法》第七十五条规定，由动物卫生监督机构责令无害化处理，所需处理费用由违法行为人承担，可以处三千元以下罚款。

(五)不按规定处置染疫动物，病死或者死因不明的动物尸体及污染物品等

根据《中华人民共和国动物防疫法》第七十五条规定，由动物卫生监督机构责令无害化处理，所需处理费用由违法行为人承担，可以处三千元以下罚款。

(六)违反相关生猪和生猪产品经营等行为禁止性规定

根据《中华人民共和国动物防疫法》第七十六条规定，违反该法第二十五条规定，屠宰、经营、运输动物或者生产、经营、加工、贮藏、运输动物产品的，由动物卫生监督机构责令改正、采取补救措施，没收违法所得和动物、动物产品，并处同类检疫合格动物、动物产品货值金额一倍以上五倍以下罚款；其中依法应当检疫而未检疫的，依照该法第七十八条的规定处罚。

二、违反生猪疫情的报告和公布规定的处罚措施

(一)违反疫情报告规定的行为及处罚措施

1. 不履行动物疫情报告义务

根据《中华人民共和国动物防疫法》第八十三条规定，由动物卫生监督机构责令改正；拒不改正的，对违法行为单位处一千元以上一万元以下罚款，对违法行为个人可以处五百元以下罚款。

2. 发现动物出现群体发病或者死亡，不向当地兽医工作机构报告

根据《重大动物疫情应急条例》第四十六条规定，由动物卫生监督机构给予警

告，并处二千元以上五千元以下罚款；构成犯罪的，依法追究刑事责任。

（二）擅自发布动物疫情的

根据《中华人民共和国动物防疫法》第八十条规定，由动物卫生监督机构责令改正，处一千元以上一万元以下罚款。

三、违反生猪疫情的控制和扑灭规定的行为及处罚措施

（一）擅自采集重大动物疫病病料的处罚措施

根据《重大动物疫情应急条例》第四十七条规定，由动物卫生监督机构给予警告，并处五千元以下罚款；构成犯罪的，依法追究刑事责任。

（二）违反疫情控制、扑灭规定的行为及处罚措施

1. 不遵守有关控制扑灭动物疫病规定

根据《中华人民共和国动物防疫法》第八十条规定，由动物卫生监督机构责令改正，处一千元以上一万元以下罚款。

2. 藏匿、转移、盗掘已被依法隔离、封存、处理的动物和动物产品

根据《中华人民共和国动物防疫法》第八十条规定，由动物卫生监督机构责令改正，处一千元以上一万元以下罚款。

四、违反生猪检疫管理规定的行为及处罚措施

（一）屠宰、经营、运输的生猪未经检疫或未附有检疫证明，经营和运输的生猪产品未经检疫或未附有检疫证明、检疫标志

根据《中华人民共和国动物防疫法》第七十六条规定和第七十八条规定，由动物卫生监督机构责令改正，处同类检疫合格生猪、生猪产品货值金额百分之十以上百分之五十以下罚款；对货主以外的承运人处运输费用一倍以上三倍以下罚款。违反该法规定，参加展览、演出和比赛的生猪未附有检疫证明的，由动物卫生监督机构责令改正，处一千元以上三千元以下罚款。

（二）违反跨省级行政区域引种等审批规定的行为及处罚措施

1. 未办理审批手续，跨省、自治区、直辖市引进乳用动物、种用动物及其精液、胚胎

根据《中华人民共和国动物防疫法》第七十七条规定，由动物卫生监督机构责令改正，处一千元以上一万元以下罚款；情节严重的，处一万元以上十万元以下罚款。

2. 跨省、自治区、直辖市引进的种用生猪到达输入地后未按规定隔离观察

根据《动物检疫管理办法》第49条规定，跨省、自治区、直辖市引进的乳用、种

用动物到达输入地后，未按规定进行隔离观察的，由动物卫生监督机构责令改正，处二千元以上一万元以下罚款。

3. 跨省、自治区、直辖市引进用于饲养的非种用生猪到达目的地后未按规定报告

根据《动物检疫管理办法》第 48 条规定，跨省、自治区、直辖市引进用于饲养的非乳用、种用动物和水产苗种到达目的地后，未向所在地动物卫生监督机构报告的，由动物卫生监督机构处五百元以上二千元以下罚款。

（三）未经检疫，向无规定动物疫病区输入生猪、生猪产品

根据《中华人民共和国动物防疫法》第七十七条规定，由动物卫生监督机构责令改正，处一千元以上一万元以下罚款；情节严重的，处一万元以上十万元以下罚款。

（四）检疫不合格生猪的处理

根据《中华人民共和国动物防疫法》第七十六条规定，由动物卫生监督机构责令改正、采取补救措施，没收违法所得和动物、动物产品，并处同类检疫合格生猪、生猪产品货值金额一倍以上五倍以下罚款；其中依法应当检疫而未检疫的，依照该法第七十八条的规定处罚。

（五）转让、伪造或者变造检疫证明、检疫标志或者畜禽标识

根据《中华人民共和国动物防疫法》第七十九条规定，由动物卫生监督机构没收违法所得，收缴检疫证明、检疫标志或者畜禽标识，并处三千元以上三万元以下罚款。

五、不如实提供有关资料，或者拒绝动物卫生监督机构进行监督检查

根据《中华人民共和国动物防疫法》第八十三条规定，由动物卫生监督机构责令改正；拒不改正的，对违法行为单位处一千元以上一万元以下罚款，对违法行为个人可以处五百元以下罚款。

第五节　环境保护的法律责任

一、《中华人民共和国畜牧法》规定的法律责任

根据《中华人民共和国畜牧法》第四十六条第二款规定，畜禽养殖场、养殖小区违法排放畜禽粪便、废水及其他固体废弃物，造成环境污染危害的，应当排除危害，依法赔偿损失。

二、违反《中华人民共和国环境保护法》规定的行为及处罚措施

1. 拒绝环境保护行政主管部门或者其他依照法律规定行使环境监督管理权的部门现场检查或者在被检查时弄虚作假

根据《中华人民共和国环境保护法》第三十五条规定，环境保护行政主管部门或者其他依照法律规定行使环境监督管理权的部门可以根据不同情节，给予警告或者处以罚款。

2. 拒报或者谎报国务院环境保护行政主管部门规定的有关污染物排放申报事项

根据《中华人民共和国环境保护法》第三十五条规定，环境保护行政主管部门或者其他依照法律规定行使环境监督管理权的部门可以根据不同情节，给予警告或者处以罚款。

3. 不按国家规定缴纳超标准排污费

根据《中华人民共和国环境保护法》第三十五条规定，环境保护行政主管部门或者其他依照法律规定行使环境监督管理权的部门可以根据不同情节，给予警告或者处以罚款。

4. 建设项目的防治污染设施没有建成或者没有达到国家规定的要求，投入生产或者使用

根据《中华人民共和国环境保护法》第三十六条规定，由批准该建设项目的环境影响报告书的环境保护行政主管部门责令停止生产或者使用，可以并处罚款。

5. 未经环境保护行政主管部门同意，擅自拆除或者闲置防治污染的设施，污染物排放超过规定的排放标准

根据《中华人民共和国环境保护法》第三十六条、第三十七条规定，由环境保护行政主管部门责令重新安装使用，并处罚款。

6. 违法造成环境污染事故

根据《中华人民共和国环境保护法》第三十八条规定，由环境保护行政主管部门或者其他依照法律规定行使环境监督管理权的部门根据所造成的危害后果处以罚款；情节较重的，对有关责任人员由其所在单位或者政府主管机关给予行政处分。

7. 经限期治理逾期未完成治理任务

根据《中华人民共和国环境保护法》第三十九条规定，除依照国家规定加收超标准排污费外，可以根据所造成的危害后果处以罚款，或者责令停业、关闭。

三、违反《畜禽养殖污染防治管理办法》的行为及处罚措施

根据《畜禽养殖污染防治管理办法》第十八条规定，违反本办法规定，有下列行为之一的，由县级以上人民政府环境保护行政主管部门责令停止违法行为，限期改正，并处一千元以上三万元以下罚款：①未采取有效措施，致使储存的畜禽废渣渗漏、散落、溢流、雨水淋失、散发恶臭气味等对周围环境造成污染和危害的；②向水体或其他环境倾倒、排放畜禽废渣和污水的。

四、违反建设项目环境保护管理规定的行为及处罚措施

（一）违反环境影响评价手续规定

根据《建设项目环境保护管理条例》第二十四条规定，违反本条例规定，有下列行为之一的，由负责审批建设项目环境影响报告书、环境影响报告表或者环境影响登记表的环境保护行政主管部门责令限期补办手续；逾期不补办手续，擅自开工建设的，责令停止建设，可以处十万元以下罚款：①未报批建设项目环境影响报告书、环境影响报告表或者环境影响登记表的；②建设项目的性质、规模、地点或者采用的生产工艺发生重大变化，未重新报批建设项目环境影响报告书、环境影响报告表或者环境影响登记表的；③建设项目环境影响报告书、环境影响报告表或者环境影响登记表自批准之日起满五年，建设项目方开工建设，其环境影响报告书、环境影响报告表或者环境影响登记表未报原审批机关重新审核的。

根据《建设项目环境保护管理条例》第二十五条规定，建设项目环境影响报告书、环境影响报告表或者环境影响登记表未经批准或者未经原审批机关重新审核同意，擅自开工建设的，由负责审批该建设项目环境影响报告书、环境影响报告表或者环境影响登记表的环境保护行政主管部门责令停止建设，限期恢复原状，可以处十万元以下罚款。

根据《湖南省建设项目环境保护管理办法》第二十四条规定，建设项目的环境影响评价文件未经环境保护行政主管部门批准，建设单位擅自开工建设的，由有权审批该建设项目的环境保护行政主管部门责令停止建设，可以处五万元以上二十万元以下罚款；擅自开工建设并建成投入生产的，由有权审批该建设项目的环境保护行政主管部门责令停止生产，可以处十万元以上二十万元以下罚款。

（二）违反环境保护设施运行和验收规定

《建设项目环境保护管理条例》第二十六条规定，违反本条例规定，试生产建设项目配套建设的环境保护设施未与主体工程同时投入试运行的，由审批该建设项目环境影响报告书、环境影响报告表或者环境影响登记表的环境保护行政

主管部门责令限期改正；逾期不改正的，责令停止试生产，可以处五万元以下罚款。

根据《建设项目环境保护管理条例》第二十七条规定，违反本条例规定，建设项目投入试生产超过三个月，建设单位未申请环境保护设施竣工验收的，由审批该建设项目环境影响报告书、环境影响报告表或者环境影响登记表的环境保护行政主管部门责令限期办理环境保护设施竣工验收手续；逾期未办理的，责令停止试生产，可以处五万元以下罚款。

根据《建设项目环境保护管理条例》第二十八条规定，违反本条例规定，建设项目需要配套建设的环境保护设施未建成、未经验收或者经验收不合格，主体工程正式投入生产或者使用的，由审批该建设项目环境影响报告书、环境影响报告表或者环境影响登记表的环境保护行政主管部门责令停止生产或者使用，可以处十万元以下罚款。

根据《湖南省建设项目环境保护管理办法》第二十五条规定，建设项目需要配套建设的环境保护设施未经验收或者验收不合格，主体工程正式投入生产或者使用的，由审批该建设项目环境影响评价文件的环境保护行政主管部门责令停止生产和使用，可以处一万元以上十万元以下罚款，并将污染防治设施建设保证金充做污染治理专项资金。建设项目试生产期间，环境保护设施未与主体工程同时投入试运行的，由审批该项目环境影响评价文件的环境保护行政主管部门责令限期改正；逾期不改正的，责令停止试生产，可以处五万元以下罚款，并将污染防治设施建设保证金充做污染治理专项资金。

第六节 劳动人事法律责任

一、违反劳动合同的订立、履行与变更、解除与终止规定的行为及处罚措施

(一)违反劳动合同的订立规定的行为及处罚措施

1. 用人单位制定的劳动规章制度违反法律、法规规定

根据《中华人民共和国劳动合同法》第八十条规定，由劳动行政部门责令改正，给予警告；给劳动者造成损害的，应当承担赔偿责任。

2. 用人单位提供的劳动合同文本未载明本法规定的劳动合同必备条款或者用人单位未将劳动合同文本交付劳动者

根据《中华人民共和国劳动合同法》第八十一条规定，由劳动行政部门责令改

正；给劳动者造成损害的，应当承担赔偿责任。

3. 用人单位违反劳动合同订立规定

根据《中华人民共和国劳动合同法》第八十二条规定，用人单位自用工之日起超过一个月不满一年未与劳动者订立书面劳动合同的，应当向劳动者每月支付二倍的工资。用人单位违反本法规定不与劳动者订立无固定期限劳动合同的，自应当订立无固定期限劳动合同之日起向劳动者每月支付二倍的工资。

4. 用人单位违反本法规定与劳动者约定试用期

根据《中华人民共和国劳动合同法》第八十三条规定，由劳动行政部门责令改正；违法约定的试用期已经履行的，由用人单位以劳动者试用期满月工资为标准，按已经履行的超过法定试用期的期间向劳动者支付赔偿金。

5. 用人单位违反本法规定，扣押劳动者居民身份证等证件或以担保或者其他名义向劳动者收取财物或劳动者依法解除或者终止劳动合同，用人单位扣押劳动者档案或者其他物品

根据《中华人民共和国劳动合同法》第八十四条第一款规定，用人单位违反本法规定，扣押劳动者居民身份证等证件的，由劳动行政部门责令限期退还劳动者本人，并依照有关法律规定给予处罚。根据《中华人民共和国劳动合同法》第八十四条第二款规定，用人单位违反本法规定，以担保或者其他名义向劳动者收取财物的，由劳动行政部门责令限期退还劳动者本人，并以每人五百元以上二千元以下的标准处以罚款；给劳动者造成损害的，应当承担赔偿责任。根据《中华人民共和国劳动合同法》第八十四条第三款规定，劳动者依法解除或者终止劳动合同，用人单位扣押劳动者档案或者其他物品的，依照前款规定处罚。

6. 用人单位违反劳动报酬、加班费或者经济补偿支付规定

根据《中华人民共和国劳动合同法》第八十五条规定，用人单位有下列情形之一的，由劳动行政部门责令限期支付劳动报酬、加班费或者经济补偿；劳动报酬低于当地最低工资标准的，应当支付其差额部分；逾期不支付的，责令用人单位按应付金额百分之五十以上百分之百以下的标准向劳动者加付赔偿金：①未按照劳动合同的约定或者国家规定及时足额支付劳动者劳动报酬的；②低于当地最低工资标准支付劳动者工资的；③安排加班不支付加班费的；④解除或者终止劳动合同，未依照本法规定向劳动者支付经济补偿的。

7. 无效劳动合同的法律责任

根据《中华人民共和国劳动合同法》第八十六条规定，劳动合同依照本法第二十六条规定被确认无效，给对方造成损害的，有过错的一方应当承担赔偿责任。

(二)违反劳动合同履行与变更、解除与终止规定的行为及处罚措施

1. 用人单位违反本法规定解除或者终止劳动合同

根据《中华人民共和国劳动合同法》第八十七条规定，应当依照本法第四十七条规定的经济补偿标准的二倍向劳动者支付赔偿金。

2. 用人单位违反规定损害劳动者身心健康

根据《中华人民共和国劳动合同法》第八十八条规定，用人单位有下列情形之一的，依法给予行政处罚；构成犯罪的，依法追究刑事责任；给劳动者造成损害的，应当承担赔偿责任：①以暴力、威胁或者非法限制人身自由的手段强迫劳动；②违章指挥或者强令冒险作业危及劳动者人身安全；③侮辱、体罚、殴打、非法搜查或者拘禁劳动者；④劳动条件恶劣、环境污染严重，给劳动者身心健康造成严重损害。

3. 用人单位违反本法规定未向劳动者出具解除或者终止劳动合同的书面证明

根据《中华人民共和国劳动合同法》第八十九条规定，由劳动行政部门责令改正；给劳动者造成损害的，应当承担赔偿责任。

4. 用人单位招用与其他用人单位尚未解除或者终止劳动合同的劳动者，给其他用人单位造成损失

根据《中华人民共和国劳动合同法》第九十一条规定，应当承担连带赔偿责任。

5. 不具备合法经营资格的用人单位违法犯罪

根据《中华人民共和国劳动合同法》第九十三条规定，对不具备合法经营资格的用人单位的违法犯罪行为，依法追究法律责任；劳动者已经付出劳动的，该单位或者其出资人应当依照本法有关规定向劳动者支付劳动报酬、经济补偿、赔偿金；给劳动者造成损害的，应当承担赔偿责任。

二、违反其他规定的行为及处罚措施

1. 用人单位的劳动安全设施和劳动卫生条件不符合国家规定或者未向劳动者提供必要的劳动防护用品和劳动保护设施

根据《中华人民共和国劳动法》第九十二条规定，由劳动行政部门或者有关部门责令改正，可以处以罚款；情节严重的，提请县级以上人民政府决定责令停产整顿；对事故隐患不采取措施，致使发生重大事故，造成劳动者生命和财产损失的，对相关责任人员比照刑法第一百八十七条的规定追究刑事责任。

2. 用人单位非法招用未满十六周岁的未成年人

根据《中华人民共和国劳动合同法》第九十四条规定，由劳动行政部门责令改正，处以罚款；情节严重的，由工商行政管理部门吊销营业执照。

3. 用人单位违反本法对女职工和未成年工的保护规定，侵害其合法权益

根据《中华人民共和国劳动合同法》第九十五条规定，由劳动行政部门责令改正，处以罚款；对女职工或者未成年工造成损害的，应当承担赔偿责任。

4. 用人单位无故不缴纳社会保险费

根据《中华人民共和国劳动合同法》第一百条规定，由劳动行政部门责令其限期缴纳；逾期不缴的，可以加收滞纳金。

5. 用人单位无理阻挠劳动行政部门、有关部门及其工作人员行使监督检查权，打击报复举报人员

根据《中华人民共和国劳动合同法》第一百零一条规定由劳动行政部门或者有关部门处以罚款；构成犯罪的，对责任人员依法追究刑事责任。

第九章　规模化猪场的违法案例

第一节　违反动物防疫法律法规案例

案例1:某学校养猪场拒绝强制免疫案

一、案件来源

2009年1月7日,湖南省邵阳市邵东县动物卫生监督管理站接到了佘田桥镇动物防疫站站长的报告:其辖区内某学校养猪场饲养生猪,拒不接受该站专职防疫员提出的进行强制免疫的要求,在当地造成了较坏的影响,严重阻碍了动物免疫工作的开展,特请求县动物卫生监督管理站立案查处。

二、查处经过及事实认定

接到报告后,邵东县动物卫生监督站立即组织了3名动物卫生监督执法人员赶赴现场进行调查处理。到校后,执法人员找到了该校校长及猪场负责人,出示证件后说明了来意,希望学校领导予以配合。经查发现:该校的猪场系学校自营,生产设施陈旧,存栏生猪86头。佘田桥镇动物防疫站的专职防疫员在2008年10～12月曾六次要求该校接受国家强制免疫病种的免疫工作,但其管理员赵某以将要承包为由一直不予配合,学校也未对饲喂的生猪实施免疫。为此,县动物卫生监督站曾经在2008年12月28日责令其在一周内改正,并给予警告。到2009年1月6日,该校饲喂的生猪仍未进行任何免疫接种,并继续阻止防疫员进场免疫,在当地造成了极坏的影响。调查中对有关证据进行了摄像和录音,并对当事人——该校的校长及猪场负责人赵某分别做了询问笔录。该案的当事人对其违法行为供认不讳,在询问笔录上签了名并按指印认可,表示愿意接受处罚。

三、适用法律及处罚决定

根据以上事实和相关证据,认定该校养猪场拒绝强制免疫违反《中华人民共和国动物防疫法》第十四条第二款之规定,在动物卫生监督机构责令改正,给予警告之后,仍然拒绝强制免疫,依据《动物防疫法》第七十三条第一项之规定:①由县动物卫生监督站对存栏的生猪代做规定病种的免疫。②处 1 000 元罚款。在对该案在作出处罚的同时，也告知了当事人具有以下三条法律救济途径：一是根据《中华人民共和国行政处罚法》第三十一条、第三十二条的规定，3 日内有向县动物卫生监督站进行陈述、申辩的权利，过期视为主动放弃；二是根据《中华人民共和国行政复议法》的规定，60 日内可向邵东县畜牧水产局或邵东县人民政府申请行政复议；三是根据《中华人民共和国行政诉讼法》的有关规定，3 个月内可向邵东县人民法院提起行政诉讼。当事人当即表示愿意接受我们的处罚，并表示主动放弃以上法律救济途径。

四、案件处理结果

邵东县动物卫生监督站于 2009 年 1 月 12 日对该校 86 头生猪全部进行了强制免疫，学校在规定时间内向指定的银行缴纳了1 000元的罚款。

五、分析与思考

规模化猪场的强制免疫工作是动物防疫的重中之重，由于认识上的偏差，逃避强制免疫的现象并不鲜见。国家对生猪强制免疫的病种有三种，即高致病性猪蓝耳病、口蹄疫和猪瘟。猪瘟免疫一直受到养猪界的高度重视，口蹄疫的免疫逐步得到规模化猪场的认可，高致病性猪蓝耳病的免疫尚未得到规模化猪场的普遍认同，规模化猪场抵制高致病性猪蓝耳病免疫的现象屡见不鲜。由于惠农政策的实施，规模化猪场不会明确拒绝强制免疫，通常采取变相拒绝的方式。目前动物卫生监督机构已开始采取对策，使用先进的手段测试猪场强制免疫病种的免疫效果，责令效果较差者进行重免，对免疫抗体合格率为零的，展开全面调查，确认为猪场拒绝免疫的，依本条对其进行处理处罚。

案例 2：某猪场未取得动物防疫条件合格证从事生猪养殖案

一、案件来源

2008 年 6 月 10 日，湖南省邵阳武冈市动物卫生监督所在进行日常监督检查时，发现辖区内某猪场的动物防疫条件极差，且在未取得动物防疫条件合格证的情况下饲喂生猪，该行为违反了《中华人民共和国动物防疫法》。

二、查处经过及事实认定

该所立即组织动物卫生监督执法人员展开调查，通过对猪场负责人刘某询问调查和现场勘验，查明：刘某猪场建于 2008 年 2 月，有 3 栋猪舍，面积近 400 m^2，位于自家房屋周围，处于人居院落中央，溪流上游，条件简陋，无任何消毒、无害化处理等防疫设施，污水直接排入小溪中，粪便等污物随意抛弃，猪场臭气熏天，日前存栏生猪328头。至案发时止，该猪场未申报过动物防疫条件审核，未取得动物防疫条件合格证，但向该市畜牧水产局申报了生猪养殖大户补贴项目。刘某的猪场不符合动物防疫条件，给周围环境造成了极大污染，邻居对此意见很大。

三、适用法律及处罚决定

刘某未取得动物防疫合格证兴办生猪饲养场，且猪场的动物防疫条件简陋，无相应的污水、污物、病死动物无害化处理设施设备和清洗消毒设备，其行为违反了《中华人民共和国动物防疫法》第十九条、第二十条第一款之规定，依据《中华人民共和国动物防疫法》第七十七条第一项的规定给予如下处罚：①责令改正；②罚款6 000元。

四、案件处理结果

当事人刘某在规定期限内到指定银行缴纳了6 000元罚款。此后，将猪场搬迁到了符合要求的新场地，并取得了动物防疫合格证。

五、分析与思考

良好的生物安全体系是猪场控制疫病的基础，兴办规模化猪场必须首先保证其场所符合《中华人民共和国动物防疫法》规定的动物防疫条件，并按照规定的程序申请办理动物防疫条件合格证和工商注册登记。近年来，由于国家大力扶持生猪养殖项目，许多有资金无技术的门外汉认为只要养了猪，国家就会补贴，导致猪场动物防疫条件整体水平下降，直接影响了养殖环境的治理，导致疫病频发。各级动物卫生监督机构正在采取得力的措施，重拳出击，开展动物防疫条件专项整治工作。动物防疫条件在近期内必将有一个大的改善。

第二节　违反动物产品质量安全法律法规案例

案例3：韩立荣非法使用瘦肉精喂羊案

一、案件来源

2011年3月22日，河北省昌黎县畜牧发展局执法人员当场对昌黎县龙家店镇西刁坨村韩立荣饲养的羊的尿样进行抽样，结果呈阳性。

二、查处经过及事实认定

韩立荣于2009年开始饲养肉用育肥羊。因给育肥羊喂食含有“盐酸克仑特罗”（俗称“瘦肉精”）的饲料，其丈夫于2009年受到昌黎县畜牧发展局处罚。昌黎县畜牧发展局在处罚的同时告知被告人韩立荣，含有“盐酸克仑特罗”的药品不能喂羊。2011年，韩立荣饲养了220只育肥羊，并从一商贩手中购买了两千多片含有“盐酸克仑特罗”成分的药片，并在明知此药片含有“盐酸克仑特罗”成分且畜牧部门不准给饲养的家畜喂食的情况下，仍继续给其饲养的育肥羊喂食。

2011年3月22日，被告人韩立荣被昌黎县畜牧发展局执法人员查获，有关人员当日当场对其中六头育肥羊的尿样进行抽样，结果呈阳性。其中两份尿样送交秦皇岛市出入境检验检疫局检验检疫技术中心检验，确认被告人韩立荣饲养的育肥羊尿液含“盐酸克仑特罗”成分。被告人韩立荣当庭供述，220只羊一个月后售出，得款7万元。

三、适用法律及处罚决定

昌黎县人民法院认为，公诉机关指控被告人韩立荣犯罪的事实清楚，提供的证据充分，故对其指控的罪名成立。被告人韩立荣违反我国食品卫生管理法规，明知“盐酸克仑特罗”药片是有毒、有害的非食品原料，且国家明令禁止给家畜喂食的前提下，仍故意给其饲养的育肥羊投喂该药品，其行为已构成生产、销售有毒、有害食品罪。

依据《中华人民共和国刑法》和《最高人民法院、最高人民检察院关于办理非法生产、销售、使用禁止在饮料和动物饮用水中使用的药品等刑事案件具体应用法律若干问题的解释》的相关规定，昌黎县人民法院以生产、销售有毒、有害食品罪判处韩立荣有期徒刑5年，并处罚金人民币7万元。

四、案件处理结果

被告人韩立荣未上诉，一审判决生效。

五、分析与思考

动物产品质量安全已引起全社会的高度关注。本案是市场经济环境中，执法不严的结果，也是商业领域中道德缺失的一个例证。从本案及河南瘦肉精案件看，瘦肉精案件涉及饲养、生产、销售等各个环节，包括瘦肉精生产销售、饲料生产销售、养殖等环节相关人员，为了谋取非法利益，无视国家法律，相互勾结，唆使或促成养殖户们铤而走险，用添加“瘦肉精”的猪饲料喂养生猪，损害消费者身体健康。随着国家法治力度的加大和市场经济道德体系的建立，动物产品质量安全必将得到保障。规模化猪场当以此为鉴，在追求经济效益的同时，务必树立起社会责任意识，依法养猪，确保生猪产品的质量安全。

第三节　违反环境保护法律法规案例

案例 4：某猪场环境保护设施未经验收投产案

一、案件来源

2011 年 6 月 14 日，邵阳市环保局对某养猪合作社进行调查，发现该单位主体工程已投入生产，但是项目需配套建设的环境保护设施未经验收。

二、查处经过及事实认定

该养猪合作社成立于 2007 年 12 月 27 日，位于邵阳某县，占地面积 58 亩。2011 年 6 月 14 日，邵阳市环保局组织人员对该养猪合作社进行实地调查，发现该场建设项目相关环保措施比较简单，建设项目需配套建设环保设施未经验收。

三、适用法律及处罚决定

该猪场的行为违反了《建设项目环境保护管理条例》第十六条和第二十条及《湖南省建设项目环境保护管理办法》第二十二条之规定，依据《建设项目环境保护管理条例》第二十八条和《湖南省建设项目环境保护管理办法》第二十五条的规定，对该单位作出如下处罚：①责令停止生产；②罚款人民币 5 万元整。

四、案件处理结果

该养猪合作社及时进行了整改，提请邵阳市环保局对环境保护设施进行了验收，并缴纳了罚款。

五、分析与思考

由于对养猪场粪尿污水排放量之大和污染之严重缺乏足够的认识，以致只管养猪不管排污，先污染后治理，以及规模超过环境承载能力、猪场环保投资严重不足等原因，目前全国各地特别是东南沿海经济较发达的地方，养猪与环保的矛盾日趋激化，“限养令”、“禁养令”及强行拆移已屡见不鲜。规模化猪场对此应有充分的认识，不能只管养猪不管环保。要多与环保部门沟通，做到环保工程猪场的设计、建设、使用三同步。

第四节　违反合同法律法规案例

案例5：李伟东与温建平等人买卖苗猪纠纷案

一、案件来源

2004年7月9日，江西省新余市中级人民法院公开开庭审理了李伟东与温建平等人买卖苗猪纠纷上诉案。

二、查处经过及事实认定

2004年3月10日，温建平等三人（系合伙关系）通过饲料店店主邓建民介绍，与李伟东达成买卖苗猪口头协议：三人向李伟东购买苗猪，李伟东对苗猪实行“三包”，即“包苗猪质量、包养猪技术跟踪、包成猪销售”。3月17日，三人从李伟东处购得苗猪180头，共计45 000元。购买后，三人发现死了一头苗猪，另有一头猪蹄脱落，还有几十头精神不振，走路不稳。经协商，三人另付125元，由李伟东再补一头。此后几天，不断有苗猪出现蹄子脱落，无力站立，发烧、拉稀等现象，并有6头猪死亡。李伟东到三人所建猪场查看并赔了3头苗猪。另分宜县高岚乡一位养猪户在李伟东处亦购买了110头苗猪（与三人所购同属一批），同样出现死猪、病猪等现象。2004年3月24日，分宜县防疫站接到举报，举报称李伟东所贩苗猪患有口蹄疫病。省、市、县专家立即对该批苗猪所在的猪场进行了临床诊断，诊断上述猪场的苗猪为生猪口蹄疫疑似病例，并作出立即捕杀并做无害化处理的决定。3月25日下午，分宜镇人民政府对原告的180头苗猪进行了捕杀。

三、适用法律及处罚决定

一审法院依据《中华人民共和国合同法》第一百五十四条、第六十二条第一项、第一百五十五条、第一百一十一条之规定，判决：李伟东赔偿温建平、袁淑珍、温建卫苗猪款45 125元、苗猪饲料费2 560元、苗猪医药费163.80元、运输费180元，共计人民币48 028.80元。

四、案件处理结果

宣判后，李伟东不服，向新余市中级人民法院提起上诉，二审法院驳回上诉，维持原判。

五、分析与思考

本案属买卖苗猪合同质量纠纷。双方达成的口头买卖苗猪协议是双方当事人真实意思的表示，其内容不违反我国法律、行政法规强制性规定，应认定合法有效。但双方对苗猪的质量约定不明确，苗猪遭政府捕杀后双方亦未达成补充协议。依我国合同法规定，这种情况其质量标准应按国家标准来判断，即苗猪应经过有关检疫部门检验是否合格来判断其质量是否合格。本案中，双方买卖的标的物——苗猪 180 头，虽经过启运地、途经地的检验，但未经过抵达地即分宜县有关检疫部门的检验。且事实上，苗猪被三人买下后即发现苗猪存有种种病态，并最终被政府以口蹄疫疑似病例捕杀，并给三人造成严重的经济损失，因此应认定李伟东所提供的苗猪质量不合格，应承担违约赔偿责任。

第五节 违反劳动法律法规案例

案例 6：某猪场与王某事实劳动合同纠纷案

一、案件来源

2010 年 8 月 10 日，王某与任职的猪场发生劳动纠纷，因无法私下协商解决，特向当地劳动仲裁部门提出申请，请求帮助。

二、查处经过及事实认定

王某于 2009 年 11 月到该猪场担任技术员，月薪2 000元。但是该猪场未与王某签订正式劳动合同，也未缴纳社会保险。2010 年 7 月，因市场行情好转，猪场扩大规模，王某以工作任务加重为由提出加薪，遭到猪场老板拒绝。于是王某提出辞职，并要求猪场给予一定经济补偿。猪场以未与王某签订正式劳动合同为由，拒绝支付赔偿。王某向当地劳动仲裁部门提出申诉。

三、适用法律及处罚决定

王某虽未与该猪场签订正式劳动合同，但并不妨碍与该猪场形成事实劳动关系。法律依据为《关于确立劳动关系有关事项的通知》(劳社部发[2005]12号)。关于猪场不与王某签订劳动合同的做法，违反了《中华人民共和国劳动法》第十六条和《中华人民共和国劳动合同法》第十条的规定，应支付《中华人民共和国劳动合同法》第八十二条规定的"用人单位自用工之日起超过一个月不满一年未与劳动者订立书面劳动合同的，应当向劳动者每月支付二倍的工资。"另外，根据《中华人民共和国劳动法》第七十二条，《中华人民共和国劳动合同法》第十七条第七款的规定，该猪场未给王某缴纳社会保险的做法，既违法也侵害了劳动者的合法权益。

四、案件处理结果

经调解，双方当事人自愿达成如下协议：①由被申请方一次性支付申请人双倍工资、经济补偿金、社保金等费用共计人民币15 000元整，并于 2010 年 9 月 29 日前付清。如到期未支付，申请人可按总数16 000元申请该市中级人民法院强制执行。②申请人自愿放弃其他申请请求。

五、分析与思考

法律之所以要求用人单位与劳动者签订书面劳动合同，是因为书面劳动合同明确劳动关系双方的权利义务，是劳动者获得工资、福利、待遇的基本依据，当双方纠纷时，也是法院认定事实的基本证据。《中华人民共和国劳动合同法》第十条规定：建立劳动关系，应当订立书面劳动合同。已建立劳动关系，未同时订立书面劳动合同的，应当自用工之日起一个月内订立书面劳动合同。该条款明确建立劳动关系必须签订劳动合同，并且规定了签订书面劳动合同的最晚期限，即自用工之日起一个月内。《中华人民共和国劳动合同法》第八十二条规定：用人单位自用工之日起超过一个月不满一年未与劳动者订立书面劳动合同的，应当向劳动者每月支付二倍的工资。用人单位违反本法规定不与劳动者订立无固定期限劳动合同的，自应当订立无固定期限劳动合同之日起向劳动者每月支付二倍的工资。从上述条款不难看出，《中华人民共和国劳动合同法》及其相关法律法规对于签订书面劳动合同的重视程度，可以说用人单位不与劳动者签订书面合同是法律所绝对不能允许的。

案例7:某猪场与兽医劳动赔偿纠纷案

一、案件来源

2010年9月,湖南省邵阳市动物疫病预防控制中心在动物疫情例行监测中,发生某规模化猪场某强制免疫病种免疫抗体水平低下,合格率为零。场方即对负直接责任的该场兽医李某作出解除劳动合同,并责令李某赔偿场方经济损失。

二、查处经过及事实认定

该场技术主管兼兽医李某工作不负责任,自认为高温季节该病种不会发生,从场里取出苗后,没有接种,而是直接掩埋了,只在养殖档案上做了免疫记录,导致免疫不到位。

三、处罚决定

疫情监测报告出来后,场方单方面对李某解除劳动合同,并责令李某赔偿直接经济损失。李某不服,认为场方没有依法为其办理养老、医疗、失业等社会保险,并据此向劳动部门提出仲裁要求,经劳动部门调解,双方达成和解。李某应赔偿场方直接经济损失,场方应为李某办理各种法定社会保险。鉴于双方都有过错,双方达成互不承担经济责任的协议。

四、案件处理结果

责任人李某被单方面解除劳动合同。

五、分析与思考

劳动合同一旦依法签订就具有法律约束力,劳动者与用人单位都必须履行劳动合同规定的义务,如果违反了合同的约定,就要承担法律责任。根据《中华人民共和国劳动合同法》第三十九条第三款规定,劳动者严重失职,营私舞弊,给用人单位造成重大损害的,用人单位可以解除劳动合同。根据《中华人民共和国劳动合同法》第九十条规定,劳动者违反本法规定解除劳动合同,或者违反劳动合同中约定的保密义务或者竞业限制,给用人单位造成损失的,应当承担赔偿责任。根据《违反〈中华人民共和国劳动法〉有关劳动合同规定的赔偿办法》第四条,损失包括用人单位招收录用劳动者时所支付的费用,用人单位为劳动者支付的培训费用,对生产、经营和工作造成的直接经济损失,劳动合同明确约定的其他赔偿费用。随着规模的扩大，规模化猪场必然聘用更多的员工来工作，充分利用《中华人民共和国劳动法》对他们加强管理、做好猪场自身利益的保护是极为必要的。然而，法律是把双刃剑，作为用人单位，规模化猪场也应依法履行用人单位的义务，充分调动广大员工的积极性，通过业主和员工的共同努力不断提升猪场的效益，在猪场发展的同时不断改善员工的待遇，实现业主和员工的共赢。当前，一些规模化猪场在规模迅猛扩张的同时，遭遇到了饲养管理等措施到位难的问题，其根本原因是没有使员工真实地感到猪场发展与本人利益的关系，没能使员工融入猪场。改进对员工的管理已成为我国规模化猪场发展的重要课题。

附录　猪场建设环境保护法规

建设项目环境保护管理条例

《建设项目环境保护管理条例》于1998年11月18日国务院第10次常务会议通过,1998年11月29日发布施行。

第一章　总　　则

第一条　为了防止建设项目产生新的污染、破坏生态环境,制定本条例。

第二条　在中华人民共和国领域和中华人民共和国管辖的其他海域内建设对环境有影响的建设项目,适用本条例。

第三条　建设产生污染的建设项目,必须遵守污染物排放的国家标准和地方标准;在实施重点污染物排放总量控制的区域内,还必须符合重点污染物排放总量控制的要求。

第四条　工业建设项目应当采用能耗物耗小、污染物产生量少的清洁生产工艺,合理利用自然资源,防止环境污染和生态破坏。

第五条　改建、扩建项目和技术改造项目必须采取措施,治理与该项目有关的原有环境污染和生态破坏。

第二章　环境影响评价

第六条　国家实行建设项目环境影响评价制度。

建设项目的环境影响评价工作,由取得相应资格证书的单位承担。

第七条　国家根据建设项目对环境的影响程度,按照下列规定对建设项目的环境保护实行分类管理:

(一)建设项目对环境可能造成重大影响的,应当编制环境影响报告书,对建设项目产生的污染和对环境的影响进行全面、详细的评价;

(二)建设项目对环境可能造成轻度影响的,应当编制环境影响报告表,对建设项目产生的污染和对环境的影响进行分析或者专项评价;

（三）建设项目对环境影响很小，不需要进行环境影响评价的，应当填报环境影响登记表。

建设项目环境保护分类管理名录，由国务院环境保护行政主管部门制订并公布。

第八条　建设项目环境影响报告书，应当包括下列内容：

（一）建设项目概况；

（二）建设项目周围环境现状；

（三）建设项目对环境可能造成影响的分析和预测；

（四）环境保护措施及其经济、技术论证；

（五）环境影响经济损益分析；

（六）对建设项目实施环境监测的建议；

（七）环境影响评价结论。

涉及水土保持的建设项目，还必须有经水行政主管部门审查同意的水土保持方案。

建设项目环境影响报告表、环境影响登记表的内容和格式，由国务院环境保护行政主管部门规定。

第九条　建设单位应当在建设项目可行性研究阶段报批建设项目环境影响报告书、环境影响报告表或者环境影响登记表；但是，铁路、交通等建设项目，经有审批权的环境保护行政主管部门同意，可以在初步设计完成前报批环境影响报告书或者环境影响报告表。

按照国家有关规定，不需要进行可行性研究的建设项目，建设单位应当在建设项目开工前报批建设项目环境影响报告书、环境影响报告表或者环境影响登记表；其中，需要办理营业执照的，建设单位应当在办理营业执照前报批建设项目环境影响报告书、环境影响报告表或者环境影响登记表。

第十条　建设项目环境影响报告书、环境影响报告表或者环境影响登记表，由建设单位报有审批权的环境保护行政主管部门审批；建设项目有行业主管部门的，其环境影响报告书或者环境影响报告表应当经行业主管部门预审后，报有审批权的环境保护行政主管部门审批。

海岸工程建设项目环境影响报告书或者环境影响报告表，经海洋行政主管部门审核并签署意见后，报环境保护行政主管部门审批。

环境保护行政主管部门应当自收到建设项目环境影响报告书之日起 60 日内、收到环境影响报告表之日起 30 日内、收到环境影响登记表之日起 15 日内，分别作出审批决定并书面通知建设单位。

预审、审核、审批建设项目环境影响报告书、环境影响报告表或者环境影响登记表，不得收取任何费用。

第十一条 国务院环境保护行政主管部门负责审批下列建设项目环境影响报告书、环境影响报告表或者环境影响登记表：

（一）核设施、绝密工程等特殊性质的建设项目；

（二）跨省、自治区、直辖市行政区域的建设项目；

（三）国务院审批的或者国务院授权有关部门审批的建设项目。

前款规定以外的建设项目环境影响报告书、环境影响报告表或者环境影响登记表的审批权限，由省、自治区、直辖市人民政府规定。

建设项目造成跨行政区域环境影响，有关环境保护行政主管部门对环境影响评价结论有争议的，其环境影响报告书或者环境影响报告表由共同上一级环境保护行政主管部门审批。

第十二条 建设项目环境影响报告书、环境影响报告表或者环境影响登记表经批准后，建设项目的性质、规模、地点或者采用的生产工艺发生重大变化的，建设单位应当重新报批建设项目环境影响报告书、环境影响报告表或者环境影响登记表。

建设项目环境影响报告书、环境影响报告表或者环境影响登记表自批准之日起满5年，建设项目方开工建设的，其环境影响报告书、环境影响报告表或者环境影响登记表应当报原审批机关重新审核。原审批机关应当自收到建设项目环境影响报告书、环境影响报告表或者环境影响登记表之日起10日内，将审核意见书面通知建设单位；逾期未通知的，视为审核同意。

第十三条 国家对从事建设项目环境影响评价工作的单位实行资格审查制度。

从事建设项目环境影响评价工作的单位，必须取得国务院环境保护行政主管部门颁发的资格证书，按照资格证书规定的等级和范围，从事建设项目环境影响评价工作，并对评价结论负责。

国务院环境保护行政主管部门对已经颁发资格证书的从事建设项目环境影响评价工作的单位名单，应当定期予以公布。

具体办法由国务院环境保护行政主管部门制定。

从事建设项目环境影响评价工作的单位，必须严格执行国家规定的收费标准。

第十四条 建设单位可以采取公开招标的方式，选择从事环境影响评价工作的单位，对建设项目进行环境影响评价。

任何行政机关不得为建设单位指定从事环境影响评价工作的单位，进行环境影响评价。

第十五条　建设单位编制环境影响报告书，应当依照有关法律规定，征求建设项目所在地有关单位和居民的意见。

第三章　环境保护设施建设

第十六条　建设项目需要配套建设的环境保护设施，必须与主体工程同时设计、同时施工、同时投产使用。

第十七条　建设项目的初步设计，应当按照环境保护设计规范的要求，编制环境保护篇章，并依据经批准的建设项目环境影响报告书或者环境影响报告表，在环境保护篇章中落实防治环境污染和生态破坏的措施以及环境保护设施投资概算。

第十八条　建设项目的主体工程完工后，需要进行试生产的，其配套建设的环境保护设施必须与主体工程同时投入试运行。

第十九条　建设项目试生产期间，建设单位应当对环境保护设施运行情况和建设项目对环境的影响进行监测。

第二十条　建设项目竣工后，建设单位应当向审批该建设项目环境影响报告书、环境影响报告表或者环境影响登记表的环境保护行政主管部门，申请该建设项目需要配套建设的环境保护设施竣工验收。

环境保护设施竣工验收，应当与主体工程竣工验收同时进行。需要进行试生产的建设项目，建设单位应当自建设项目投入试生产之日起 3 个月内，向审批该建设项目环境影响报告书、环境影响报告表或者环境影响登记表的环境保护行政主管部门，申请该建设项目需要配套建设的环境保护设施竣工验收。

第二十一条　分期建设、分期投入生产或者使用的建设项目，其相应的环境保护设施应当分期验收。

第二十二条　环境保护行政主管部门应当自收到环境保护设施竣工验收申请之日起 30 日内，完成验收。

第二十三条　建设项目需要配套建设的环境保护设施经验收合格，该建设项目方可正式投入生产或者使用。

第四章　法律责任

第二十四条　违反本条例规定，有下列行为之一的，由负责审批建设项目环境影响报告书、环境影响报告表或者环境影响登记表的环境保护行政主管部门责令限期补办手续；逾期不补办手续，擅自开工建设的，责令停止建设，可以处10万元以下罚款：

（一）未报批建设项目环境影响报告书、环境影响报告表或者环境影响登记表的；

（二）建设项目的性质、规模、地点或者采用的生产工艺发生重大变化，未重新报批建设项目环境影响报告书、环境影响报告表或者环境影响登记表的；

（三）建设项目环境影响报告书、环境影响报告表或者环境影响登记表自批准之日起满5年，建设项目方开工建设，其环境影响报告书、环境影响报告表或者环境影响登记表未报原审批机关重新审核的。

第二十五条 建设项目环境影响报告书、环境影响报告表或者环境影响登记表未经批准或者未经原审批机关重新审核同意，擅自开工建设的，由负责审批该建设项目环境影响报告书、环境影响报告表或者环境影响登记表的环境保护行政主管部门责令停止建设，限期恢复原状，可以处10万元以下罚款。

第二十六条 违反本条例规定，试生产建设项目配套建设的环境保护设施未与主体工程同时投入试运行的，由审批该建设项目环境影响报告书、环境影响报告表或者环境影响登记表的环境保护行政主管部门责令限期改正；逾期不改正的，责令停止试生产，可以处5万元以下罚款。

第二十七条 违反本条例规定，建设项目投入试生产超过3个月，建设单位未申请环境保护设施竣工验收的，由审批该建设项目环境影响报告书、环境影响报告表或者环境影响登记表的环境保护行政主管部门责令限期办理环境保护设施竣工验收手续；逾期未办理的，责令停止试生产，可以处5万元以下罚款。

第二十八条 违反本条例规定，建设项目需要配套建设的环境保护设施未建成、未经验收或者经验收不合格，主体工程正式投入生产或者使用的，由审批该建设项目环境影响报告书、环境影响报告表或者环境影响登记表的环境保护行政主管部门责令停止生产或者使用，可以处10万元以下罚款。

第二十九条 从事建设项目环境影响评价工作的单位，在环境影响评价工作中弄虚作假的，由国务院环境保护行政主管部门吊销资格证书，并处所收费用1倍以上3倍以下罚款。

第三十条 环境保护行政主管部门的工作人员徇私舞弊、滥用职权、玩忽职守，构成犯罪的，依法追究刑事责任；尚不构成犯罪的，依法给予行政处分。

第五章　附　则

第三十一条　流域开发、开发区建设、城市新区建设和旧区改建等区域性开发，编制建设规划时，应当进行环境影响评价。具体办法由国务院环境保护行政主管部门会同国务院有关部门另行规定。

第三十二条　海洋石油勘探开发建设项目的环境保护管理，按照国务院关于海洋石油勘探开发环境保护管理的规定执行。

第三十三条　军事设施建设项目的环境保护管理，按照中央军事委员会的有关规定执行。

第三十四条　本条例自发布之日起施行。

湖南省建设项目环境保护管理条例

《湖南省建设项目环境保护管理办法》已于2007年6月29日经省人民政府第107次常务会议通过，现予发布，自2007年10月1日起施行。

第一条　为预防、控制建设项目对环境造成不良影响，根据《中华人民共和国环境影响评价法》、《建设项目环境保护管理条例》及其他有关法律、法规，结合本省实际，制定本办法。

第二条　本省行政区域内建设对环境有影响的项目，须遵守本办法。

第三条　环境保护行政主管部门对本行政区域内建设项目的环境保护实施统一监督管理。发展和改革、国土资源、规划、建设、水利、交通、安全生产监管、工商行政管理等部门，依照各自的职责协同做好建设项目的环境保护管理工作。

第四条　建设对环境有影响的项目，必须遵守环境影响评价制度，对项目实施后可能造成的环境影响进行分析和预测，提出预防或者减轻不良环境影响的对策和措施。建设单位应当加强建设项目的绿化和环境卫生管理，保护历史文化和自然遗产、人文景观，改善、恢复因建设活动受到损害的环境。

第五条　建设单位应当按照国务院环境保护行政主管部门公布的《建设项目环境影响评价分类管理名录》要求，编制环境影响报告书、环境影响报告表或者填报环境影响登记表(以下统称环境影响评价文件)，并向有审批权的环境保护行政主管部门申报。建设项目有行业主管部门的，其环境影响报告书或者环境影响报告表应当经行业主管部门预审后，报有审批权的环境保护行政主管部门审批。

第六条　实行审批制的建设项目，建设单位应当在报送可行性研究报告前完成环境影响评价文件报批手续；实行核准制的建设项目，建设单位应当在提交项目申请报告前完成环境影响评价文件报批手续；实行备案制的建设项目，建设单位应当在办理备案手续后、项目开工前完成环境影响评价文件报批手续。

经有审批权的环境保护行政主管部门同意，铁路、交通、电网等建设项目，可以在初步设计完成前报批环境影响报告书或者环境影响报告表。

依法需要办理营业执照的建设项目，建设单位应当在办理营业执照前报批环境影响报告书、环境影响报告表或者环境影响登记表。

第七条 建设项目经环境保护行政主管部门依法审查批准环境影响评价文件后，发展和改革等部门方可审批或核准立项，国土资源部门方可批准用地、发放采矿许可证，规划部门方可发放规划选址意见书，建设部门方可发放施工许可证，安全生产监管部门方可发放安全生产许可证。

第八条 应当编制环境影响报告书或者环境影响报告表的建设项目，建设单位可以在实施环境影响评价前，向有审批权的环境保护行政主管部门书面征询意见。

第九条 经济技术开发区、高新技术产业开发区、旅游度假区、工业园区内的建设项目的环境影响评价文件，可以简化园区环境影响评价文件已包含的内容。

在自然保护区、风景名胜区、森林公园、地质公园等区域内，对经批准的规划确定的建设项目进行环境影响评价文件审批时，必须控制；未经规划确定的建设项目，不予审批。

第十条 环境影响报告书、环境影响报告表由建设单位委托具有相应法定资质等级的环境影响评价技术服务机构编制。鼓励建设单位委托专门从事环境影响评估的中介机构采取招投标方式确定环境影响评价技术服务机构。

任何单位和个人不得为建设单位指定环境影响评价技术服务机构。

第十一条 建设单位报批环境影响报告书前，应当通过媒体或者其他方式，将建设项目在环境影响范围内进行公示，举行论证会、听证会或者采取其他形式征求有关单位、专家和公众的意见，并接受咨询。

建设项目环境影响报告书必须附具有关单位、专家和公众的环境保护意见及意见采纳或者不予采纳的说明。

第十二条 环境保护行政主管部门受理建设项目环境影响报告书后，应当在政府网站公告或者在项目环境影响范围内采取其他方式公告。公告期限不少于10个工作日。除按国家规定需要保密的情形外，建设项目可能对环境造成重大影响的，或者建设项目周围多数居民对该项目环境影响持反对意见的，负责审批的环境保护行政主管部门应当组织召开听证会，并对相关意见作出采纳或者不予采纳的说明，作为审批的依据。

第十三条　省环境保护行政主管部门负责审批除国务院环境保护行政主管部门审批以外的下列建设项目的环境影响评价文件：

（一）省级以上人民政府及其有关部门负责审批、核准、备案的建设项目；

（二）跨设区的市、自治州行政区域的建设项目；

（三）投资总额1亿元以上的建设项目，不包括房地产开发、餐饮娱乐、批发零售、旅馆、办公楼、停车场、城市园林绿化、体育场馆等社会服务行业项目；

（四）国家和省人民政府批准立项的经济技术开发区、高新技术产业开发区、工业园区等区域性开发建设项目；

（五）省级以上自然保护区、风景名胜区、森林公园、地质公园区域内的开发建设项目；

（六）国际金融组织贷款、外国政府贷款的建设项目；

（七）产生电磁辐射的建设项目；放射性同位素应用、伴生放射性矿物资源利用、辐照应用的建设项目；

（八）国家规定的危险化学品生产、储存以及危险废物综合利用、处置的建设项目；

（九）石油和天然气加工、化学原料和化学制品制造，有色金属采选和冶炼、钢铁生产（含废料综合利用）、电石和铁合金、机械电镀，造纸、印染、酿造、制革、焦化、建材水泥等对环境有严重污染、需要编制环境影响报告书的建设项目；

（十）设区的市、自治州环境保护行政主管部门对建设项目环境影响评价结论有争议的建设项目；

（十一）按国家和省人民政府的规定，应当由省环境保护行政主管部门审批的其他建设项目。

第十四条　设区的市、自治州环境保护行政主管部门负责审批本行政区域内除国家和省环境保护行政主管部门审批以外的下列建设项目的环境影响评价文件：

（一）设区的市、自治州人民政府及其有关部门负责审批的建设项目；

（二）设区的市、自治州人民政府确定属于重污染行业以及其他可能严重污染环境或者破坏生态的建设项目；

（三）选址或者环境影响在设区的市、自治州内跨所属县市区行政区域的建设项目；

（四）由县市区环境保护行政主管部门提交的对环境影响有争议的建设项目；

（五）由省环境保护行政主管部门授权审批的建设项目；

（六）按国家和省人民政府的规定，应当由设区的市、自治州环境保护行政主管部门审批的其他建设项目。

第十五条 县市区环境保护行政主管部门负责审批本行政区域内除应当由上级环境保护行政主管部门审批以外的建设项目的环境影响评价文件。

第十六条 建设单位申报审批的建设项目,应当符合下列条件:

(一)选址符合土地利用总体规划、城市总体规划或者乡镇建设等规划,并符合环境功能区划要求;

(二)符合产业政策;

(三)符合清洁生产要求;

(四)排放污染物不超过国家和本省规定的污染物排放标准;

(五)在实施污染物排放总量控制区域内的建设项目,符合污染物排放总量控制要求;

(六)建设项目造成的环境影响符合项目所在地环境功能区划确定的环境质量要求;

(七)矿产资源采选类项目符合就近建设并满足区域生态有效整治和恢复要求;

(八)法律、法规规定的其他要求。

第十七条 环境保护行政主管部门应当自受理环境影响报告书之日起45日内、环境影响报告表之日起20日内、环境影响登记表之日起10日内,分别作出批准或者不予批准的决定,并书面通知建设单位。

第十八条 经批准的建设项目环境影响评价文件要求配套建设防治污染和预防生态破坏的环境保护设施(以下称"环境保护设施")的,建设单位应当按照省人民政府的规定交纳保证金。

第十九条 环境影响评价文件经批准后,建设项目的性质、地点发生重大变化的,或者其规模、生产工艺改变,致使污染物排放种类或者主要污染物排放总量发生重大变化,对环境可能造成影响的,建设单位应当重新报批环境影响评价文件。

建设项目自环境影响评价文件批准之日起5年后开工建设的,开工建设前,环境影响评价文件应当报原负责审批的环境保护行政主管部门重新审核。

第二十条 环境保护设施工程设计应当由具有环境保护设施工程设计资质的单位承担。承担建设项目设计的单位应当按照国家有关建设项目环境保护设计规定的要求编制环境保护篇章。

建设单位应当向环境保护行政主管部门提供环境保护设施的设计文件。不得擅自变更环境保护设施的设计文件;确需变更的,应当符合环境影响评价文件的要求,并报负责审批的环境保护行政主管部门备案。

第二十一条　施工单位在建设项目施工过程中，应当采取措施，防治扬尘、噪声、振动、废气、废水、固体废弃物等造成的环境污染，防止或者减轻施工对水源、植被、景观等自然环境的破坏。

对可能造成重大环境影响的建设项目推行环境监理制度，由建设单位委托具有环境工程监理资质的单位对建设项目实施环境监理。

第二十二条　建设项目竣工后，对与建设项目配套的环境保护设施，建设单位必须书面向负责审批的环境保护行政主管部门申请验收。建设单位提出验收申请时，应当向环境保护行政主管部门提交环境保护设施工程总结、试运行情况、环境保护监测报告以及验收申请报告。

环境保护行政主管部门应当自收到申请之日起 30 日内，组织有关部门、单位完成污染防治设施验收。未经验收或者验收不合格的，建设项目主体工程不得投入生产或者使用。

分批建设、分期投入生产或者使用的建设项目，其环境保护设施应当分期验收。

第二十三条　建设项目需要进行试生产的，建设单位应当经负责审批该建设项目环境影响评价文件的环境保护行政主管部门同意，并接受环境保护行政主管部门的监督检查；试生产期间环境保护设施必须同时投入试运行。自开始试生产之日起 3 个月内建设单位必须向负责审批该建设项目的环境保护行政主管部门提出建设项目配套环境保护设施验收申请。

第二十四条　建设项目的环境影响评价文件未经环境保护行政主管部门批准，建设单位擅自开工建设的，由有权审批该建设项目的环境保护行政主管部门责令停止建设，可以处 5 万元以上 20 万元以下罚款；擅自开工建设并建成投入生产的，由有权审批该建设项目的环境保护行政主管部门责令停止生产，可以处10 万元以上 20 万元以下罚款。

建设项目未依照第十九条规定重新报批、报审环境影响评价文件，擅自开工建设或者建成投入生产的，按前款规定实施处罚。

第二十五条　建设项目需要配套建设的环境保护设施未经验收或者验收不合格，主体工程正式投入生产或者使用的，由审批该建设项目环境影响评价文件的环境保护行政主管部门责令停止生产和使用，可以处 1 万元以上 10 万元以下罚款，并将污染防治设施建设保证金充做污染治理专项资金。

建设项目试生产期间，环境保护设施未与主体工程同时投入试运行的，由审批该项目环境影响评价文件的环境保护行政主管部门责令限期改正；逾期不改正的，责令停止试生产，可以处 5 万元以下罚款，并将污染防治设施建设保证金充做污染治理专项资金。

第二十六条 环境影响评价技术服务机构在环境影响评价工作中不负责任或者弄虚作假,致使环境影响评价结论严重失实的,由省环境保护行政主管部门建议国务院环境保护行政主管部门降低其资质等级或者吊销其资质证书,并处所收环境影响评价费用1倍以上3倍以下罚款;对直接负责的主管人员和其他直接责任人员,由有关机关依法给予行政或者纪律处分。

建设项目污染防治设施的设计、施工、监理单位及其有关责任人员,在业务工作中违反建设项目环境保护管理规定,依照国家和本省有关规定给予行政处罚或者行政处分。

第二十七条 环境保护行政主管部门和其他负责建设项目环境保护审批的主管部门有下列行为之一的,对直接负责的主管人员和其他直接责任人员依法给予行政处分;构成犯罪的,依法追究刑事责任:

(一)违法审批环境影响评价文件的;

(二)对不符合要求的环境保护设施予以验收通过的;

(三)玩忽职守,对行政区域内发生的建设项目环境污染和生态破坏长期失察,或者对违法行为包庇、纵容的;

(四)滥用职权,以权谋私或者损害行政管理相对人利益的。

第二十八条 人民政府及其有关部门有下列行为之一的对其负主要领导责任的人员依法给予行政处分,构成犯罪的依法追究刑事责任:

(一)违法批准建设项目的;

(二)指使、强令环境保护行政主管部门和有关主管部门违法审批或者验收建设项目的;

(三)违法干预、限制环境保护行政主管部门依法查处建设项目环境违法行为的;

(四)其他不履行建设项目环境保护管理法定职责的。

第二十九条 本办法自2007年10月1日起施行。

规模化猪场违法案例索引

鸣谢

在本书编辑出版过程中，得到了湖南省畜牧水产局、湖南省兽医局、湖南省动物卫生监督所、湖南省动物疫病预防控制中心、湖南农业大学、湖南省农林工业勘察设计研究总院、邵阳市环保局、邵阳市工商局、邵阳市劳动与社会保障局、邵阳市各大猪场(名单附后)的关心、支持和帮助，在此特致以诚挚的谢意。

附：鸣谢以下单位

邵东县：湖南精华原种猪扩繁场、杨桥种猪场、邵东县畜禽良种繁殖场、太平原种猪扩繁场、春华牧业。

邵阳县：阳晨农牧业有限公司、新民春龙规模养殖场、梦达养猪场、创新养猪场、力青园养猪场、从勇规模养猪场、乐荣规模养殖场、仁彪规模养殖场、江东桥规模养殖场、立雄规模养殖场、联兴规模养殖场、飞燕规模养殖场、旺旺规模养猪场、鑫茂规模养殖场、新石规模养殖场、生猪品改示范场、三友养殖场、大白猪养殖场、中山养猪场、黄塘园艺养猪场、813大丰牧业有限公司、同兴牧业、四家冲规模场、云飞养猪场、南冲合作猪场、博艺养殖场、金江乡吴又春养猪场、郦家坪镇大塘坪养殖场、兴程综合养殖场、七里山向文猪场、龙井养猪场、六畜旺养殖场、平安养殖场、五峰铺镇陈宝综合养殖场、鑫源养殖场、鸿发养殖场、华通生态养殖场、细文规模养殖场、宝庆农牧养猪场、海洋规模养殖场、唐琦规模养殖场、鸿泰标准化规模养殖场、坚强规模养殖场、大塘猪场、红旗猪场、李科养猪场、恒广猪场、振兴猪场、金龙猪场、长旺猪场、振峰猪场、天子塘养殖场、中山艾小华养殖场、粮站养殖场、新仕规模养殖场、康利生态养殖基地、付家学军养殖场、付家喜洋洋猪场、田庄旭梅养殖场，四塘雪锋养殖场。

洞口县：邵阳天然生态原种猪扩繁场、洞口县天井原种猪扩繁场、洞口县熙麟原种猪扩繁场、洞口县洞口塘种猪场、洞口县畜禽良种场、洞口县田家种猪场、洞口县肉食冷冻公司种猪场、洞口县排上种猪场、洞口县管竹兴发出口猪场、洞口县三星牧业公司、洞口县桐塘养猪场、洞口县木瓜生态养殖场、洞口县岩山出口猪场、洞口县亿鹏养殖场、洞口县竹市三和猪场、洞口县大吉养殖场、洞口县贤财养殖场、洞口县章彪养殖场、洞口县大合出口猪场、洞口县昌雄养殖场、洞口县祥铁养殖场、洞口县全堂养殖场、洞口县黄桥正山出口猪场、洞口县凯富出口猪场、洞口县叶家养猪场、洞口县金牛养殖场、洞口县双塘出口猪场、洞口县石江合山养殖场、洞口县段嗣和猪场、洞口县小钦养猪场。

武冈市：武冈市天鹅种猪场、武冈市都梁畜牧有限责任公司、武冈市晏田乡竹坪千头猪场、武冈市鸿兴规模养猪小区、武冈市鸿兴规模养猪小区、武冈市鸿兴规模养猪小区、武冈市鸿兴规模养猪小区、武冈市国雄养殖场、武冈市安心养殖场、四清养猪小区、付家猪场、四清养猪小区、朝阳猪场、芭蕉养猪场、龙桥养猪场、坪山养猪场、红莲养猪场、枫木养猪场、绍余养猪场、纸槽养猪场、山水养殖场、龙目养猪场、石路养猪场、大塘养猪场、罗岚桥养猪场、戴方军养猪场、三和养猪场、丰仁养猪场、炎丰畜牧公司、西塘养猪场、西塘二斌养猪场、回马养猪场、燕冲生猪养殖场、燕冲猪场、新光养猪场、田中猪场、杨柳猪场、甘冲猪场、功德猪场、梁山猪场、岩冲猪场、武冈市金源牧业公司、名利养猪场、具保养猪场、白水养猪场、杨龙养猪场、白水猪场、东风养猪场、大田养猪场、杨龙猪场、金盆养猪场、金盆猪场、三塘养猪场、八角养猪场、兴隆养猪场、长冲养猪场、清水养猪场、新泽养猪场、大胜养猪场、大甸乡木瓜养猪场、大甸乡栗山养猪场、大甸乡生态猪场、新和养猪场、德胜养猪场、保元养猪场、江塘养猪场、新春养猪场、柳山养猪场、潮水养猪场、柳山猪场、许家养猪场、菜家养猪场、周塘养猪场、马梓养猪场、长冲养猪场、迎春亭办事处庆丰养猪场。

新邵县：新邵县利源种猪场、天源养猪场、同六养猪场、孙波养猪场、迴龙猪场、东华养猪场、瑞达种猪场、永辉生态猪场、刘小云养猪场、锦江鸟养殖场、大中人和畜业、全石养殖场、光东养殖场、昭鹏养殖场、甘塘养猪场、石马猪场、兴隆猪场、海长猪场、富阳养猪场。